Heinrich Hebgen

Die sichere Wohnung

Heinrich Hebgen

Die sichere Wohnung

Unfallschutz
Brandschutz
Einbruchschutz
Versicherungen

Friedr. Vieweg & Sohn Braunschweig/Wiesbaden

CIP-Kurztitelaufnahme der Deutschen Bibliothek

Hebgen, Heinrich:
Die sichere Wohnung: Unfallschutz, Brandschutz,
Einbruchschutz, Versicherungen / Heinrich Hebgen.
[Zeichn.: Karin Kares. Ill.: Thomas Hebgen]. –
Braunschweig; Wiesbaden: Vieweg, 1982.
ISBN-13: 978-3-528-08840-8 e-ISBN-13: 978-3-322-85324-0
DOI: 10.1007/978-3-322-85324-0

Umschlagentwurf: Horst Dieter Bürkle, Darmstadt
Zeichnungen: Karin Kares
Illustrationen: Thomas Hebgen

Buchbinder: W. Langelüddecke, Braunschweig

ISBN-13: 978-3-528-08840-8

Inhalt

Einleitung

Diese Broschüre wendet sich in erster Linie an die Mieter oder Eigentümer von Wohnungen. Für Hauseigentümer gelten oft noch weitergehende Forderungen, die hier aber nicht behandelt werden. Damit befaßt sich die Fachliteratur*.

Beim Durchlesen der folgenden Ausführungen wird man sehr bald feststellen, daß es auch in der Wohnung eine große Anzahl von Vorkommnissen geben kann, die im Interesse der eigenen Familie, aber auch als Vorsorge für Gäste und Besucher zu beachten sind.

Unfallschutz

Die Unfallhäufigkeit im häuslichen Bereich wird allgemein unterschätzt. Aber oft ist es mit der sprichwörtlichen Geborgenheit in der Wohnung nicht sehr weit her. Während die tödlichen Arbeitsunfälle ständig zurückgegangen sind und auch die tödlichen Verkehrsunfälle spürbar abnehmen, ist die Zahl der Unfalltoten im häuslichen Bereich bis 1973 stetig gestiegen. Die Unfallverhütung im Wohnbereich geschieht in eigener Verantwortung der Bewohner. Der in Betrieben zuständige Sicherheitsbeauftragte fehlt hier.

Den vielfältigen Unfallgefahren im Haushalt kann in erster Linie dadurch begegnet werden, daß man sie rechtzeitig erkennt. Deswegen haben zuständige Stellen über die Unfallverhütung in Wohnungen zahlreiche Merkblätter herausgebracht; aber wer kennt sie schon? Aufgabe dieser Broschüre ist es, diese Lücke zu schließen und eine Zusammenfassung der zahlreichen Einzelhinweise zu bringen.

Brandschutz

Durch Brände werden immer noch erhebliche Werte vernichtet, obwohl heute durchweg massiv gebaut wird und die Feuerwehren auch ziemlich rasch eingreifen. Die Brandschäden haben sich innerhalb von 10 Jahren sogar verdreifacht, oft verbunden mit tragischen Todesfällen. Bedenken Sie dabei, daß zwei Drittel aller Brandtoten in Wohnbereichen von Gebäuden ums Leben kommen!

Während früher die Wohngebäude wegen ihrer zahlreichen Holzbauteile (Holzbalkendecken, Dachstühle) ziemlich rasch abbrannten, hat sich heute die Brandgefahr zunehmend in die immer reicher ausgestatteten Wohnungen verlagert, Dazu kommt der immer zahlreicher werdende Einsatz von elektrischen Geräten.

Brände im Haushalt haben zumeist ihre Ursachen in Unachtsamkeiten und mangelnder Kenntnis von Brandgefahren. Besonders heimtückisch sind die meist versteckt ablaufenden Schwelbrände. Wenn es einmal brennt, sollte man ausreichend darüber informiert sein, was man dann zu tun hat.

Einbruchschutz

Handel, Gewerbe und Industrie haben sich in den letzten Jahren immer mehr durch geeignete Sicherungsmaßnahmen vor Einbrüchen geschützt. Einbruchdiebstähle in diesem Bereich sind deshalb auch merklich zurückgegangen. Einbrecher haben daraufhin ihr Tätigkeitsfeld zunehmend auf das große Gebiet der Wohnungen und Wohnhäuser verlegt. Besonders reich ausgestattete und/oder unbeobachtete Wohnungen üben auf sie eine magische Anziehungskraft aus. Dabei wird nicht nur gestohlen, sondern auch viel zerstört. Der Versuch, an Ihr gutes Geld heranzukommen, beginnt oft mit unlauteren Geschäften an der Wohnungstür und endet mit dem folgenschweren Einbruch.

Auf diese geänderte Situation hat sich seit einigen Jahren auch die Kriminalpolizei eingestellt; sie erteilt der Bevölkerung über die kriminalpolizeilichen Beratungsstellen kostenlose Auskünfte bezüglich des Einbruchschutzes.

In der vorliegenden Broschüre werden zahlreiche Hinweise über Sicherungstechniken gegeben, die auch ein Mieter verwirklichen kann. Oft genügt es schon, bestimmte Regeln einzuhalten.

Versicherungen

Versicherungen sind bekanntlich eine Vorsorge gegenüber Schäden, von denen man nicht weiß, wann und unter welchen Umständen sie eintreten und wie groß sie sind.

Viele Versicherungen werden abgeschlossen, aber nur wenige kennen deren Umfang hinsichtlich der Ersatzleistungen. Auf der anderen Seite fehlen Versicherungen aus mangelnder Kenntnis. Hier will die vorliegende Broschüre helfen; behandelt werden diejenigen Versicherungsarten, die im ursächlichen Zusammenhang mit dem Haushalt bzw. der Wohnung stehen.

Ist Ihre Wohnung sicher genug?
An mangelnder Information soll es nicht mehr liegen.

---

* Vgl. vom selben Verfasser: Sicheres Haus, Friedr. Vieweg & Sohn, Braunschweig und Wiesbaden 1980

Verkehrssicherheit

Grundsätzlich ist jedermann verpflichtet, im *Verkehr* – auf der Straße wie auch in fremden Gebäuden oder bei deren Betreten – selbst die nötige Vorsicht walten zu lassen, um sich vor Schaden zu bewahren. Eine vollkommene Verkehrssicherheit, die jeden Unfall ausschließt, läßt sich nicht erreichen. Die Verkehrssicherungspflicht bezweckt also nur den Schutz gegen typische Gefahren, die z.B. aus Glätte oder ungenügender Beleuchtung erwachsen. Gefahren, die beispielsweise durch spielende Kinder entstehen, rechnen nicht zu diesen typischen Gefahren.

Landesbauordnungen

Die Landesbauordnungen sind in der Bundesrepublik Deutschland „das Baugesetz" für die Errichtung von Gebäuden, insbesondere der Wohnbauten. Zu den grundsätzlichen Forderungen der Landesbauordnungen gehört, daß bauliche Anlagen sowie dem Verkehr dienende, nicht überbaute Flächen bebauter Grundstücke verkehrssicher sein müssen. Darüber hinaus erfolgen Einzelhinweise zu den unterschiedlichen Bauteilen, wie z.B. zu Treppen, Aufzügen, Fenstern usw. Hinsichtlich der Verkehrssicherheit sind noch weitere Landesverordnungen zu beachten, die als Ergänzung zu den Landesbauordnungen herausgegeben wurden, wie z.B. die Landesverordnung über Anforderungen an bestimmte bauliche Anlagen zugunsten von Müttern mit Kleinkindern, Behinderten und alten Menschen.

Pflichten des Hausbesitzers

Die Verkehrssicherungspflicht des Hauseigentümers bezweckt insbesondere den Schutz gegen typische Gefahren (Glätte, ungenügende Beleuchtung usw.) im Zusammenhang mit seinem Eigentum (z.B. Mietwohngebäude), für das er den Verkehr eröffnet hat. Bei Neubauten erfolgt diese Verkehrsöffnung mit dem Einzug des Eigentümers oder mit dem Einzug seiner Mieter. Dabei beschränkt sich die Verkehrssicherungspflicht nicht auf den Grundstückszugang und den direkten Weg zum Haus, sondern erstreckt sich auch auf das gesamte Grundstück, wenn mit einem Betreten des Freigeländes (Hinterhof, umzäunter Garten, Lagerplatz) gerechnet werden muß.

Weitere Zugangsmöglichkeiten neben dem Haupteingang müssen verschlossen bleiben; durch deutlich erkennbare Verbotsschilder muß auf ihre Nichtbenutzung hingewiesen werden, sofern für diese Nebeneingänge die Haftungspflicht ausgeschlossen wird.

Bei Mietwohngebäuden besteht die vertragliche Haftung aus der Verkehrssicherungspflicht gegenüber allen Mietern einschließlich ihrer Familienangehörigen (Ehefrauen und Kindern) und den in ihren Familien lebenden Personen sowie gegenüber Besuchern und Kunden der Mieter.

Mietvertrag

Der Hauseigentümer und Vermieter ist nicht nur aufgrund der ihm obliegenden allgemeinen Verkehrssicherungspflicht, sondern auch aufgrund des Mietvertrages gehalten, dafür zu sorgen, daß das Gebäude, seine Zu- und Abgänge, Treppen und dergleichen in ordnungsgemäßem Zustand sind, einem Zustand also, der eine Gefährdung der Benutzer ausschließt. Dabei ist es unerheblich, ob er selbst im Hause wohnt oder nicht.

Der Hauseigentümer gewährt dem Mieter aufgrund des Mietvertrages den Gebrauch der gemieteten Sache. Dieser Gebrauch umfaßt zunächst die Wohnung und die erforderliche Mitbenutzung von Eingängen, Fluren, Treppen und weiterer, außerhalb der Wohnung liegender Mieträume (Keller, Speicher).

Wie bereits ausgeführt, besteht die vertragliche Haftung aus der Verkehrssicherungspflicht auch gegenüber den Besuchern von Mietern. Die Besucher selbst müssen sich aber entsprechend verkehrsgerecht verhalten. Besucher müssen sich vor allem bei Dunkelheit mit entsprechender Vorsicht bewegen.

Alte Häuser

Auch Vermieter alter Häuser sind verpflichtet, dafür zu sorgen, daß die Mieträume verkehrssicher sind. Doch pflegen bei alten Häusern die Anforderungen nicht so hoch zu sein wie bei Neubauten. Personen, die ein altes Bauwerk betreten, muß vielmehr zugemutet werden, daß sie die nötige Vorsicht walten lassen und sich den alten Zuständen weitgehend anpassen.

Unfallschutz

Unfälle stehen heute nach Herz- und Kreislaufkrankheiten und dem Krebs an der dritten Stelle der Todesursachenstatistik. Dabei wird im allgemeinen zuerst an Verkehrs- und Betriebsunfälle gedacht. Die Häufigkeit der Unfälle im häuslichen Bereich wird allgemein unterschätzt, was jedoch ein schwerwiegender Irrtum ist (Statistik 1, Seite 9). So ist es gelungen, die Zahl der tödlichen Arbeitsunfälle seit 1962 um etwa 40 % zu senken. Aber auch im Bereich des Straßenverkehrs ist seit 1974 eine Besserung zu verzeichnen. Wenn heute die Zahl der tödlichen Verkehrsunfälle etwa derjenigen von 1962 entspricht, dann muß man beachten, daß sich inzwischen das Verkehrsaufkommen etwa verdreifacht hat. Dagegen ist die Zahl der Unfalltoten im häuslichen Bereich seit 1962 bis zum Jahre 1973 stetig gestiegen; seit 1976 ist ein Rückgang zu verzeichnen (Statistik 2, Seite 9). Außerdem gibt es im häuslichen Bereich jährlich etwa 1,8 Millionen Verletzte. Bei 31 % aller häuslichen Unfälle muß ärztliche Hilfe in Anspruch genommen werden, bei 9 % war sogar eine stationäre Behandlung erforderlich.

Zum häuslichen Bereich gehören in den Unfallstatistiken die Wohngebäude einschließlich Zugang, Hoffläche, Hausgarten und Garage. Es kommt also nicht darauf an, ob ein Unfall bei einer hauswirtschaftlichen Tätigkeit entstanden ist; der häusliche Unfall wird vielmehr nach dem ***Unfallort*** gekennzeichnet. Es ist deshalb falsch, häusliche Unfälle als ***Unfälle in Heim und Freizeit*** zu bezeichnen.

Die Unfallforscher führen die Heimunfälle auf drei Ursachengruppen zurück:

- menschliches Versagen (Müdigkeit, Einfluß von Alkohol oder Drogen, Ärger, Angst, Aufregung, Unvorsichtigkeit usw.);
- mangelhafte Einrichtungen und Gebrauchsgegenstände;
- körperliche Behinderung (Krankheit, Invalidität, Alter).

Menschliches Versagen wird als die wichtigste Ursache angesehen. Dabei ist aber zu bedenken, daß menschliches Versagen oder eine körperliche Behinderung oft erst im Zusammenhang mit mangelhaften Einrichtungen und Gebrauchsgegenständen zu Unfällen führt.

Alter und Geschlecht

Laut Statistik 4 auf Seite 9 sind Kinder, noch mehr aber ältere Menschen am stärksten gefährdet und betroffen. Dafür sind meist die anderen Generationen mitverantwortlich; ihnen fehlt oft die Bereitschaft, auf schwächere Mitmenschen Rücksicht zu nehmen.

- Kinder handeln spontaner und unüberlegter, sind aber oft unzureichend aufgeklärt.
- Bei älteren Menschen liegt die Unfallursache häufig an der gesundheitlichen Verfassung, wobei Kreislaufschwäche und Sehstörungen eine große Rolle spielen.

Aus der gleichen Statistik geht hervor, daß der Anteil der Frauen am häuslichen Unfallgeschehen nach wie vor deutlich höher ist als der der Männer.

Stürze

Die weitaus häufigste Todesursache im häuslichen Bereich sind Stürze aller Art, die sich besonders auf Treppen, in der Küche und im Bad ereignen (Statistik 3, Seite 9). Über 80 % der Stürze mit tödlichem Ausgang betreffen alte Menschen, wobei zwei Drittel der Fälle auf Frauen über 65 Jahre entfallen.

Stürze auf gleicher Ebene können folgende Ursachen haben:

- nicht oder schlecht haftenden Boden (ungeeigneter Bodenbelag, frisch gebohnerte Böden, Nässe usw.);
- rutschende Teppiche, Brücken oder Fußabstreifer;
- Unregelmäßigkeiten in der Gehfläche (einzelne Stufen, Schwellen, aufgeworfene Teppichränder, herumliegende Gegenstände;
- fehlende oder mangelhafte Beleuchtung;
- unsachgemäßes Schuhwerk;
- Krankheit und Invalidität.

Häufige Ursachen, die zu Stürzen aus der Höhe führen, sind:

- Benutzung ungeeigneter oder defekter Hilfsmittel zum Steigen (wackelige Aufbauten, defekte Trittleitern, herausgezogene Schubladen usw.);
- allgemeine Unachtsamkeit (Verfehlen von Stufen, unsachgemäßes Tragen von Lasten);
- Mängel an Treppen (ungleiche Stufenhöhen, glatte oder beschädigte Treppenbeläge, ungenügende Beleuchtung, ausgetretene Stufen).

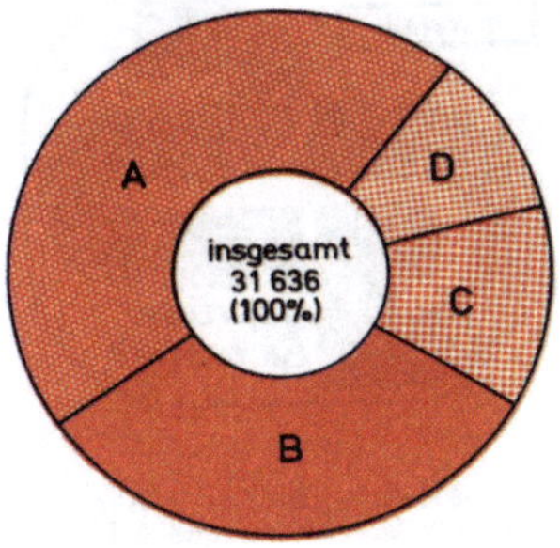

1 Struktur der tödlichen Unfälle 1976

A im Straßenverkehr	46,8 %
B im häuslichen Bereich	30,5 %
C tödliche Arbeitsunfälle	10,0 %
D sonstige tödliche Unfälle	12,7 %
	100 %

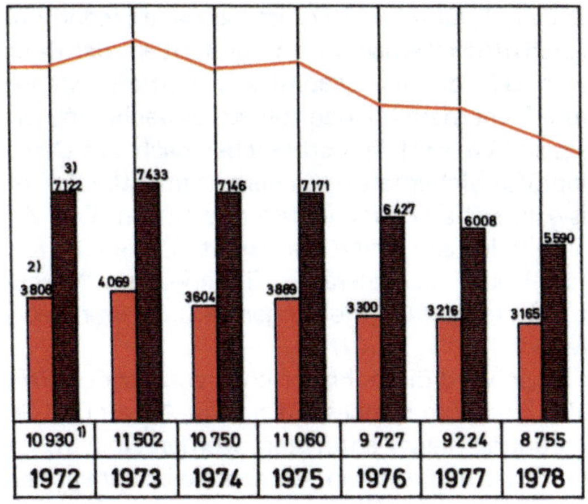

2 Tödliche häusliche Unfälle 1972 bis 1978

1) Gestorbene bei häuslichen Unfällen

2) männlich 3) weiblich

(Quelle: Statistisches Bundesamt)

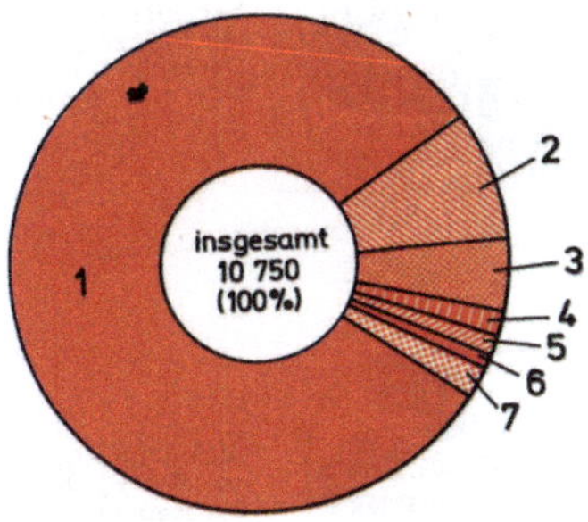

3 Unfalltote 1974 nach Unfallarten

1 durch Stürze	81,5 %
2 durch Ersticken	8,3 %
3 durch Verbrennen, Verbrühen	4,6 %
4 durch Vergiftung	1,6 %
5 durch elektrischen Strom	1,2 %
6 durch Ertrinken	0,8 %
7 sonstige tödliche Unfälle	2,0 %
	100 %

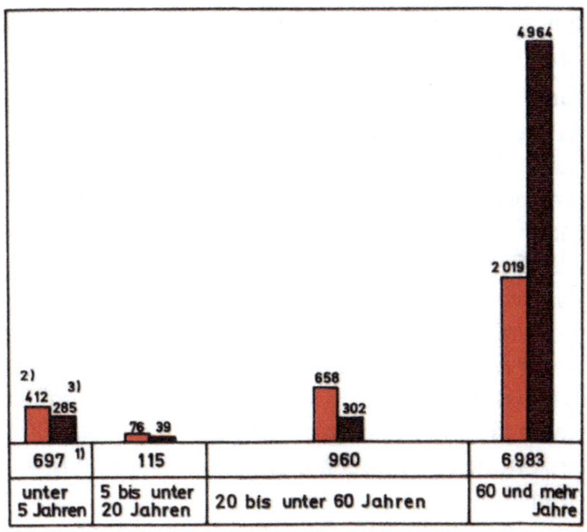

4 Tödliche häusliche Unfälle nach Altersgruppen

1) Unfalltote in der Altersgruppe

2) männlich 3) weiblich

(Quelle: Statistisches Bundesamt)

1 Statistiken über tödliche Unfälle im häuslichen Bereich (Bundesgebiet)

Sicherheitszeichen

Seit dem 1. Oktober 1977 ist das neue Sicherheitszeichen offiziell eingeführt. Es besteht aus den Buchstaben **GS**, die für „geprüfte Sicherheit" stehen. Dieses Sicherheitszeichen soll auf einfache und einprägsame Weise dem Verbraucher nach der Devise „Geprüfte Sicherheit – Sicherheit mitgekauft" die Auswahl sicherer Erzeugnisse erleichtern. Das Zeichen gilt für alle Arten von Geräten, wie z. B. Kinderspielzeug, Sportgeräte, Kinderwagen, Maschinen, Gartengeräte, Elektrogeräte und -werkzeuge usw.

Vergeben wird dieses Prüfzeichen von über 60 Prüfstellen, die vom Bundesminister für Arbeit und Sozialordnung hierzu autorisiert worden sind. In das neue Sicherheitszeichen können die bisher verwendeten Zeichen (z. B. Berufsgenossenschaft, VDE, TÜV, DIN oder DVGW) eingefügt werden. Dies erfolgt in der linken oberen Ecke (nebenstehende Abbildung). Technische Arbeitsmittel, die das Sicherheitszeichen tragen, dürfen nur in Verkehr gebracht oder ausgestellt werden, soweit sie

- den allgemein anerkannten Regeln der Technik und
- den Arbeitsschutz- und Unfallverhütungsvorschriften entsprechen.

Zuständig für den Erhalt des neuen Sicherheitszeichens ist der Hersteller des betreffenden Gerätes. Hat der Hersteller seinen Sitz im Ausland, so hat der Importeur die Herstellerverantwortung zu übernehmen.

Mit der Schaffung dieses Zeichens ist nunmehr der Einkauf von Geräten und Werkzeugen aller Art wesentlich einfacher geworden. Vor allem braucht man sich nicht mehr die vielen Prüfzeichen der verschiedenen Prüfinstitute einzuprägen. Wichtig ist selbstverständlich die Beachtung der vom Hersteller in verständlicher Sprache abgefaßten Gebrauchsanweisung.

Bei der Anschaffung von Groß-Elektrogeräten – auch wenn sie das Sicherheitszeichen tragen – sollten Sie zuvor feststellen lassen, ob die Anschlußbedingungen in ihrer Wohnung ausreichen.

Prüfstelle GS geprüfte Sicherheit

Neues Sicherheitszeichen (Grundzeichen) nach dem Gesetz über Technische Arbeitsmittel

DVE GS geprüfte Sicherheit

Sicherheitszeichen mit Prüfzeichen des Verbandes Deutscher Elektrotechniker e.V.

DIN-DVGW GS geprüfte Sicherheit

Sicherheitszeichen mit Prüfzeichen des Deutschen Vereins des Gas- und Wasserfaches

Berufsgenossenschaft A·FW GS geprüfte Sicherheit

Sicherheitszeichen mit Prüfzeichen einer Berufsgenossenschaft

TÜV Rheinland Köln GS geprüfte Sicherheit

Sicherheitszeichen mit Prüfzeichen eines Technischen Überwachungsvereins

2 Sicherheitszeichen GS •geprüfte Sicherheit•

Hausapotheke, Erste Hilfe

Trotz aller Vorsichtsmaßnahmen können in jedem Haushalt unerwartete Unfälle (Stürze, Verbrennungen, Verbrühungen, Vergiftungen usw.) entstehen. Diese Gefahr ist besonders bei der Anwesenheit von Kindern oder alten Menschen gegeben. Es ist deshalb eine gute Vorsorge, wenn man dann für solche Notfälle gerüstet ist.

Hausapotheke

Der Arzneimittelschrank oder -behälter soll alle Medikamente und Verbandmaterial enthalten, die notwendig sind, um Erste Hilfe leisten zu können. Vorteilhaft sind Apotheken-Schränkchen mit Fächereinteilung. Für die Aufbewahrung von Medikamenten, besonders wenn diese giftig sind, muß ein verschließbares Fach vorhanden sein.
Die meisten Arzneimittel sind kühl und trocken zu lagern. Die Hausapotheke hängt deshalb im Schlafzimmer oder der Diele wesentlich günstiger als im Badezimmer oder in der Küche, weil Wärme und Feuchtigkeit den Arzneimitteln schaden. Die Hausapotheke ist so anzubringen, daß sie für kleine Kinder unerreichbar ist.
Bei der Zusammenstellung des Inhalts Ihrer Hausapotheke hilft Ihnen gerne Ihr Hausarzt oder ein Apotheker. Zur Grundausstattung gehört auch ein Handbüchlein mit den wichtigsten Erste-Hilfe-Regeln. Ebenso sollte eine Liste der Giftzentralen und die wichtigsten Telefonnummern auf der Innenseite der Tür des Arzneischrankes angebracht werden, selbst wenn sie noch einmal in der Notruf-Liste eingetragen sind, die in der Nähe des Telefons aufliegt.
Die Haltbarkeit der Arzneimittel ist nicht unbegrenzt; auf manchen steht das Verfalldatum aufgedruckt. Tabletten und Dragees verderben bei richtiger Lagerung selten. Aber alle Medikamente, die nur eine begrenzte Lebensdauer haben, müssen von Zeit zu Zeit aus der Hausapotheke entfernt und erneuert werden. Auch hier hilft Ihnen Ihr Hausarzt oder ein Apotheker. Nicht mehr benötigte Arzneimittel in die Toilette ausschütten, aber niemals in den Haushaltsmüll werfen. Größere Mengen nimmt jede Apotheke zurück.

Erste Hilfe

Die Erste Hilfe kann oft entscheidend für das Leben und die Gesundheit des Verletzten sein. Wirksam helfen kann aber nur der, der in Erster Hilfe ausgebildet ist. Gut gemeinte aber laienhafte Hilfe kann dem Verletzten unter Umständen eher schaden. Es empfiehlt sich deshalb, an einem Kursus für Erste Hilfe teilzunehmen. Der Kursus sollte in nicht zu großen Abständen wiederholt werden, um die Kenntnisse immer wieder aufzufrischen.

Wichtige Telefonnummern

Das Telefon soll helfen, so schnell wie möglich Hilfe herbeizuholen. Deshalb sollte sich in der Nähe des Telefons eine Liste mit den wichtigsten Telefonnummern befinden.

- Hausarzt und sein Vertreter
- Notarzt und Krankenhaus
- Kinderarzt und Kinderklinik, wenn Kinder im Haus sind
- Krankentransport und Taxistand
- Apotheke und Giftzentrale
- Polizei, Feuerwehr bzw. Unfallnotruf
- zunächst erreichbare Verwandte oder Bekannte
- eigene Adresse und Telefonnummer (wichtig für Besuch, auch bei Aufregung)

Es empfiehlt sich auch, aus der Tageszeitung die monatliche Veröffentlichung der Bereitschaftsärzte und -apotheken auszuschneiden und bei der Telefon-Liste bereitzuhalten.

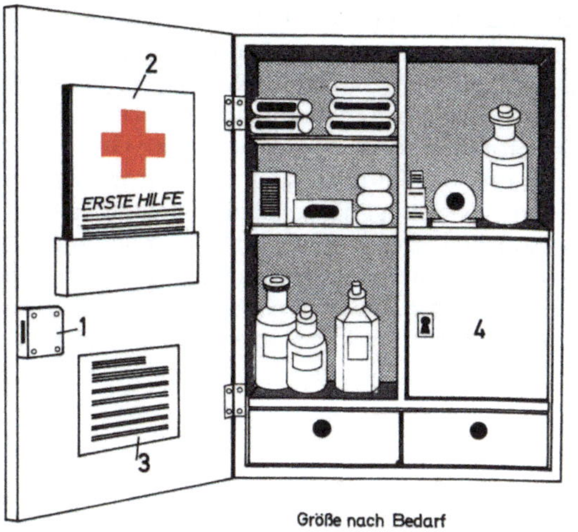

1 abschließbare Tür
2 Handbuch für Erste Hilfe
3 Liste der wichtigsten Telefonnummern
4 verschließbares Fach für Medikamente

3 Hausapotheke (Schema)

Eingangsbereich

Die Zugänge zum Grundstück und zum Haus sind hinsichtlich der dem Eigentümer obliegenden Verkehrssicherungspflicht besonders kritische Stellen. Dies gilt besonders für Neubauten an noch nicht vollständig ausgebauten Straßen. Dort müssen nämlich auch die provisorischen Verbindungswege verkehrssicher sein.

Die nächste Gefahr lauert an der Haustür. Anschlagschienen an Haustürschwellen, die notwendig sind, um den Hausflur gegen das Eindringen von Feuchtigkeit und Zugluft zu schützen, können aber nicht als besondere Gefährdung der Mieter und der Besucher des Hauses angesehen werden, sie müssen vielmehr beachtet werden.

Ähnlich verhält es sich mit den vor den Haustüren angebrachten Fußreinigungsrosten und Fußmatten. Am sichersten sind selbstverständlich Roste und Matten, die in die allgemeine Gehfläche bündig eingelassen sind. Dies ist aber keine zwingende Vorschrift. Es besteht die Möglichkeit, beim schrägen Auftreten die lose aufliegende Matte zu verschieben, was jedermann bekannt ist; beim Betreten derartiger Matten ist deshalb eine gewisse Vorsicht geboten.

Fußreinigungsroste für die Grobreinigung benötigen eine genügend große Maschenweite, damit der Schmutz durchfallen kann. Gerichte haben in diesem Zusammenhang entschieden, daß eine Rücksichtnahme auf die sogenannten Pfennigabsätze, z. B. durch die Verwendung von sehr engmaschigen Rosten, nicht erforderlich ist: Eine Frau, die Schuhe mit hohen Absätzen, aber kleiner Grundfläche, trägt und damit in einem normalen handelsüblichen Fußreinigungsrost hängenbleibt, sei dafür selbst verantwortlich. Der Verkehr habe nämlich nicht auf die jeweils gültige Mode zu achten; vielmehr haben sich diejenigen, die sich modegerecht kleiden, nach den gegebenen Verkehrs- bzw. Verkehrssicherungsverhältnissen zu richten.

Hausnummer

Es ist Sache des Eigentümers, sein Grundstück bzw. Gebäude mit der von der Gemeinde festgesetzten Nummer zu versehen. Dabei besteht die Vorschrift, daß Hausnummern vom öffentlichen Verkehrsraum aus lesbar sein müssen. Sie sollten darüber hinaus so beschaffen und angebracht sein, daß sie, auch vom fahrenden Auto aus, erkannt werden. Vorteilhaft sind beleuchtete Hausnummern, die nachts durchgehend eingeschaltet sein sollten. Auf eine beleuchtete Hausnummer sollte man nur verzichten, wenn der Eingangsbereich von einer in der Nähe befindlichen Straßenbeleuchtung die ganze Nacht über ausreichend erhellt wird.

Die Verpflichtung zur Anbringung gut erkennbarer Hausnummern liegt auch im öffentlichen Interesse; denn für Arzt, Unfalldienst und Polizei muß eine rasche Orientierung möglich sein. So kann es z. B. passieren, daß für einen Mieter ärztliche Hilfe zu spät kommt, weil der Notarzt das nicht gekennzeichnete Haus erst nach einigen Irrfahrten erreicht. Was nützt dann ein noch so funktionierender Rettungsdienst, wenn für die Suche nach hilfsbedürftigen Patienten unter Umständen lebensentscheidende Zeit benötigt wird? Aus diesen schwerwiegenden Gründen sollte sich deshalb auch ein Mieter davon überzeugen, daß die Hausnummer ordnungsgemäß angebracht und gut erkennbar ist.

Gut erkennbare Hausnummern und ggf. Hinweisschilder an der Straßenkreuzung für versteckt liegende Hauszugänge sind besonders in Neubaugebieten erforderlich.

Weiterhin ist zu beachten, daß Hausnummern und Straßennamen geändert werden können.

In Mehrfamilienhäusern ist es auch wichtig, daß die Namensschilder der Hausbewohner an den Eingängen und Fahrstühlen gut lesbar vorhanden sind.

Treppen

Die Treppe ist ein sehr wichtiges, leider aber auch stark unfallgefährdetes Verbindungsglied zwischen Hauseingang und Wohnung. Ein erheblicher Teil der tödlichen Stürze ereignet sich im Treppenhaus oder im Bereich von Eingängen.

Deshalb wird bereits in den Landesbauordnungen gefordert, daß alle Treppen und Treppenabsätze gut begehbar und verkehrssicher sein müssen. Die Gewährleistung dieser Verkehrssicherheit ist in erster Linie Sache des Hauseigentümers.

Bei den Bewohnern eines Hauses wird vorausgesetzt, daß sie den baulichen Zustand einer Treppenanlage kennen, an ihn gewöhnt sind und darüber hinaus bei der Benutzung der Treppe die gebotene Sorgfalt walten lassen. Aber auch wer, wie ein Besucher, ein Gebäude zum ersten Mal betritt, ist zu besonderer Aufmerksamkeit verpflichtet.

Beim Bezug eines Neubaus oder bei der Durchführung von Reparaturen im Treppenhaus wird von den Benutzern erhöhte Aufmerksamkeit gefordert; vom Hauseigentümer wird eine erhöhte Sorgfaltspflicht erwartet.

Einige wichtige Hinweise zur Verkehrssicherheit von Treppen werden in der untenstehenden Abbildung gezeigt und nebenstehend beschrieben.

- Die Geländer ① müssen den Sicherheitsbestimmungen entsprechen, besonders wenn Kinder im Hause sind. Einzelheiten Seite 23.
- Treppenbeläge sollen gleitsicher ② und leicht zu reinigen sein.
- Die Schaltuhr für die Treppenhausbeleuchtung ③ sollte so eingestellt sein, daß ein sicheres Begehen bis zum obersten Stockwerk auch für Kinder, alte und kranke Menschen sowie für Personen mit Traglasten möglich ist.
- Die Stufen sollten durch die Treppenhausbeleuchtung schlagschattenfrei ausgeleuchtet werden ④.
- Die Bedienungsknöpfe ⑤ für das Treppenhauslicht sollten selbstleuchtend sein.
- Auf Treppen ist besonders vorsichtig zu gehen, wenn Schuhe getragen werden, die keinen sicheren Halt geben oder die Gleitgefahr erhöhen.
- Beim Transport verschüttetes Wasser, Öl und dergleichen ist sofort aufzunehmen.
- Treppen und Podeste dürfen nicht als Abstellplätze benutzt werden.
- Ausgetretene Stufen, beschädigte Treppenbeläge, ausgebrannte Glühlampen sowie lose Stoßkanten sollten unverzüglich ersetzt werden.

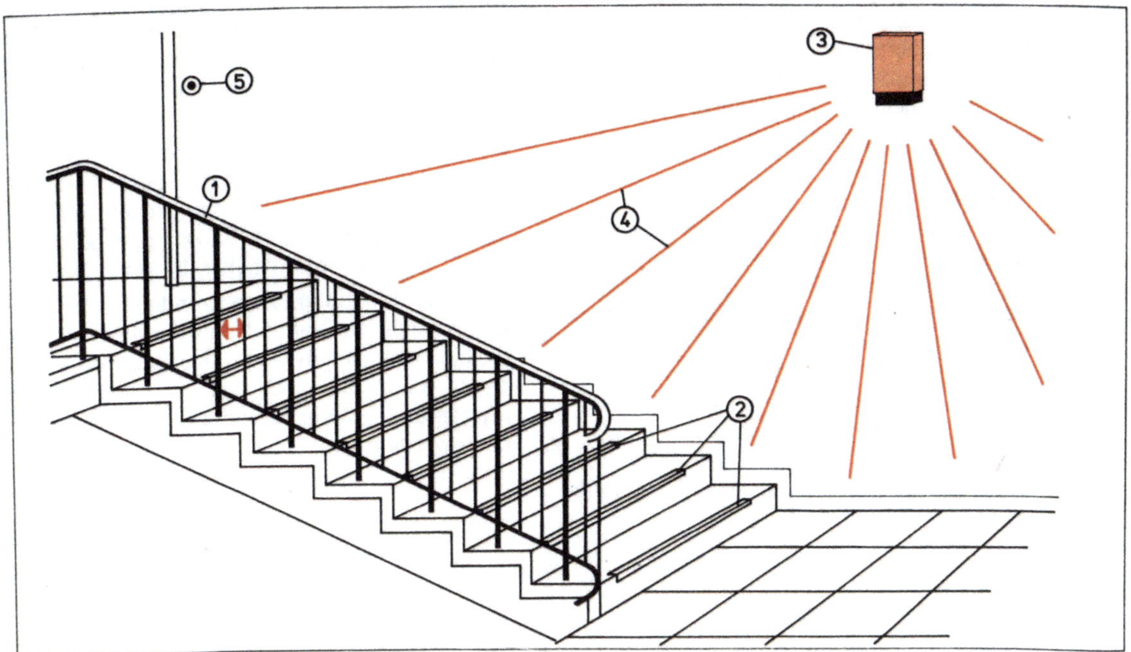

4 Treppen – worauf es ankommt!

Aufzüge

Die Sorge für einen verkehrssicheren Zustand der Aufzugsanlage ist Sache des Vermieters und Hauseigentümers. Gemäß den recht strengen Aufzugsvorschriften darf eine Aufzugsanlage nach ihrer Errichtung oder wesentlichen Änderung erst in Betrieb genommen werden, wenn der zuständige Sachverständige aufgrund einer Prüfung festgestellt hat, daß alle gestellten Anforderungen erfüllt sind und hierüber eine Bescheinigung erteilt hat. Zur Gewährleistung des betriebssicheren Zustandes wird der Hauseigentümer in der Regel einen Wartungsvertrag abschließen.

Die Aufzugbenutzer sollen sich in der Kabine möglichst ruhig verhalten. Bei irregulären, schüttelnden Bewegungen oder Stößen kann die Fangvorrichtung für die Kabine ausgelöst werden, und die Kabine kann an beliebiger Stelle im Schacht festklemmen. (Eine Befreiung über Notruf durch Dritte ist dann notwendig.) Außerdem leidet darunter die Haltegenauigkeit im Stockwerk; es entstehen Stolpergefahren beim Begehen der Aufzugskabine.

Aufzüge für den allgemeinen Personenverkehr müssen mit einer Notrufanlage ausgestattet sein. Anweisungen zur Benutzung dieser Anlage sind in der Aufzugskabine angebracht. Wenn bei Störungen die Notrufanlage betätigt worden ist, ruhig verhalten und keinerlei Versuche unternehmen, sich selbst aus der Kabine zu befreien.

Im Brandfall sollte man niemals einen Aufzug benutzen, sondern vielmehr die Treppe oder Nottreppe.

Bodenöffnungen

Gefährliche Bodenöffnungen kommen in einer Wohnung kaum vor, sind dagegen aber im Eingangsbereich, im Dachboden und zuweilen auch im Keller anzutreffen. Aus Sicherheitsgründen schreiben die Landesbauordnungen vor, daß Öffnungen in begehbaren Wegen, Decken und Dächern ausreichend abzudecken oder zu umwehren sind. Bei Bodenöffnungen, bei denen die Gefahr des Herabfallens von Gegenständen oder das Hineinrutschen von Personen besteht, sind mindestens 10 cm hohe Randleisten anzubringen.

Roste und Abdeckungen von Bodenöffnungen außer- und innerhalb eines Gebäudes sollten möglichst bodengleich verlegt werden. Ein Überstand von mehr als 5 mm kann zu einer heimtückischen Stolperstelle werden.

Ausziehbare Bodentreppen sind im Dachraum durch ein Lukenschutzgeländer zu sichern. Damit es den Transport sperriger Güter nicht behindert, kann es abschraubbar befestigt werden. Das Schutzgeländer darf keine Gelegenheit zum Klettern oder zum Hindurchschlüpfen für Kinder bieten, sofern sich diese im Dachraum aufhalten.

Dächer

Dächer sind ein Bereich, der im allgemeinen einem Mieter nicht zugängig ist. Trotzdem gibt es Anlässe, bei denen auch ein Mieter mit Dächern in Konflikt kommen kann wie z. B.:

- Benutzung von Dachflächen (meist unerlaubt!) zum Wäschetrocknen oder dergleichen. Diese Nutzung ist strengstens verboten, auch wenn z. B. das Flachdach gut erreichbar vor einem Wohnungsfenster liegt. Gemäß den Bestimmungen der Landesbauordnungen sind Dachflächen, die zum – wenn auch nur zeitweiligen – Aufenthalt von Menschen bestimmt sind, zu umwehren. Ab 12 m Absturzhöhe müssen die fest verankerten Schutzgeländer mindestens 1,10 m hoch sein. Provisorisch aufgestellte Schutzgeländer, die leicht umkippen können, erfüllen diese Anforderung nicht.
- Zu beachten ist auch, daß Dachflächen und Unterdächer aus Asbestzement- oder Kunststoff-Platten, Drahtglas oder dergleichen nur beschränkt tragfähig sind. Sie können durchbrechen, wenn sie unmittelbar betreten werden.
- An eine Wohnung angrenzende Flachdächer können aber im Brandfalle als Not-Rettungsweg dienen. Wer dies in seine Überlegungen einbezieht, sollte sich aber auch rechtzeitig dafür interessieren, wie er über das Dach gelangt und dann weiterkommt.

Fußböden

Nach den statistischen Unterlagen der Berufsgenossenschaften liegen Stolper-, Rutsch- und Sturzunfälle an der Spitze des Unfallgeschehens. In den Unfallverhütungsvorschriften wird deshalb verlangt, daß Fußböden rutschhemmend und leicht zu reinigen sein müssen.

In der Wohnung sind es oft die Hausfrauen selbst, die auf den von ihnen gewischten oder gewachsten Böden zu Schaden kommen. Werden dazu noch ein enger Rock und hohe Absätze getragen, dann kann sich der Ausrutscher zum Unglücksfall ausweiten. Auch Schuhe, die den Füßen keinen Halt geben, können die Gleitgefahr erhöhen. Auf glatten Fußböden sollte man auch nicht in Strümpfen herumgehen. Die Sohlen von Pantoffeln und Schuhen, die nur im Hause getragen werden, sind ab und zu von festhaftendem Staub zu befreien.

Neben den nachstehend beschriebenen Bodenzuständen ist es oft eine ungenügende Beleuchtung, die Sturzunfälle verursacht.

Eine wichtige Voraussetzung für die Vermeidung von Fußbodenunfällen ist auch die Behandlung der Fußböden mit den richtigen Reinigungs- und Pflegemitteln. Grundsätzlich nur gut gesäuberte Fußböden mit möglichst dünn aufgetragenen und gleichmäßig verriebenen Pflegemitteln behandeln.

Zu vermeiden sind auch Unebenheiten und Stolperstellen im Fußboden. Dazu die folgenden Hinweise:

- Nicht vermeidbare Fußbodenabsätze, wie z. B. einzelne Stufen, sind durch entsprechende Markierungen zu kennzeichnen und während der Dunkelheit ausreichend zu beleuchten (Abb. 5/1).
- Bei konstruktiv bedingten Unebenheiten, z. B. Türschwellen, sind ebenfalls geeignete Markierungen anzubringen, besonders wenn sich ältere und schon etwas gehbehinderte Personen in der Wohnung aufhalten (Abb. 5/2).
- Günstiger ist die Angleichung von Türschwellen mit davor gesetzten Keilen; sie können auch befahren werden (Abb. 5/3).
- Schäden an Bodenbelägen, wie z. B. lose Parkettriemchen, durchgetretene Linoleum- oder Kunststoffbahnen, lose Steinplatten und alle sonstigen Löcher und Unebenheiten sollten unverzüglich instandgesetzt werden.
- Herumliegende Gegenstände, über die man stolpern könnte, sind zu entfernen, besonders wenn sie im Gehbereich liegen.

Gleitsicherheit

Das Gleitrisiko wird sehr durch das individuelle Gehverhalten des Einzelnen beeinflußt. Gehbehinderte und alte Personen gleiten leichter aus, weil die korrigierenden Bewegungsreflexe eingeschränkt sind. Der gesunde Mensch kann seine Gangart meist der Beschaffenheit des Bodens anpassen. So werden tatsächlich auf glattem Boden die Schritte automatisch verkürzt, die Füße weniger hoch gehoben und sorgfältiger aufgesetzt.

Kritisch sind vor allem immer solche Stellen, an denen sich der Reibungswiderstand des Bodenbelages ändert. Aus diesem Grunde sollten in einem zusammenhängenden Gehbereich, z. B. in einem langen Flur oder in einer Flucht hintereinander liegender Durchgangszimmer, immer gleichartige Fußbodenbeläge verwendet werden. Verschiedenartige Beläge sollten zumindest die gleichen Reibungswiderstände aufweisen. Zur Vermeidung von Unfällen infolge Fußbodenglätte die nachstehenden Hinweise:

- Verwendung rutschfester Pflegemittel – die Mehrausgaben machen sich bezahlt!
- Bei glatten Bodenbelägen zumindest in den „Hauptverkehrswegen" rutschfeste Läufer oder Teppiche auslegen.
- Bei glatten Fußböden in Küche und Bad sind Wasser, Öl, Seifenreste und sonstige Abfälle sofort aufzunehmen.

Vor Farbe und Hochglanz beim Fußboden geht die Sicherheit!

1 Fußbodenabsatz mit Markierung

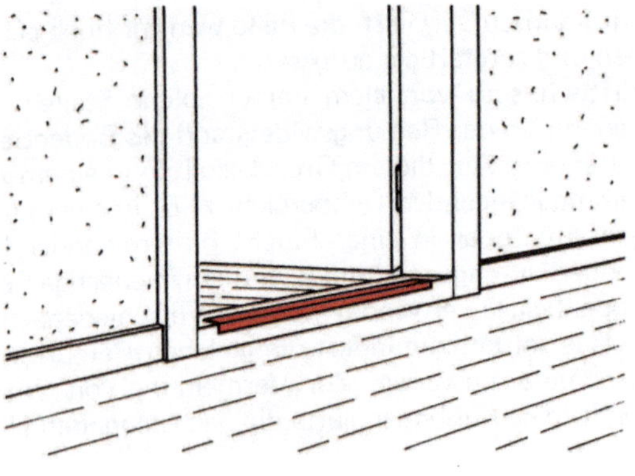

2 Türschwelle mit Markierung

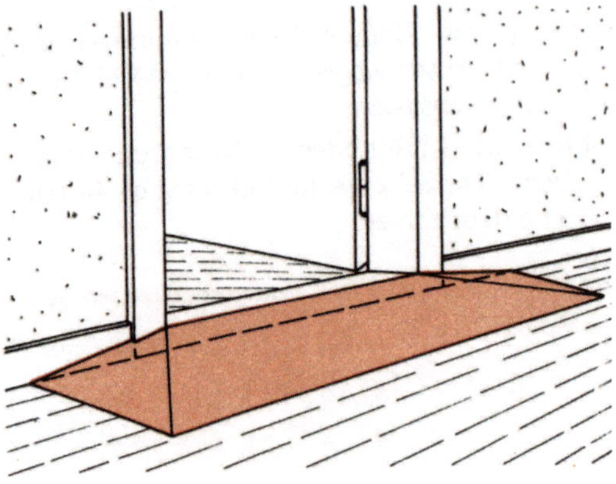

3 Türschwelle mit Keil (befahrbar)

5 Stolperstufen und Schwellen

Fußbodenarten

Jede der nachstehend beschriebenen Fußbodenarten hat bestimmte Eigenschaften, oft Vorzüge – zuweilen aber auch Nachteile. Darauf abgestimmt, sind auch die Pflegemittel einzusetzen, denn ein Universalpflegemittel, mit dem alle Fußböden gleich gut behandelt werden können, gibt es nicht.

Holzfußböden

Zuerst breite Dielen, dann auch Parkett und später Kleinparkett waren über lange Zeit die im Wohnungsbau üblichen Bodenbeläge. Holzböden sind fußwarm und bei entsprechender Behandlung im trockenen Zustand auch gleitsicher. Mit modernen Versiegelungsmitteln oder dergleichen behandelt, erfordern sie nicht mehr Pflege als die heute überwiegenden Bahnenbeläge mit glatten Oberflächen.

Linoleumböden

Linoleumböden sind in trockenem Zustand ausreichend gleitsicher; sie sind außerdem leicht zu reinigen und nichtleitend für elektrischen Strom. Sie müssen mit Wachs behandelt werden, da sie sonst verspröden und die Lebensdauer sich sehr stark verringert. Der Fehler, der hier jedoch meistens gemacht wird, ist das Auftragen zu großer Mengen Wachs in zu kurzen Zeitabständen. Das Linoleum kann das Wachs nicht mehr aufnehmen; so entsteht im Laufe der Zeit eine glatte Schicht, die, wenn auch noch maschinell gebohnert wird, zwar glänzt und sauber aussieht, aber eben auch sehr unfallträchtig wird.

Kunststoffböden

Kunststoffböden sind im Grunde ausreichend trittsicher. Diese Trittsicherheit wird jedoch in vielen Fällen durch falsche Pflege zunichte gemacht. Beim Auftragen wachshaltiger Mittel entsteht auf ihnen eine äußerst glatte Schicht, die vom Belag nicht aufgenommen werden kann. Aber auch moderne Pflegemittel, z.B. Wischpflegemittel, müssen sachgemäß aufgetragen werden. Ein Nachpolieren mit der Bohnermaschine, wie dies häufig geschieht, erzeugt einen zwar glänzenden, zuweilen aber auch sehr glatten Boden; die gleithemmenden Zusätze, die diese Wischpflegemittel im allgemeinen enthalten, werden durch die Maschine wegpoliert.

Teppichbeläge

Bei der Auswahl eines Teppichbelages darf man sich nicht nur von dessen Farbe und Gestaltung leiten lassen. Mindestens genauso wichtig sind seine Zweckdienlichkeit, Strapazierbarkeit und Lebensdauer. Hochflorige Teppiche sind im allgemeinen empfindlicher als z. B. die kompakteren Nadelfilzbeläge.

Teppichböden gelten als gut gleitsicherer Bodenbelag, wenn sie einen Schaumgummi- oder gummierten Waffelrücken aufweisen oder aber auf dem Unterboden festgeklebt oder festgespannt sind (Abb. 6/1 1+2).

Einzelne Teppiche, besonders aber kleinformatige Läufer und Brücken sind unbedingt gegen Wegrutschen zu sichern, denn rutschende Teppiche bilden eine der häufigsten Unfallursachen im Haushalt. Kleine Einzelteppiche haben auch die unangenehme Neigung zu „wandern", sich aufzuwellen und gefährliche Stolperhindernisse zu bilden. Teppiche müssen deshalb immer voll flach liegen. Dies ist von ganz besonderer Bedeutung für die Sicherheit älterer und gebrechlicher Bewohner. Aber auch Kinder und Personen „im besten Alter" können von Teppichen zu Fall gebracht werden, wenn sie einmal unaufmerksam sind! (Abb. 6/3 bis 6/6)

Die unangenehme Neigung zu „wandern", sich aufzuwellen und gefährliche Stolperhindernisse zu bilden, haben auch Einzelteppiche, die auf durchgehenden Teppichböden aufliegen. Hier reichen die gummierten Unterlagen oft nicht aus, diese Nachteile zu verhindern. Für derartige Fälle bietet die Industrie eine spezielle Teppichunterlage an, die sich sowohl mit dem Teppichunterboden als auch mit der Rückseite des aufliegenden Teppichs entsprechend verkrallt, ohne daß das Teppichmaterial selbst beschädigt wird.

Zuweilen sind die Türen dem Teppich anzupassen, damit sie diesen beim Öffnen nicht wegschieben können. Abhilfe schaffen sogenannte Teppichheber, die beim Öffnen die Tür über das neue Hindernis hinwegheben (Abb. 8/2).

Fliesen- und Steinfußböden

Platten- und Fliesenbeläge aller Art sollten so verlegt sein, daß an keiner Stelle Höhenunterschiede zwischen den Plattenkanten von mehr als 4 mm vorhanden sind; größere Differenzen können zu Stolperunfällen führen.

Bei einer sachgemäßen Behandlung können normale Fliesenbeläge genauso gehsicher gehalten werden wie andere Fußbodenbeläge. Von den nassen Fußböden weisen die keramischen Platten und rauhe Natursteinplatten noch die besten Gleitwiderstände auf.

Kritischer sind dagegen Steinböden, wie z. B. Marmorbeläge mit geschliffenen und polierten Oberflächen. Werden sie auch noch gewachst und durch anschließendes Polieren auf Hochglanz gebracht, dann ergeben sich regelrechte Gleitflächen. Derartig glatte Beläge sollten nur mit Wasser gereinigt werden, das allerdings nur geringe Reinigungszusätze, vor allem aber rutschhemmende Zutaten enthalten sollte. Sollte der Boden seit Jahren falsch mit Wachs gepflegt worden sein, dann ist es nicht damit getan, die wachshaltigen Mittel lediglich nicht mehr zu benutzen. Um die glatte Schicht, die sich im Laufe der Zeit entwickelt hat, zu entfernen, muß auf jeden Fall eine chemische oder mechanische Grundreinigung erfolgen.

Aber auch sonst rutschfeste Fliesenbeläge können sofort ihre Trittsicherheit einbüßen, wenn sie mit einer dicken Wachsschicht überzogen sind.

Zementestriche, z. B. in Waschküchen, sollte man nicht versiegeln, weil dadurch die Griffigkeit der Oberfläche verlorengeht; bei Nässe ergibt sich dann eine erhöhte Gleitgefahr.

Schließlich sollte man immer daran denken, daß die Folgen eines Sturzes auf Steinböden oft erheblich größer sind als die gleichartiger Stürze auf Holz- oder Teppichböden.

Nasse Stein- und Fliesenböden haben dazu noch die besonders unangenehme Eigenschaft, daß sie bei Elektrizitätsunfällen den Stromschlag zu einer tödlichen Waffe werden lassen. Dagegen steht der Mensch bei einem solchen Unfall auf einem Holz- oder Teppichboden gut isoliert und ist wesentlich weniger gefährdet.

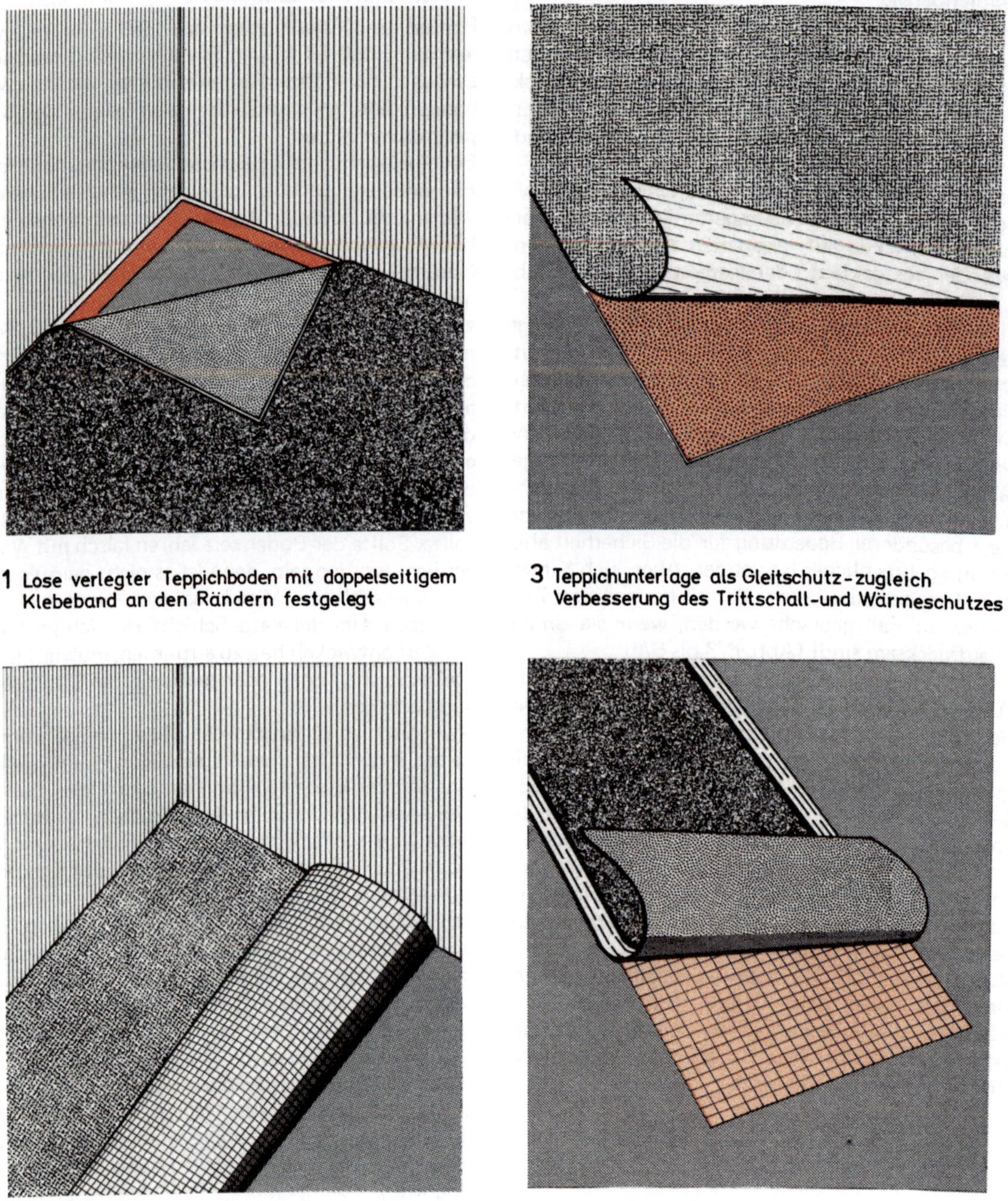

1 Lose verlegter Teppichboden mit doppelseitigem Klebeband an den Rändern festgelegt

3 Teppichunterlage als Gleitschutz-zugleich Verbesserung des Trittschall-und Wärmeschutzes

2 Teppichboden mit Schaumgummi-oder gummiertem Waffelrücken

4 Läufer oder Brücke mit rutschhemmendem Gitternetz

6 Unfallschutz bei Teppichböden und losen Teppichen

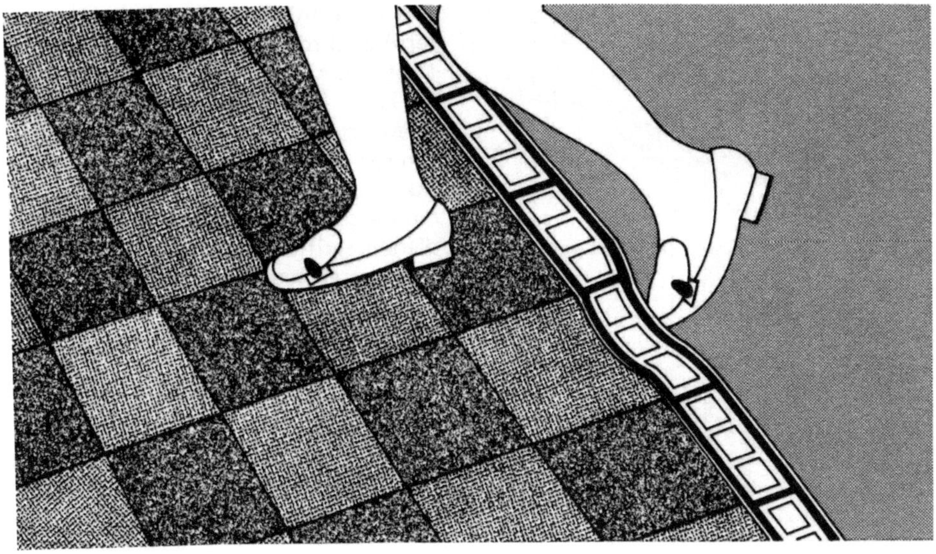

5 Aufgewellte Teppichränder können heimtückische Stolperstellen sein.

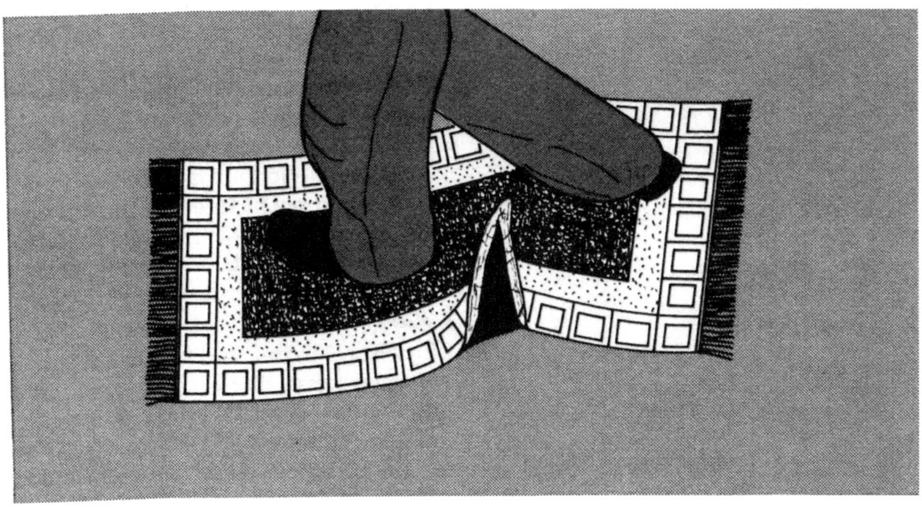

6 Kleinformatige Teppiche auf glatten Böden können beim Betreten wegrutschen.

Teppichbeläge sind angenehm und voller Tücken zugleich.

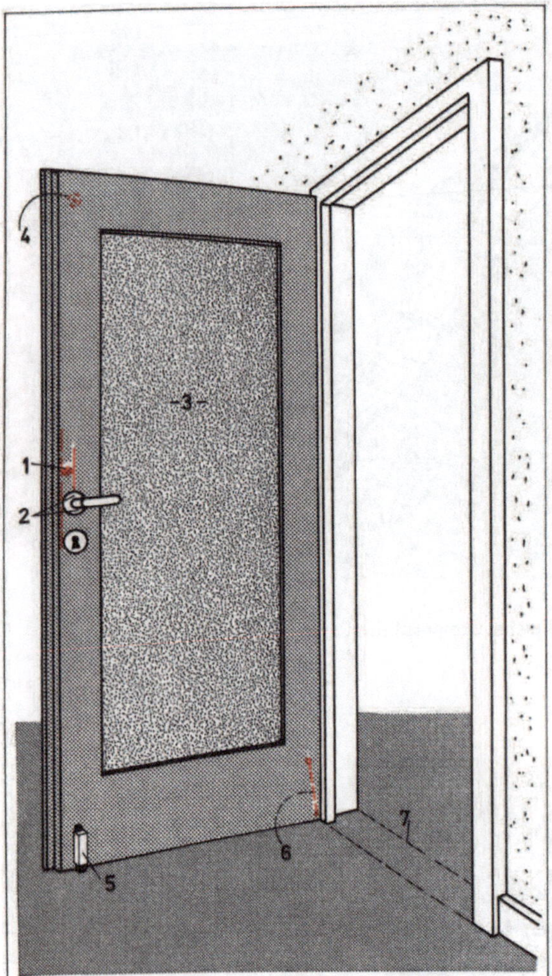

1 Ausreichender Abstand zwischen Türdrücker und Türzarge

2 Keine vorstehenden Stifte!

3 Sicherheitsglas oder Splitterschutzfolie

4 Türpuffer zweckmäßig hier

5 Offene Glastüren durch Türfeststeller (Abb. 8/1) oder Keile arretieren

6 Türheber, z. B. bei Teppichen (Abb. 8/2)

7 Türschwellen, siehe Abb. 5

7 Unfallschutz im Türbereich

Wohnungstüren

Die Türen mit ihren beweglichen Flügeln (Türblättern) sind mit zahlreichen Unfallgefahren behaftet (Abb. 7).

Es kann Fingerquetschungen geben, wenn Türen unerwartet zufallen oder zugeschlagen werden, besonders gefährlich bei Kindern.

Zur Vermeidung von Fingerverletzungen müssen die Beschläge so angebracht sein, daß zwischen Bedienungsgriffen, z. B. Türdrückern, und festen Rahmen ausreichende Bewegungsfreiheit verbleibt. An Türen mit schmalen Metallrahmen sollten deshalb grundsätzlich nur abgekröpfte Drücker montiert werden.

Einen verlorengegangenen Splint, der zum Zusammenhalt der beiden Türdrücker benötigt wird, sollte man nie durch einen eingesteckten Nagel ersetzen. Daran kann man hängenbleiben und den Arm verletzen – ganz schlimm für Kinder, wenn sie nach dem Drücker greifen und abrutschen.

Türfeststeller und Türpuffer sollten im Gehbereich wegen der Stolpergefahr nicht am Boden montiert werden. Vorteilhafter sind Tretfeststeller, die am Türflügel angebracht werden; mit ihrer Hilfe können Türen in jedem Öffnungswinkel festgestellt werden. Die Türfeststeller in einem Vierkantgehäuse aus Leichtmetall besitzen eine Hubhöhe bis zu 6 cm (Abb. 8/1).

Am Boden montierte Türpuffer können eine Stolpergefahr bilden; es ist vorteilhafter, sie am oberen Rand der Tür anzuschrauben.

In größeren Wohnungen oder Mehrpersonen-Haushalten sind auch Türen, die vom Raum zum Flur hin öffnen, gefährlich, besonders dann, wenn man vorbeigeht und z. B. ein Tablett in Händen trägt.

Glastüren

Erhöht gefährdet sind Glastüren durch Ballspielen, Wurfgeschosse aller Art, Transport sperriger Güter usw. Auch durch kräftiges Zuschlagen ist schon manche Glastür zu Bruch gegangen. Offene Glastüren sind deshalb durch Türfeststeller oder untergeschobene Keile gegen Zufallen zu sichern.

Die scharfkantigen, teilweise dolchähnlichen Glasscheiben können schwere Schnittverletzungen verursachen. Gefährdete Verglasungen sollten deshalb Sicherheitseigenschaften aufweisen, die selbst beim Bruch Schnitt- und Stichverletzungen weitgehend ausschließen. Hierfür gibt es verschiedene Möglichkeiten:

Vorhandene Glasflächen (Normalglas) lassen sich durch nachträglich aufgeklebte Splitterschutz-Folien sichern. Beim Bruch bleiben die Splitter an der Folie haften. Die Splitterschutzfolie muß auf der gefährdeten Verglasungsseite angebracht werden.
Einscheiben-Sicherheitsglas zerfällt bei der Zerstörung der Scheibe in kleine Glaskrümel, die mehr oder weniger stumpfkantig sind, untereinander nur lose zusammenhängen und darum nur relativ harmlose Verletzungen verursachen können. Aus diesem Material sind z.B. auch die Autoscheiben gefertigt.
Verbund-Sicherheitsglas zerspringt nach der Zerstörung; seine Oberfläche gleicht dann einem Spinnengewebe. Die Bruchstücke haften jedoch fest an der Zwischenschicht, so daß sich lose, scharfkantige Glassplitter nicht bilden können. Die Glasfläche bleibt auch nach ihrem Bruch als Trennfläche wirksam, da die Zwischenschicht nicht zerreißt.
Drahtornamentglas, Drahtglas und Drahtspiegelglas können beim Aufprall von Personen kleinere Stich- und Schnittverletzungen hervorrufen. Das Drahtnetz bewirkt aber eine verhältnismäßig gute Bindung der Scherben.
Lichtdurchlässige Kunststoffscheiben (z.B. Plexiglas) sind verhältnismäßig unempfindlich gegen Schlag und Stoß, sie sind formbeständig und relativ leicht. Polycarbonat-Scheiben (z.B. Lexan oder Makrolon) können sogar starke Stöße und Schläge aushalten, ohne daß die Scheiben zerspringen.
Ganzglastüren, die im allgemeinen aus Einscheiben-Sicherheitsglas bestehen, sind deutlich – z.B. durch auffallende Türgriffe, Ätzungen oder aufgeklebte Symbole – zu kennzeichnen, so daß sie nicht übersehen werden können. Dies ist besonders im Hinblick auf Kinder wichtig, die gegen solche Glastüren laufen, weil sie annehmen, der Türdurchgang sei offen.

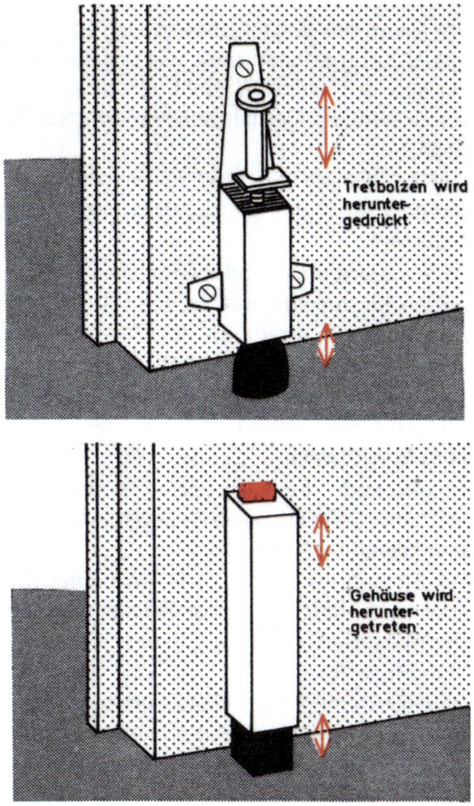

1 Türfeststeller am Türblatt

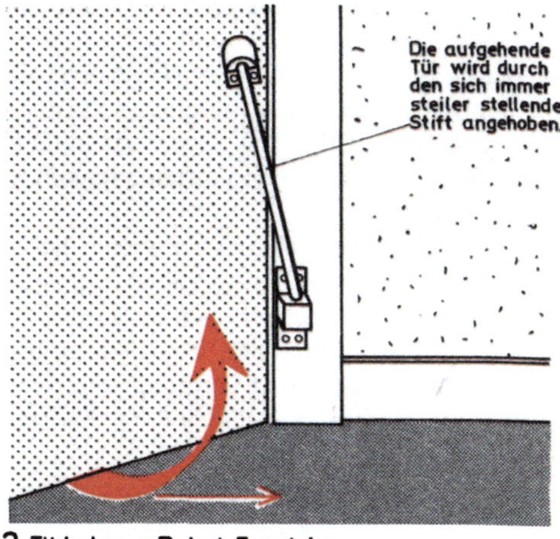

2 Türheber, z.B. bei Teppichen

8 Türfeststeller, Türheber

Fenster

Es gibt kaum ein Bauteil, das so vielfältige Aufgaben gleichzeitig erfüllen muß wie das Fenster. Damit ist aber auch eine Vielzahl von möglichen Gefahren verbunden. Deshalb sollten folgende Regeln beachtet werden:

- Lehnen Sie sich nie weit aus dem Fenster. Sie könnten sonst das Gleichgewicht verlieren und abstürzen.
- An Fenstern mit niedrigen festen Brüstungen müssen bis zur vorgeschriebenen Brüstungshöhe (Landesbauordnung) Schutzgitter oder dergleichen angebracht werden (Abb. 9 ①).
- Geöffnete Fensterflügel sollten feststellbar sein. Lüftungsflügel sollten nicht in den Verkehrsraum hineinragen.
- Hochliegende Fenster dürfen beim Reinigen nicht herausfallen können, anderenfalls müssen sie abgenommen werden.
- Aus Sicherheitsgründen, z.B. wegen der Kinder, ist es vorteilhaft, wenn man Fenster und Fenstertüren abschließen oder in anderer Weise sichern kann (Abb. 44).
- Zum Entfernen von Glasscherben sollte man dicke Gummihandschuhe (Baumwollhandschuhe mit Kautschuküberzug) anziehen. Dünne Haushaltshandschuhe sind zu wenig widerstandsfähig und deshalb für diese Arbeit nicht geeignet.

Fensterputzen

Zum Reinigen der Fenster gilt der Fußboden als der sicherste Standplatz. Ist von hier aus die Reinigung der Fenster selbst mit einem Fensterreinigungsgerät (Abb. 10) nicht mehr möglich, so sind Leitern oder Tritte (Abb. 38 + 39) zu benutzen. Die trittfesten Leitern sollten einen Aufhängehaken für den Wassereimer besitzen.

Die Außenseite feststehender Fenster ist grundsätzlich nur mit einem Fensterreinigungsgerät (langer gebogener Stiel mit Schwamm, Gummischaber u. ä.) zu reinigen. Sollte sich trotzdem eine Handreinigung von außen nicht vermeiden lassen, dann niemals ungesichert auf die äußere Fensterbank treten.

Vor allem eine zweckmäßige Arbeitskleidung, wie z.B. lange Hosen, anziehen, Schleifen, Säume, Schürzenbänder können nämlich an vorspringenden Beschlagteilen hängenbleiben. Bei der Außenarbeit die Arbeitszeit so wählen, daß zusätzliche Behinderungen, wie z.B. blendendes Sonnenlicht, nicht gegeben sind.

Innere Fensterbänke, die wegen ihrer Höhenlage und Ausladung zur Benutzung als Auftritte beim Fensterputzen verführen, sind entsprechend abzustützen oder durch geeignete Auflagen tragfähig zu machen (Abb. 9). Die Innenbänke sind nur dann ein sicherer Standplatz, wenn sie mindestens 25 cm breit sind. Besondere Vorsicht ist geboten bei Fensterbänken aus dünnen Asbestzement- oder Kunststoffplatten bzw. leicht zerbrechlichen Werkstoffen, wie z.B. nicht durchgehend aufliegenden Marmorplatten.

9 Fenster-Innenreinigung von der Fensterbank aus
Stehbrett ② mit seitlichen Auflagern ③ (z.B. Lappen) auf der dünnen Innenbank ④

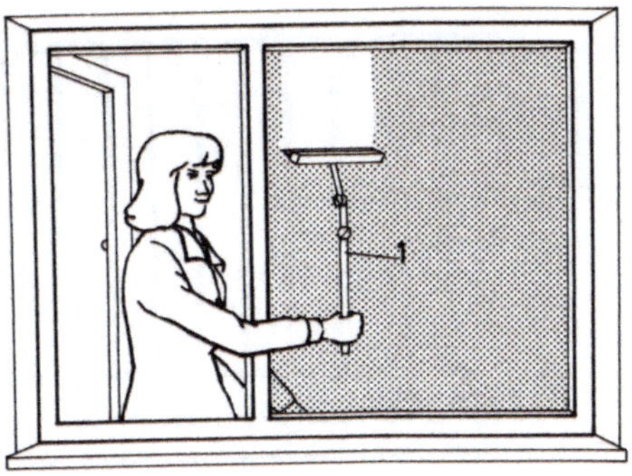

1 Sicheres Reinigen der Fenster-Außenseite

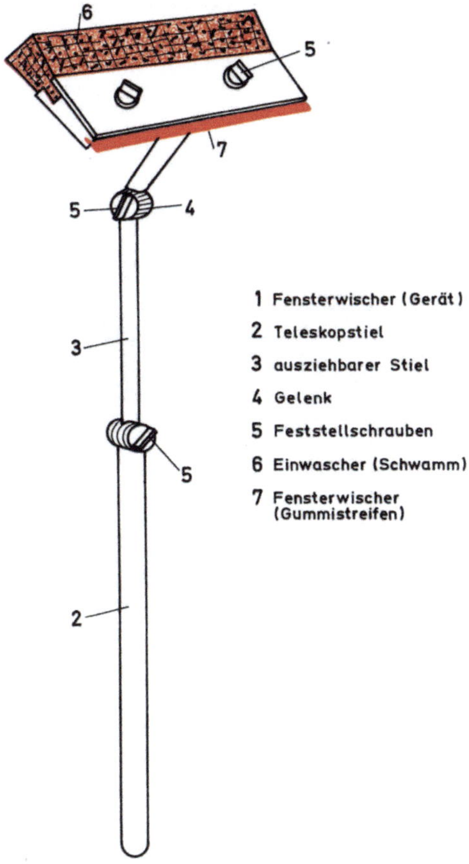

2 Verstellbarer Fensterwischer

10 Fenster-Außenreinigung

Balkone

Nach dem derzeitigen Baurecht müssen Balkone, deren Fußbodenoberkante mehr als 1 m über dem anschließenden Gelände liegt, eine Umwehrung besitzen. Die Höhe des Balkongeländers muß in diesem Falle mindestens 0,90 m betragen. Bei mehr als 12 m Absturzhöhe werden dagegen 1,10 m Geländerhöhe verlangt. Die Füllungselemente dürfen Öffnungen von höchstens 12 cm Lichtmaß nicht überschreiten. In Merkblättern für die Unfallverhütung werden für Balkongitter senkrechte Stäbe mit nicht mehr als 8 cm lichtem Abstand empfohlen, damit auch kleine Kinder den Kopf nicht hindurchschieben können (Abb. 11/1). Waagerechte Stäbe oder Bretter sind besonders gefährlich, da Kinder daran hochklettern können. Sind die Abstände so groß, daß ein Kinderfuß dazwischengeschoben werden kann, dann sollten auf der Balkoninnenseite zusätzliche durchgehende Verkleidungen als Schutz angebracht werden (Abb. 11/2).

Auf Balkonbrüstungen abgestellte oder daran angehängte Blumengefäße sind gegen Herunterfallen zu sichern. Bedenken Sie: Ein etwa 6 Stockwerke tief fallendes Trinkglas hat die Wucht eines Geschosses. Bei aufkommendem starkem Wind sind Markisen, Sonnenschirme, Tischtücher usw. genügend zu sichern.

Die Balkontür sollte auch von außen geöffnet werden können, z. B. durch spielende Kinder. Bei abschließbaren Balkontüren den Schlüssel nicht außen steckenlassen; Kinder könnten sich sonst selbst aussperren.

Elektrische Anlagen auf dem Balkon, wie z. B. Steckdosen, müssen den Sicherheitsbestimmungen für Außeninstallationen entsprechen. Behelfsmäßige elektrische Installationen sind tunlichst zu vermeiden; bei Nässeeinwirkung können sie tödliche Stromschläge versetzen.

Reinigungsarbeiten mit Lösemitteln werden vorteilhaft auf dem Balkon ausgeführt. Nach Beendigung dieser Arbeiten sind aber alle Rückstände zu beseitigen, besonders wenn der Balkon gleichzeitig für den Aufenthalt von Kindern bestimmt ist.

FALSCH

Der Zwischenraum ist zu groß. Kleinkinder können den Kopf durchstecken.
Abhilfe: Verkleidungsplatte 1 anbringen

RICHTIG

Lichte Gitterabstände 2: 8 bis 10 cm
Bodenabstand 3: 5 bis 8 cm

1 Brüstung mit senkrechten Stäben

FALSCH

Klettermöglichkeit für Kleinkinder. Der „Leiteraufstieg" bietet sich direkt an.
Abhilfe: Verkleidungsplatte 1 auf der Innenseite oder die zu großen Abstände durch Leisten od. dgl. schließen

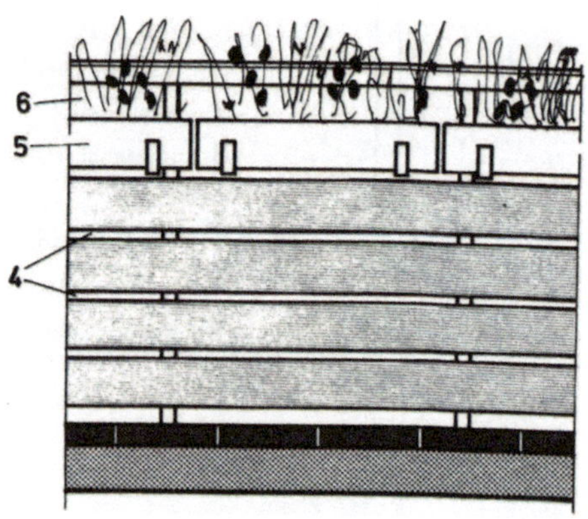

RICHTIG

Bretterabstand 4 maximal 2 cm
Vorgehängte Blumenkästen 5 erweitern die Schutzzone. Dann oberer Abstand 6: 8 bis 12 cm

2 Brüstung mit waagrechten Brettern

11 Balkonbrüstungen - Höhe über Balkonboden 90 bzw. 110 cm

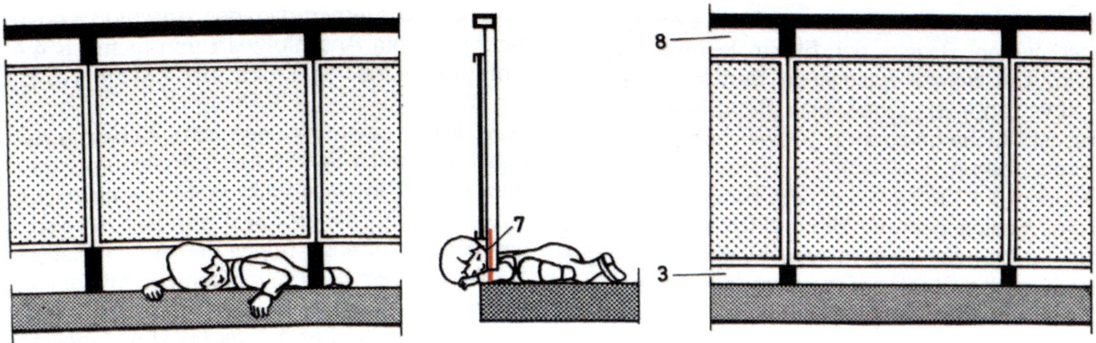

FALSCH

Der Bodenabstand ist zu groß. Ein Kleinkind kann sich durchschieben.
Abhilfe: Fußbrett oder Gitter 7 anbringen

RICHTIG

Bodenabstand 3: 5 bis 8 cm
oberer Abstand 8: 7 bis 10 cm

3 Verglaste Brüstung (Drahtglas, Kunststoffscheiben)

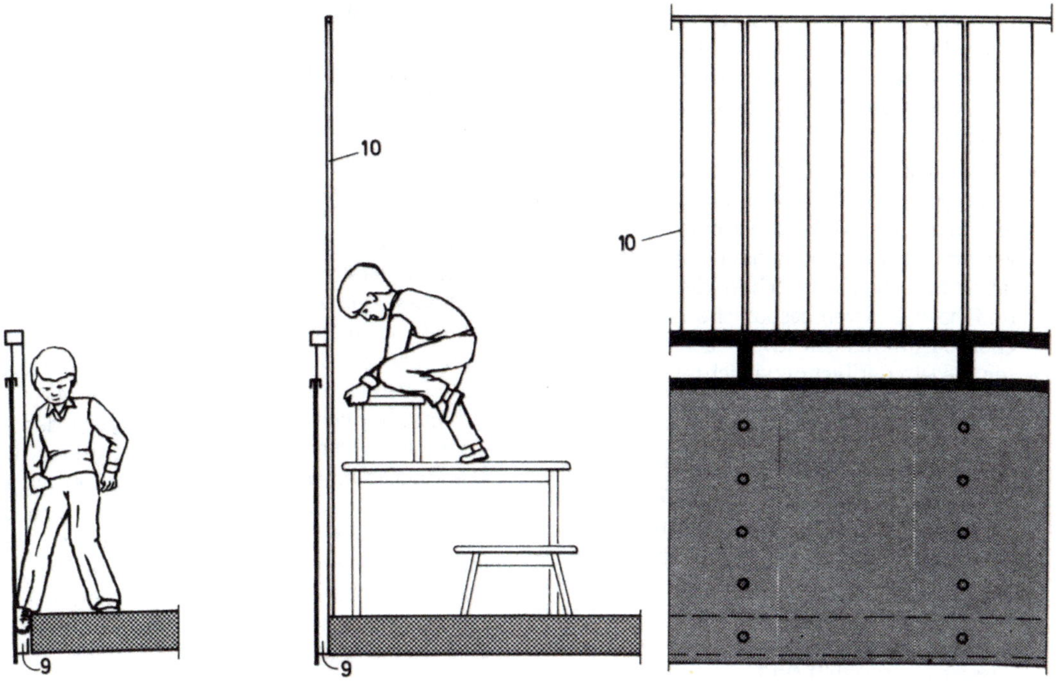

FALSCH

Der Bodenschlitz 9 ist zu breit. Ein Kinderfuß kann stecken bleiben.

Kinderstühle und -tische können auch Aufstiege sein!

Balkone sind Freiräume ohne Außenwände.

RICHTIG

Bodenschlitz 9: maximal 4 cm breit.
Bei Aufstiegsgefahr helfen nur Schutzgitter 10 bis etwa 2 m Höhe.

4 Leichte geschlossene Brüstung (Asbestzement, Metall, Kunststoff)

Elektro-Installationen

Alle elektrischen Anlagen und Geräte müssen den anerkannten Regeln der Elektrotechnik entsprechen. Die hierzu ergangenen Bestimmungen der Fachverbände sind bewährte Richtlinien, die zur eigenen Sicherheit ohne Abweichungen befolgt werden sollten.

Seit dem 1.4.1980 gilt die „Verordnung über Allgemeine Bedingungen für die Elektrizitätsversorgung von Tarifkunden". Darin werden die Beziehungen zwischen dem Elektrizitätsversorgungsunternehmen (EVU) und dem Anschlußnehmer als Kunden des EVU geregelt.

Soweit es den Mieter einer Wohnung betrifft, ist aus dieser Verordnung besonders § 11 („Kundenanlage") zu beachten, der in seinen wichtigsten Teilen lautet:

(1) Für die ordnungsgemäße Errichtung, Erweiterung, Änderung und Unterhaltung der elektrischen Anlage hinter der Hausanschlußsicherung, mit Ausnahme der Meßeinrichtungen des Elektrizitätsversorgungsunternehmens ist der Anschlußnehmer verantwortlich. Hat er die Anlage ***einem Dritten vermietet*** oder sonst zur Benutzung überlassen, so ist er neben diesem verantwortlich.

(2) Die Anlage darf außer durch das Elektrizitätsversorgungsunternehmen nur durch einen in ein Installateurverzeichnis eines Elektrizitätsversorgungsunternehmens eingetragenen Installateur nach den Vorschriften dieser Verordnung und nach anderen gesetzlichen oder behördlichen Bestimmungen sowie nach den anerkannten Regeln der Technik errichtet, erweitert, geändert und unterhalten werden. Das Elektrizitätsversorgungsunternehmen ist berechtigt, die Ausführung der Arbeiten zu überwachen.

(4) Es dürfen nur Materialien und Geräte verwendet werden, die entsprechend dem in der Europäischen Gemeinschaft gegebenen Stand der Sicherheitstechnik hergestellt sind. Das Zeichen einer amtlich anerkannten Prüfstelle (z. B. VDE-Zeichen, GS-Zeichen) bekundet, daß diese Voraussetzungen erfüllt sind.

In § 15 heißt es weiterhin, daß den Elektrizitätsversorgungsunternehmen der Anschluß von Geräten mit einem Anschlußwert von mehr als 4,4 kW (mit Ausnahme von Elektroherden) stets mitzuteilen ist.

Aus diesen Bestimmungen geht eindeutig hervor, daß hinsichtlich der Elektrizitätsversorgung neben dem Hauseigentümer auch der Mieter einen Teil Verantwortung zu tragen hat. Der Mieter ist also auch verpflichtet, offensichtliche Fehler dem Hauseigentümer oder dem EVU zu melden. Ein Mieter ist auch gut beraten, wenn er die elektrischen Anlagen seiner Wohnung bei Bezug oder bei einer längeren Bewohnung zwischenzeitlich von einem zugelassenen Installateur oder Fachmann seines Vertrauens überprüfen läßt. Es gibt hier viele Dinge, die der Mieter als Laie nicht ohne weiteres erkennen kann. Deshalb ist die Eigenhilfe am Stromnetz auch ausdrücklich untersagt.

Stromversorgung

Der Starkstrom wird über das Verteilernetz des zuständigen Elektrizitätsversorgungsunternehmens (EVU) ins Haus geliefert. Zumeist erfolgt dies über ein Erdkabel; in dünn besiedelten Gebieten zuweilen noch über eine Freileitung mit Dachständer oder Wandanschluß. Gemäß § 4 der bereits zitierten „Verordnung über allgemeine Bedingungen für die Elektrizitätsversorgung von Tarifkunden" hat das EVU die elektrische Energie am Ende des Hausanschlusses zur Verfügung zu stellen. Der Hausanschluß ist mit einer Hauptsicherung ausgestattet. Von hier aus führen mehrere Hauptleitungen zu den einzelnen Wohnungen; sie enden meist in den Zählerschränken vor der Wohnung, in der in der Regel auch die Sicherungen untergebracht sind. Die Räume einer Wohnung sind gruppenweise zu Stromkreisen zusammengefaßt. Für Großgeräte (z. B. Elektroherd, Heißwasserbereiter) werden meist eigene Stromkreise vorgesehen. Die übrigen Räume werden nach Zweckmäßigkeit in Stromkreise aufgeteilt, wobei, zumindest bei Neuanlagen, eine Trennung in Licht- und Steckdosenstromkreise üblich ist.

Starkstrom-Leitungsnetz

Für den Mieter ist es vorteilhaft, wenn er weiß, welche Elektro-Anschlüsse zu den einzelnen Stromkreisen gehören. Die Fehlersuche bzw. das Anschließen weiterer Einrichtungen wird dadurch erleichtert.

In neueren Gebäuden verlaufen die Elektroleitungen meist 30 cm unter der Decke bzw. über dem Fußboden; außerdem senkrecht oder waagerecht von Steckdosen, Schaltern und Abzweigdosen. Bevor Haken oder Nägel in die Wand eingeschlagen bzw. Dübel gesetzt werden, ist dieser Bereich auf das Vorhandensein elektrischer Leitungen zu überprüfen. Zur Feststellung des Leitungsverlaufes gibt es handliche batteriebetriebene Suchgeräte. Eine Leucht-Diode zeigt den Verlauf einer Leitung an. Dabei ist es unerheblich, ob die Leitung Strom führt oder nicht. Außerdem sind mit diesem Gerät Metallrohre aller Art sowie Nägel und Schrauben zu lokalisieren.

Unterputz-Abzweigdosen müssen mit einem Deckel verschlossen sein; denn innerhalb der Abzweigdosen befinden sich unisolierte, spannungsführende Metallteile. Beim Arbeiten in diesen Bereichen, z.B. beim Anstreichen oder Tapezieren, können nicht verschlossene Abzweigdosen zu einem Elektrounfall führen.

Starkstromanlagen

Starkstrom, meist mit einer Spannung von 220 Volt, wird für die Beleuchtung und das Betreiben elektrischer Geräte gebraucht. Arbeiten an der Starkstromanlage sollten stets durch einen Fachmann ausgeführt werden, der gemäß einer VDE-Bestimmung wie folgt definiert ist:

„Als Fachkraft (Fachmann) gilt, wer aufgrund seiner fachlichen Ausbildung, Kenntnisse und Erfahrungen sowie Kenntnis der einschlägigen Bestimmungen die ihm übertragenen Arbeiten beurteilen und mögliche Gefahren erkennen kann."

Wer sich entgegen diesem eindeutigen Hinweis trotzdem mit Arbeiten an der Starkstromanlage befaßt, geht erhebliche Risiken ein. Entsteht durch diese Eigenarbeit Gesundheits- oder Sachschaden, so ist der Ausführende in vollem Umfang haftbar; ebenso kann kein sonstiger Versicherungsschutz beansprucht werden. Ein Beispiel: Kommt es infolge unsachgemäßer Elektroarbeiten, die ein Mieter selbst ausgeführt hat, zu einem Gebäudebrand, zahlt zwar die Brandversicherung an den Hauseigentümer die vereinbarte Summe, hält sich aber beim Verursacher des Schadens, nämlich dem Mieter, schadlos.

Dagegen ist der Umgang mit ***Schwachstrom*** (unter 42 Volt Spannung) ungefährlich. Schwachstrom wird für den Betrieb einer Klingel, eines Türöffners oder auch eines elektrischen Spielgerätes benötigt. Arbeiten an Schwachstromnetzen kann auch ein Mieter ohne Bedenken ausführen, den nötigen Sachverstand selbstverständlich vorausgesetzt.

Elektrounfälle

Über 85 % der durch Elektrizität zu Schaden gekommenen Personen sind 15 bis 65 Jahre alt. Dabei sind Männer – in erster Linie Hobby-Handwerker – stärker betroffen als Frauen. Nachstehend einige häufige Ursachen für einen elektrischen Unfall als abschreckende Beispiele.

- Beim Berühren einer stromführenden Leitung, z.B. einem Pol der Steckdose bei gleichzeitigem Kontakt zur Erde, wird der Mensch Teil eines geschlossenen Stromkreises. Die Erscheinungen reichen dabei vom „leichten Elektrisieren" bis zum „elektrischen Schlag" mit Todesfolge. Die Gefahr ist besonders groß, wenn der Mensch mit Wasser in Berührung steht (nasser Boden, nasse Hände).
- Gefährlich ist die Benutzung von elektrischen Geräten, die durch Gebrauch, Alterung, Abnutzung und Beschädigung defekt geworden sind.
- Noch schlimmer ist die Verwendung ungeschützter Geräte, zweidrahtiger Anschlußkabel, veralteter Stecker und Dosen. Hier fehlt meist das Schutzsystem, das z.B. bei Neuanlagen seit langem vorgeschrieben ist.
- Starkstromanlagen als sogenannte gemischte Systeme, so wie sie zuweilen in Altbauten anzutreffen sind, können heimtückische Gefahren in sich bergen. Dabei entspricht ein Teil der Anlage den Schutzbestimmungen, der andere Teil aber nicht. Gefährlich dabei ist, daß der Benutzer meist nicht weiß oder feststellen kann, welche Anlagenteile geschützt sind und welche nicht. Hier hilft nur eine gründliche Inspektion durch einen Fachmann und die Einbeziehung der alten Anlagen in das dann lückenlose Schutzsystem.

12 Kennzeichnungen von elektr. Geräten

Schutzmaßnahmen

Die Anwendung der Schutzmaßnahmen ist in der VDE-Richlinie 100 geregelt. Einzelheiten über die Anwendung bestimmt das zuständige Elektrizitätsversorgungsunternehmen (EVU) in seinen Technischen Anschlußbedingungen (TAB). Einige Schutzmaßnahmen werden darüber hinaus von der Bauart des Gerätes oder der elektrischen Einrichtung und der vorgesehenen bzw. zugelassenen Nutzung bestimmt. Kennzeichnung der Schutzart gemäß Abbildung 12.

Schutzisolierung

Bei dieser Schutzart werden fabrikationsmäßig alle der Berührung zugängigen leitfähigen Teile, die im Fehlerfall Spannung führen können, mit Isolierstoff fest verkleidet. Die ebenfalls fest an die Geräte angeschlossenen Zuleitungskabel haben keinen Schutzleiter. Ihre Stecker passen zwar in die normalen Schutzkontakt-Steckdosen, besitzen aber keine Schutzkontaktstücke. Im Haushalt findet man diese Schutzmaßnahme bei Kleingeräten, wie z.B. Elektrorasierern, Kaffeemühlen, Staubsaugern und Hobby-Werkzeugen. Schutzisolierte Geräte sollte man nicht selbst auseinandernehmen, denn nach dem Zusammenbau kann die Schutzmaßnahme wirkungslos geworden sein. Auch Geräte mit beschädigtem Gehäuse sind nur noch bedingt schutzisoliert.
Geräte, die thermischen Beanspruchungen ausgesetzt sind, wie z.B. Kochgeräte, Kaffeemaschinen, Bügeleisen und Elektroherde, können nicht schutzisoliert werden.

Schutzkleinspannung

Bei dieser Schutzart verhindert ein Schutztransformator mit elektrisch voneinander getrennten Wicklungen das Zustandekommen von zu hoher Berührungsspannung. Die Kleinspannung darf nicht höher als 42 Volt sein und führt im allgemeinen zu keiner unmittelbaren Gefährdung des Menschen durch elektrischen Strom. Spezialstecker an den festen Anschlüssen verhindern ein Einführen in andere Steckdosen. Mit Schutzkleinspannung sind z.B. elektrische Zahnbürsten ausgestattet. Für elektromotorisch angetriebenes Spielzeug ist eine Spannung von höchstens 24 Volt erlaubt.

Schutztrennung

Ein typisches Beispiel hierfür ist die Rasiersteckdose. Darin befindet sich ein Schutztransformator mit elektrisch voneinander getrennten Wicklungen, der so das Zustandekommen eines gegen Erdpotential gerichteten Stromflusses verhindert.

Nullung

Diese Schutzmaßnahme ist am weitesten verbreitet. Sie soll das Bestehenbleiben zu hoher Berührungsspannungen an Körpern verhindern. Deshalb führt der grüngelbe Schutz- oder Null-Leiter unmittelbar von stromleitenden Gerätegehäusen zur Erdung. Im Falle eines Körperschlusses fließt der Strom über die Fehlerstelle in das Gerätegehäuse und von dort über den Schutzleiter der Anschlußleitung sowie die Schutzkontakte in Stecker und Steckdose in die ebenfalls mit einem Schutzleiter versehene Hausinstallation hinein. Der erhöhte Stromstoß führt zum Ansprechen bzw. zur Auslösung der Sicherung. Wohnungsstromnetze sollten nur noch Leitungen mit 3 Drähten, also auch einem Schutzleiter aufweisen; in Neubauten sind sie ohnehin vorgeschrieben.

Schutzerdung

Diese Schutzmaßnahme ist nur noch in älteren Gebäuden anzutreffen; heute darf sie in Wohngebäuden nicht mehr ausgeführt werden. Dabei erfolgt der Erdungsanschluß meist an vorhandene Stahlrohrnetze, z.B. die Wasserleitung. Da aber letztere immer mehr durch Kunststoffleitungen ersetzt werden, sind seit einigen Jahren in Neubauten sogenannte Fundamenterder vorgeschrieben. In Anlagen, in denen die Schutzerdung angewendet wird, ist die Nullung als Schutzmaßnahme unzulässig.

Fehlerstrom (FI-Schutzschaltung)

Der FI-Schutzschalter bewirkt eine sehr frühe Abschaltung des elektrischen Stromes, wenn ein Elektrogerät wegen eines Isolationsfehlers Spannung angenommen hat. Auch eine Beschädigung der Zuleitung zum Gerät führt zu einer Auslösung. Damit dient der FI-Schutzschalter vornehmlich dem Personenschutz, im Vergleich zu den Sicherungen, die vor allem Geräte und Elektroinstallationen vor zu starker Erwärmung (Brandgefahr!) schützen sollen. Der Einbau dieser noch recht neuartigen Schutzschalter sowie die laufende Prüfung darf nur der Elektrofachmann vornehmen.

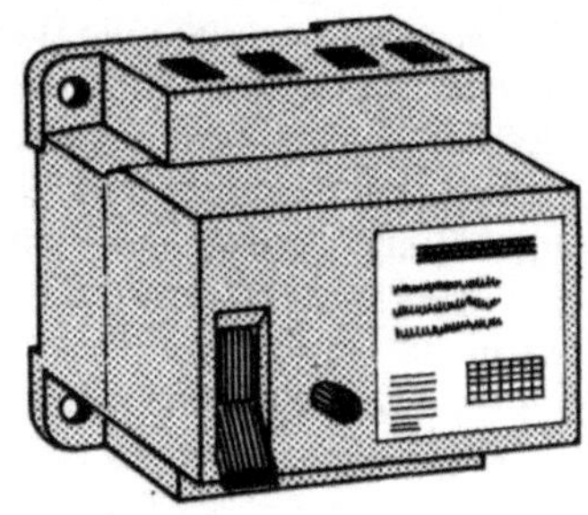

1 Fehlerstrom (FI)-Schutzschalter

Alle Schutzmaßnahmen mit Abschalteinrichtung benötigen zusätzliche Schutzleiter, die einen Fehlerstrom ableiten.
Dazu gehören auch die Sicherungen und die Fehlerspannung (FU)-Schutzschaltung.

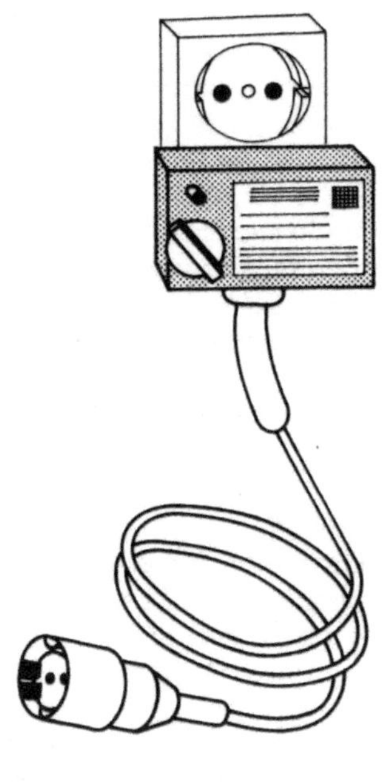

2 Schukostecker mit eingebautem Fehlerstrom (FI)-Schutzschalter

Der „steckmat" (Busch-Jaeger) wird zwischen Steckdose und Elektrogerät geschaltet.

13 Fehlerstrom (FI)-Schutzschaltung

Sicherungen

Sicherungen verhindern eine Überlastung des jeweiligen Stromkreises. Wenn nämlich die Belastbarkeit überschritten wird, z.B. bei einem Kurzschluß oder auch beim Anschluß zu vieler Geräte an einen Stromkreis, beginnt sich der Leitungsdraht zu erhitzen und kann einen Brand verursachen. Allen Stromkreisen werden daher genau bemessene Sicherungen vorgeschaltet, die die Stromzufuhr bei Überlastung oder Kurzschluß selbsttätig unterbrechen.

Sicherungen können aber auch betätigt werden, wenn man den Stromkreis bewußt unterbrechen will. Dies ist z.B. erforderlich bei Arbeiten am Leitungsnetz oder auch beim Anschluß von Leuchten. Es ist dann dafür zu sorgen, daß während dieser Tätigkeit niemand die Sicherung unversehens wieder einschaltet.

Schmelzsicherungen

Als Sicherungselement dient ein dünner Draht aus leicht schmelzbarem Material, z.B. Silber, der in einer Porzellanpatrone mit Sandfüllung eingespannt ist. Die Dicke des Schmelzdrahtes richtet sich nach dem Querschnitt der zu schützenden Leitung und der hierfür zulässigen Stromstärke. Die Verwendung stärkerer Sicherungen als der jeweils zulässigen wird durch die Paßschraube im Sicherungselement verhindert (Abb. 14/1).

Durchgebrannte Schmelzsicherungen dürfen nur durch neue Sicherungspatronen ersetzt werden. Es ist verboten, Sicherungen zu flicken, weil deren Schutzfunktion auf diese Weise unwirksam wird. Entsteht durch geflickte Sicherungen ein Brand, so kann Anklage wegen fahrlässiger Brandstiftung erhoben werden.

Sicherungs-Automaten

Anstelle von Schmelzsicherungen werden heute nur noch Sicherungsautomaten (Leitungsschutzschalter) verwendet. Ihr besonderer Vorteil ist die Wiedereinschaltbarkeit nach Auslösung; es handelt sich also um Dauersicherungen. Leitungsschutzschalter schalten den Stromkreis bei Überlastung durch ein Bimetall ab. Bei Kurzschluß wird der Stromkreis durch einen elektromagnetisch wirkenden Auslöser so schnell unterbrochen, daß die Leitung nicht gefährdet werden kann.

Bekannt sind auch Sicherungsautomaten zum Einschrauben in vorhandene Sockel für Schmelzsicherungen. Wenn sie im Überlastungsfall ausschalten, springt ein schwarzer Knopf heraus. Zum Wiedereinschalten wird der Knopf in seine alte Stellung gebracht. Durch Drücken des seitlich eingebauten kleinen roten Knopfes wird die Sicherung ebenfalls unterbrochen, z.B. bei Arbeiten am Stromnetz.

Belastbarkeit der Stromkreise

Die Belastbarkeit von Stromkreisen kann nach der Gleichung Leistung [Watt (W)] = Spannung [Volt (V)] mal Stromstärke [Ampère (A)] errechnet werden. Bei 220 V und 10 A-Sicherungen lassen sich z.B. 220 x 10 = 2 200 W bzw. 2,2 kW anschließen. Werden statt dessen 3 000 W angeschlossen, so beträgt die Stromstärke 3 000 : 220 = 13,6 A, d.h., die 10 A-Sicherung ist überlastet und brennt nach kurzer Zeit durch. Die Belastbarkeit beträgt bei

6 A-Sicherungen (grün)	220 x 6 = 1 320 W
10 A-Sicherungen (rot)	220 x 10 = 2 200 W
16 A-Sicherungen (grau)	220 x 16 = 3 520 W
20 A-Sicherungen (blau)	220 x 20 = 4 400 W
25 A-Sicherungen (gelb)	220 x 25 = 5 500 W

Hat eine Sicherung ausgelöst, so ist die Ursache dafür festzustellen. War es eine Überlastung der Leitung, dann Geräte abschalten, vor allem das Gerät (z.B. Spülmaschine, Waschmaschine), welches die Überlastung herbeiführte. Erst dann den Stromkreis über eine vorschriftsmäßige neue Sicherung bzw. durch Einschalten des Sicherungsautomaten wieder schließen. Dabei ist zu beachten, daß ein Automat erst abkühlen muß, bevor er den Stromkreis schließt. Die Belastung bzw. Überlastung läßt sich auf die oben angegebene Weise aus den Wattzahlen der eingeschalteten Geräte errechnen.

Hat eine Überlastung nicht vorgelegen, dann ist es meist ein Kurzschluß in einem Gerät, einem Geräteanschluß oder im Leitungsnetz. Sofern dieser Fehler nicht deutlich zu erkennen ist, schaltet man die einzelnen Anschlüsse wieder nacheinander ein und beobachtet, bei welchem Gerät oder bei welcher Leuchte die Sicherung auslöst. Hält die Sicherung schon dann nicht, wenn überhaupt kein Stromverbraucher angeschlossen ist, dann muß der Fehler im Leitungsnetz liegen.

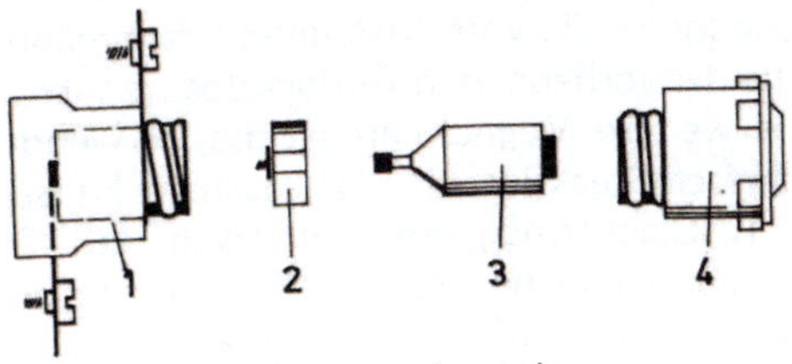

Sicherungselement

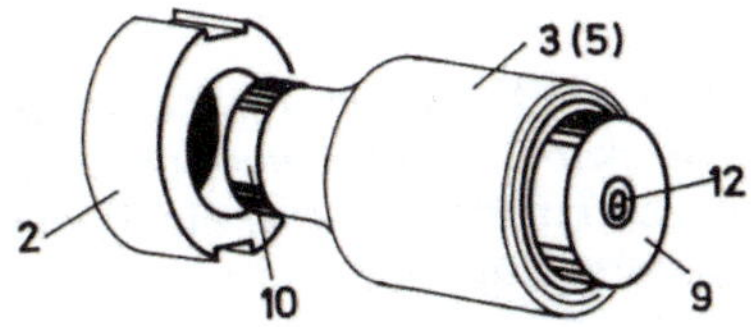

Sicherungspatrone mit Paßschraube

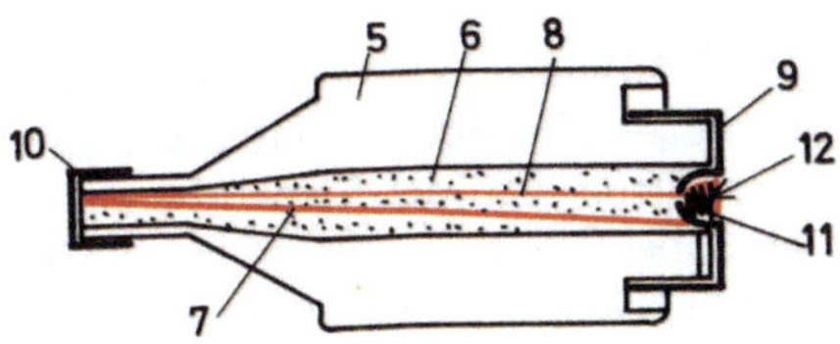

Schnitt durch eine Sicherungspatrone

1 Sicherungssockel	7 Schmelzdraht
2 Paßschraube	8 Haltedraht
3 Sicherungspatrone	9 Kopfkontakt
4 Schraubkappe	10 Fußkontakt
5 Porzellankörper	11 Feder
6 Quarzsand	12 Kennblättchen

Gebräuchliche Sicherungsstärken
in Ampere (A) mit Angabe der Farbe des Kennblättchens 12:

6 A = grün	16 A = grau
10 A = rot	20 A = blau
	25 A = gelb

1 Schmelzsicherungen (Einmalsicherung)

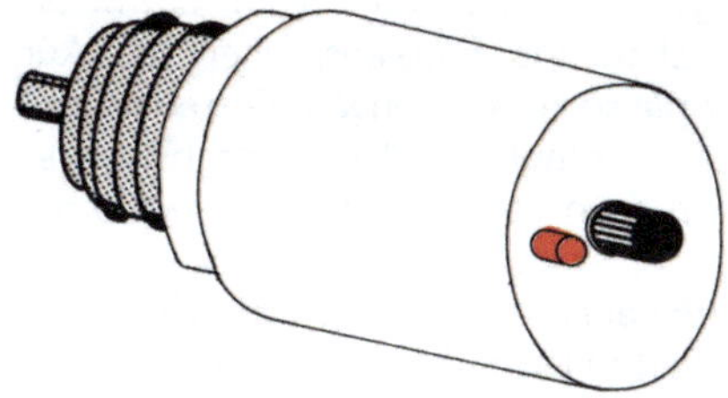

2 Sicherungsautomat (Dauersicherung)
Leitungsschutzschalter zum Einschrauben in Sockel für Schmelzsicherungen
– Schwarzer Knopf springt bei Überlastung (z.B. Kurzschluß) heraus.
– Roter Knopf zur Selbstausschaltung der Sicherung

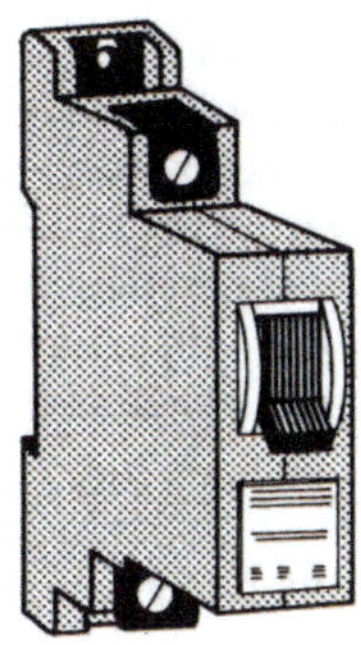

3 Leitungsschutzschalter (Dauersicherung)
LS-Schalter in Schmalbauweise für den Reiheneinbau auf Tragschienen

14 Sicherungen, die in einer Wohnung vorkommen

Kurzschluß

Ein Kurzschluß entsteht immer dann, wenn zwei nicht isolierte Drähte einer stromführenden Leitung sich direkt berühren, ohne daß ein Stromverbraucher eingeschaltet ist. Der Strom nimmt dann oft unter Knallen und Funkensprühen den kürzesten Weg über die so zusammengeschlossenen Leitungen zurück zur Stromquelle. Auf Kurzschlüsse reagieren die Sicherungen sofort und schalten die Stromzufuhr ab.

Die meisten aller Kurzschlüsse treten in beweglichen Anschlußleitungen auf, deren Isolation an irgendeiner Stelle zerstört wurde. Besonders anfällig sind selbstgebastelte Anschlußkabel mit nicht sorgfältig genug isolierten Anschlüssen. Einen Kurzschluß kann es aber auch geben, wenn an einen Stromkreis zu viele Verbrauchsgeräte oder nicht sorgfältig reparierte Elektrogeräte angeschlossen sind. Außer dem Auswechseln durchgebrannter Lampen dürfen Kurzschlüsse in Geräten und Leitungen nur durch den Fachmann behoben werden.

Erdschluß

Als Erdschluß bezeichnet man den Abfluß von elektrischem Strom über Leitungen mit schadhaft gewordener Isolierung an das umgebende Mauerwerk oder dergleichen. Die ständig verlorengehende Strommenge ist so gering, daß die Sicherung meist nicht ausgelöst wird und den Schaden anzeigt. Dagegen läuft die Zählerscheibe weiter, obwohl kein einziger Stromverbraucher eingeschaltet ist. Das Vorhandensein von Erdschlüssen erkennt man deshalb meist erst an der hohen Stromrechnung. Erdschlüsse können nur von einem erfahrenen Fachmann lokalisiert und beseitigt werden.

Steckdosen

In den meisten Wohnungen sind zu wenige Steckdosen vorhanden. Die Nachinstallation von weiteren Steckdosen ist für Mieter oft nicht möglich. Man behalf sich bisher mit sogenannten Mehrfachsteckern mit 2 oder 3 Steckermöglichkeiten. Diese dürfen heute jedoch nicht mehr verwendet werden; aufgrund von Unfallerfahrungen mußten sie verboten werden. Das Gewicht der Zwischenstecker mit 2 oder 3 Anschlußkabeln wurde vielfach so groß, daß die Schutzkontakte verbogen und somit wirkungslos wurden. Nicht mehr zulässig sind auch Steckdosen in Verbindung mit Lampenfassungen (Abb. 15/2).

Erlaubt sind nur noch fest montierte Mehrfach-Steckdosen, die vom Installateur fachmännisch anstelle der vorhandenen Einfachdose gesetzt werden. Eine weitere Möglichkeit ist die Verwendung von Mehrfach-Steckdosen, z.B. Tischsteckdosen mit 2 bis 12 Steckermöglichkeiten (Abb. 16). Dabei ist aber auf mögliche Stolpergefahren infolge herumliegender Anschlußleitungen zu achten.

Kindersichere Steckdosen (Abb. 15/1) sollten überall dort vorhanden sein, wo Kinder die Steckdose erreichen können. Dazu gibt es grundsätzlich 2 Möglichkeiten:

- Einbau von Kinderschutz-Steckdosen, bei denen die Stecker-Öffnungen verschlossen sind. Sie öffnen sich nur dann, wenn ein Stecker eingeführt wird. Mit diesem Kinderschutz gibt es auch Tischsteckdosen.
- Sicherung von üblichen Steckdosen durch Schutzscheiben, Blindstecker oder schwer bewegliche Klappdeckel.

Anschlußleitungen (Verlängerungskabel)

Ordnungsgemäße Anschlußleitungen leiten den elektrischen Strom von der Steckdose zum Gerät und bieten dabei Schutz vor einem Elektrounfall. Diese Eigenschaft können sie aber nur behalten, wenn sie vor Beschädigungen durch Einklemmen, Stoß, Schlag sowie Überfahren ausreichend geschützt werden. Deshalb auch niemals Verlängerungskabel unter Teppichen verlegen! Ebenso ist die Berührung mit heißen Teilen zu vermeiden.

Zu lange Anschlußleitungen, besonders wenn sie im Verkehrsweg herumliegen, bilden nicht nur eine häufige Stolpergefahr; durch die ruckartige Belastungen infolge Stolperns kann der Anschluß am Gerät oder am Stecker schadhaft werden.

Bei Geräten, die Wärme abgeben, z.B. bei Heizstrahlern oder Bügeleisen, werden die Anschlußleitungen oft stärker erwärmt, als sie es bestimmungsgemäß vertragen können; das Isoliermaterial erhärtet dabei und wird brüchig.

Sind an einer Anschlußleitung mechanische Fehler festzustellen, dann gibt es nur eins – nämlich wegwerfen. Neue Leitungen sind meist billiger als eine Reparatur durch den Fachmann. Man sollte vor allem niemals versuchen, mit Isolierband oder dergleichen den Fehler selbst zu beseitigen. Die vor einigen Jahren noch üblichen Verlängerungsleitungen mit einer Drahtspirale als Knickschutz sind heute verboten.

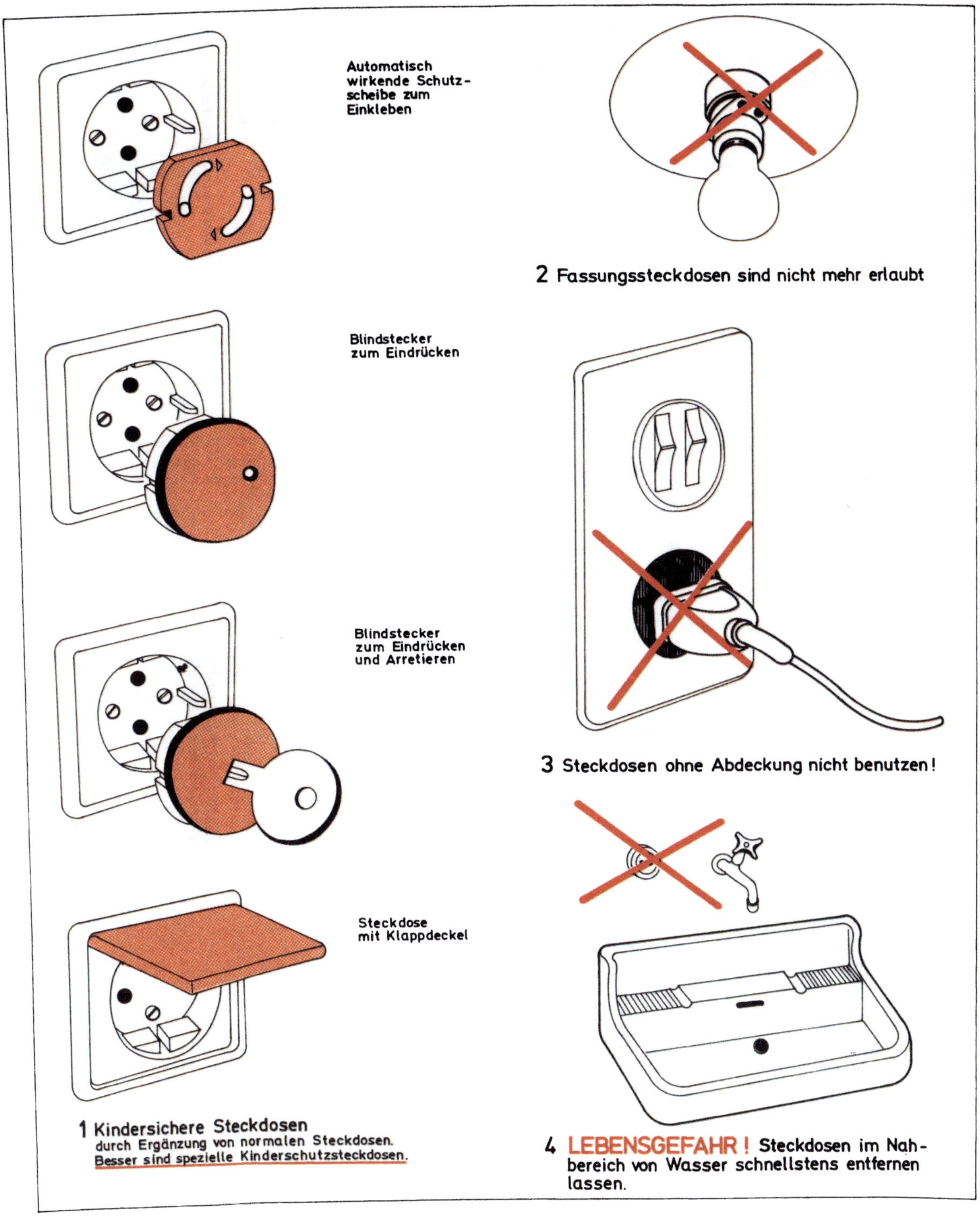

15 Steckdosen – kindersichere und nicht erlaubte

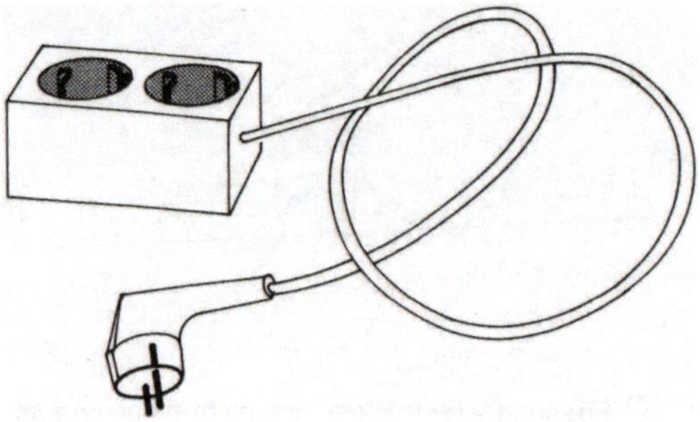

1 Zweifach-Tischsteckdose mit Anschlußleitung

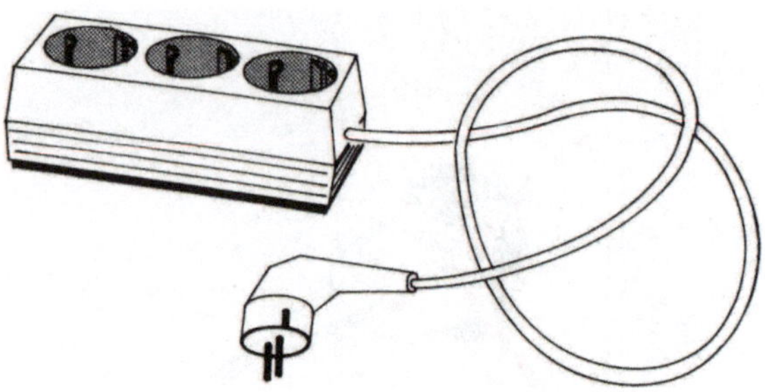

2 Drei-, Vier-und Fünfach-Tischsteckdose
Außerdem Steckdosen-Leisten mit
6, 8, 10 oder 12 Schutzkontakt-Steckdosen

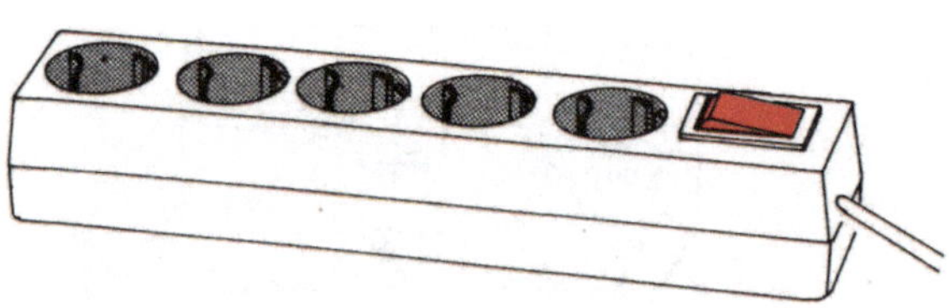

3 Schuko-Steckdosenleiste, fünffach
mit beleuchtetem Kontrollschalter
(Busch-Jaeger)

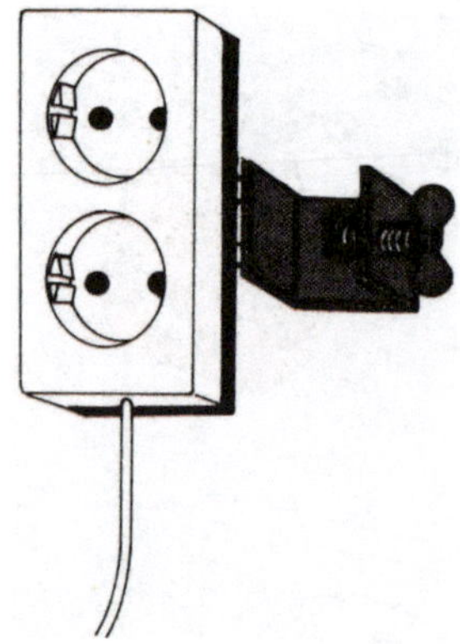

4 Zweifach-Steckdose
mit variabler Schraubzwinge
in 11 verschiedenen Stellungen zu
befestigen z.B. an Regalen, Tischen,
Küchenborden usw.
(Conrad, Hirschau)

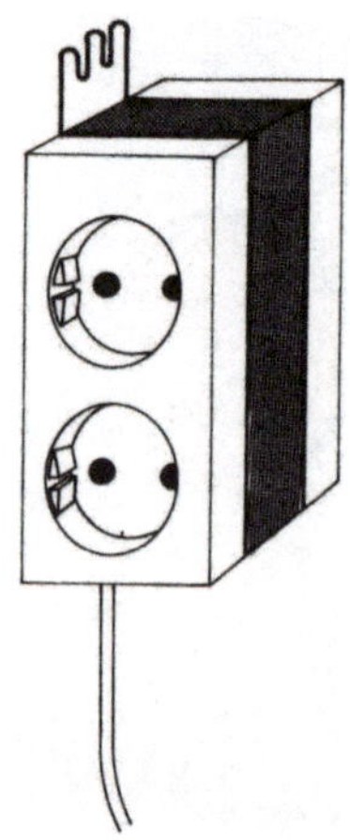

5 Vierfach-Hängesteckdose
zum Aufhängen im Küchenbereich,
am HiFi-Turm, am Arbeitsplatz usw.
(Conrad, Hirschau)

16 Mehrfach-Steckdosen – an Stelle der nicht mehr zulässigen Mehrfachstecker

Elektrische Beleuchtung

Eine wichtige Voraussetzung zur Verhütung von häuslichen Unfällen ist eine sichere und zweckmäßig angeordnete elektrische Beleuchtung. Fehlende oder ungenügende Beleuchtung ist dagegen eine häufige Ursache für Stolpern oder Stürze, z.B. auf Treppen, an einzelnen Stufen oder Schwellen, engen Durchgängen usw.
Aus Gründen des Unfallschutzes müssen auch nur gelegentlich betretene Räume, wie z.B. Dachböden und Kellerräume, eine ausreichende elektrische Beleuchtung haben. Achten Sie auch darauf, ob die Allgemeinbeleuchtungen, z.B. im Treppenhaus (Abb. 4), stets in Ordnung sind – es handelt sich schließlich auch um Ihre Sicherheit.
Der Anschluß von Beleuchtungskörpern aller Art sollte grundsätzlich durch einen Fachmann erfolgen. Für den Nicht-Fachmann ist die Gefahr der Verwechslung von Drähten zu groß. Bei älteren Beleuchtungskörpern kann auch die Schutzmaßnahme für die Lampenfassungen nicht mehr vollständig wirksam sein; die Fassungen können dadurch sehr heiß werden (Brandgefahr!), so daß die Isolierung der Anschlußleitungen verschmort.
Bei Leuchten, die einen Berührungsschutz benötigen, wie z.B. Nurglasleuchten im Keller, Speicher oder im Bad, ist darauf zu achten, daß die Schutzgläser nach Zerstörung sofort ersetzt werden. Sie verleihen diesen Leuchten nicht nur wieder das vormalige Aussehen, sondern sind sicherheitstechnisch ein notwendiger Berührungsschutz.

Deckenleuchten

Deckenleuchten mit Aufhängehaken und Lüsterklemmen werden zuweilen vom Mieter selbst angeschlossen. Dabei sind unbedingt die auf Seite 37 gegebenen Hinweise zu beachten, denn ganz ohne die allernotwendigsten Fachkenntnisse geht dies nicht. So kann sich ein schwerwiegender Fehler ergeben, wenn z.B. der im Leitungsnetz vorhandene dritte Pol nicht an die Leuchte angeschlossen wird.
Darüber hinaus können Deckenleuchten in mehrfacher Hinsicht die Ursache für Unfälle sein. Beim Auswechseln von Glühlampen, beim Arbeiten an der Deckenleuchte selbst oder beim Säubern gibt es immer wieder Stürze, besonders wenn wackelige Aufbauten benutzt werden (Abb. 37).
Deckenleuchten müssen vor allem dauerhaft aufgehängt werden; sie dürfen keinesfalls nur an den Zuleitungsdrähten hängen (Zugentlastungen der Leitungen bei leichten Deckenleuchten beachten).

Wandleuchten

Diese Art von Leuchten sollte eigentlich nur der Fachmann anschließen oder abnehmen. Derartige Arbeiten ergeben sich nicht nur beim Wohnungseinzug oder beim Auszug, sondern auch bei der Durchführung von Maler- und Tapezierarbeiten. Wenn bei diesen Arbeiten eine Abnahme der Wandleuchten nicht möglich oder sinnvoll ist, sollte während der Arbeit die Sicherung des betreffenden Stromkreises außer Funktion gesetzt werden. Dies ist besonders notwendig, wenn man mit Kleister oder Farbe in der Nähe der Wandleuchte arbeitet bzw. auf einer nassen Unterlage steht. Beim Aufhängen von Bildern in der Nähe von Wandleuchten ist auf den Verlauf der elektrischen Leitungen zu achten, z.B. unter Anwendung eines geeigneten Suchgeräts (vgl. S. 26/27: Starkstromleitungsnetz).

Stehleuchten

Stehleuchten müssen vor allem eine ausreichende Standsicherheit aufweisen (Abb. 17/4). Sie müssen auch stabil sein, weil andernfalls die nicht erkennbaren Kontakte innerhalb der Stehleuchte gelockert werden könnten. Besonders anfällig sind Leuchten, die man drehen oder schwenken kann, da die innen verlaufenden Leitungen wesentlich stärker beansprucht werden als bei starren Leuchten.
Stehleuchten aus Metall dürfen nur in trockenen Räumen, wie z.B. in Wohn- oder Schlafzimmern, verwendet werden, keinesfalls aber in einem Feuchtraum oder auf dem Balkon.
In Stehleuchten auch niemals zu starke Glühlampen einschrauben; enge Glaskuppeln können zerspringen, Textil- oder Plastikschirme brennen, besonders wenn sie oben geschlossen sind und keine ausreichende Durchlüftung ermöglichen (Abb. 17/5). Dieser Hinweis gilt grundsätzlich für alle Leuchten.
Bei ungünstiger Plazierung von Stehleuchten stellen die im Verkehrsraum liegenden Anschlußleitungen eine erhöhte Stolpergefahr dar, wie an anderer Stelle schon mehrfach hingewiesen wurde.

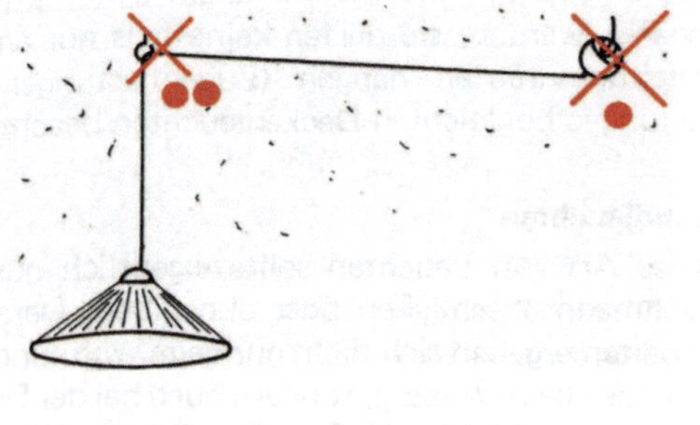

1 Verziehen von Deckenleuchten
● Anschluß entlasten
●● Festlegen ohne Leitungsbruch

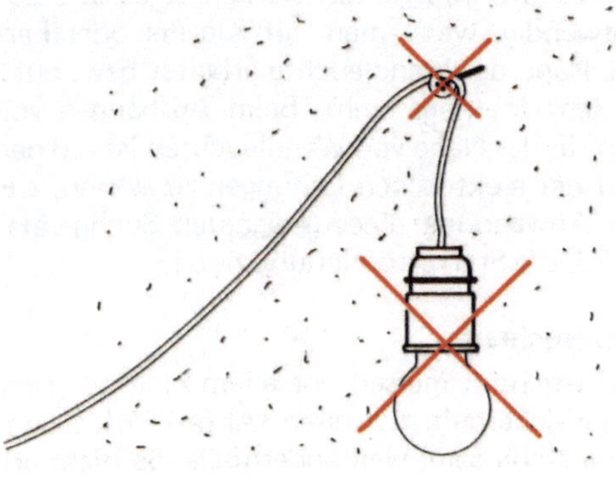

2 Unzulässige Glühlampen-Leuchte
auch nicht als Behelfsleuchte.
Die eng gewickelte Leitung kann brechen.

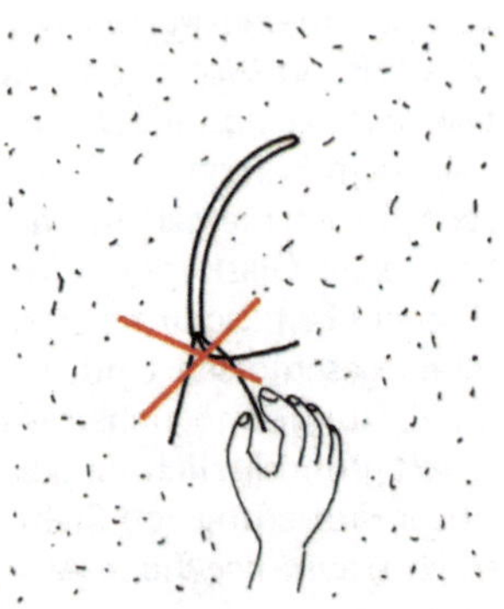

3 Anschlußleitung für Wandleuchte
Enden verwahren - ein Draht (Phase) kann unter Strom stehen. Gefahr beim Berühren!

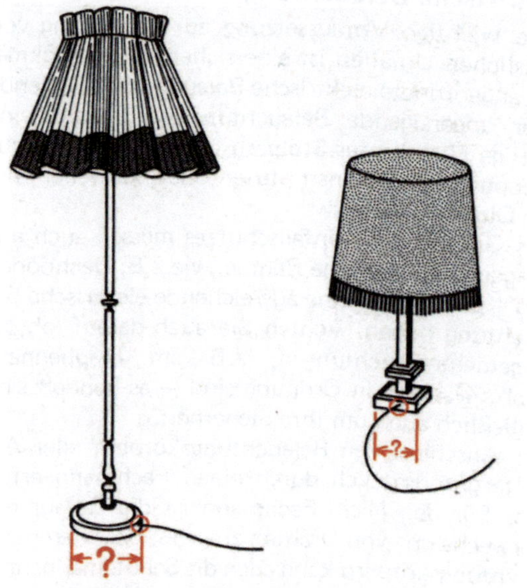

4 Stehleuchten mit genügender Standfestigkeit
○ Einführung für die Anschlußleitung ohne scharfe Kanten.

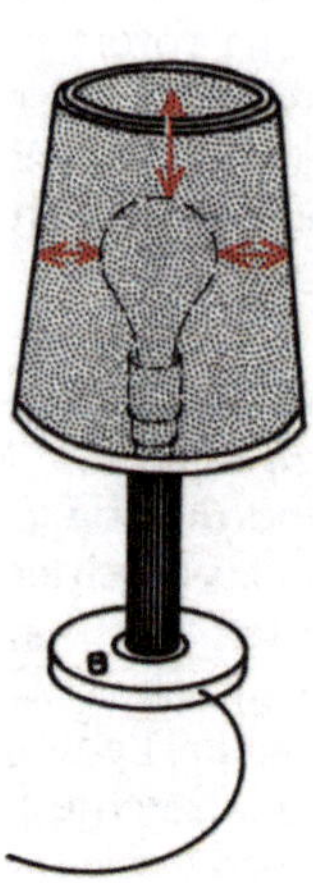

5 Keine zu starken Glühlampen eindrehen
BRANDGEFAHR
Besonders wenn der Leuchtenschirm oben geschlossen ist.

17 Unfallverhütung durch sichere Leuchten (Lampen)

Wie schließt man eine Deckenleuchte an?

Vor Beginn dieser Arbeiten ist die Sicherung des betreffenden Stromkreises herauszuschrauben oder die Dauersicherung auszuschalten. Es ist weiterhin dafür zu sorgen, daß die Sicherung nicht unbefugt eingeschaltet wird. Deshalb eine herausgeschraubte Sicherung entsprechend verwahren, bei Dauersicherungen den Zählerschrank abschließen und den Schlüssel abziehen. Man sollte sich keinesfalls damit begnügen, lediglich den zur Deckenleuchte gehörenden Lichtschalter zu betätigen, die Verwechslungsgefahr ist zu groß.

Bei einer vorschriftsmäßigen Installation besteht die Anschlußstelle an der Decke aus zwei Elementen:

- Aus einem Haken ①, der die Lampe tragen soll. Fehlt dieser, muß er im Dübelverfahren eingeschraubt werden; bei Hohlraumdecken sind sogenannte Kippdübel zu verwenden.
- Aus drei Drähten ② in den Farben schwarz (Phase), blau – früher grau – (Null-Leiter) und grün/gelb – früher rot – (Schutzleiter). An die Drahtenden ist normalerweise die Lüsterklemme ③ angeschraubt.

Die Leuchte ist am Haken ① aufzuhängen, ihre drei Drähte ④ sind an den freien Teil der Lüsterklemme ③ anzuschließen. Zur Vermeidung einer Berührung mit Nachbarleitungen sollte die Isolierung an den Leitungsenden nur auf etwa 5 mm entfernt werden. Wenn die aus der Decke kommenden Drähte ② keine Lüsterklemme tragen, fängt die Anschlußarbeit mit dem Abisolieren dieser Drähte und dem Anschließen der Lüsterklemme an. Dabei ist darauf zu achten, daß jeweils Farbe mit Farbe verbunden wird. Schwarz und blau sind die beiden stromführenden Drähte. Der gelb/grüne Schutzleiter führt keinen Strom, sondern verbindet alle blanken, ebenfalls keinen Strom führenden Metallteile der Leuchte mit der Erdung. Dadurch werden Stromunfälle durch schadhafte Leuchten und unsachgemäßes Hantieren weitgehend verhindert.

In älteren Gebäuden gibt es zuweilen noch keinen Null-Leiter; aus der Decke kommen dann nur zwei stromführende Leitungen. Sie sind mit den beiden stromführenden Drähten (schwarz und blau) der Leuchte zu verbinden. Eine etwa vorhandene Schutzleitung an der Leuchte ist zur Seite zu biegen.

Mehrflammige Leuchten sind oft mit einem stabförmigen Rohr ⑤ ausgerüstet, an dessen unterem Ende der Leuchtkörper befestigt ist. Am oberen Ende ist die Haltevorrichtung angeschraubt. Das Kabel verläuft zugfrei im Innern des Rohres. Die keinen erfreulichen Anblick bietende Anschlußstelle wird durch eine schalenförmige Deckenrosette ⑥ – auch Baldachin genannt – abgedeckt.

Schwieriger wird das Anschließen einer Deckenleuchte, wenn ihre Lampen gruppenweise geschaltet werden sollen oder wenn die Leuchte wahlweise von mehreren Schaltern aus zu bedienen ist. Hier hilft nur ein Ausprobieren mit all seinen Fehlmöglichkeiten. Auch hier dürfte es vorteilhafter sein, diese Arbeiten einem Fachmann zu überlassen.

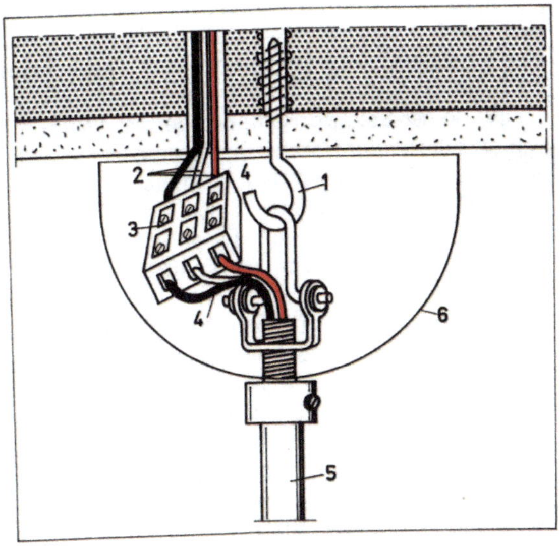

18 Anschluß von Deckenleuchten

Glühlampen

Glühlampen sind in Wohnungen immer noch das am häufigsten vorkommende Leuchtmittel. Ihre Leistung in Watt muß mit der zugehörigen Leuchte etwa übereinstimmen. Immer ist zu bedenken, daß die Energie einer Glühlampe zu etwa 90 % in Wärme ungesetzt wird. Werden Glühlampen mit höheren Wattzahlen eingeschraubt, so kann durch Überhitzung die Glaskuppel zerspringen oder der Schirm in Brand geraten.

Beim Auswechseln von Glühlampen ist zumindest der Lichschalter auf „Aus" zu stellen; besser ist es aber, die Sicherung herauszudrehen oder auszuschalten. Diese Vorsichtsmaßnahme empfiehlt sich, weil beim Glühlampenwechsel oft die Metallfassung angefaßt wird, um besser arbeiten zu können. Die Fassung kann jedoch unter Strom stehen, wenn die

Leuchte einen – meist nicht sofort erkannten – Isolierdefekt aufweist. Zum Herausdrehen festsitzender Glühlampen sollte man Handschuhe anziehen oder ein trockenes Tuch verwenden; denn beim gewaltsamen Herausdrehen kann leicht der Glaskolben zerspringen.

Eine Fassung, aus der eine festgebrannte Glühlampe entfernt wurde, darf nicht sofort mit einer neuen Glühlampe bestückt werden. Am Sockel haften nämlich Korrosionsrückstände, die unweigerlich zu erhöhten Übergangswiderständen und damit zu erhöhter Wärmeentwicklung führen. Das geringste, was dabei passieren kann, ist eine erhebliche Herabsetzung der Lebensdauer der neuen Glühlampe. Die sorgfältige Beseitigung der Rückstände, besser aber ein Austausch der Fassung durch einen Fachmann, ist erforderlich.

Ausgediente Glühlampen dürfen unter keinen Umständen Kindern in die Hände gelangen. Werden sie zerbrochen, sind ihre feinen, sehr scharfen Splitter außerordentlich gefährlich. Es ist zweckmäßig, die ausgediente Glühlampe in der Verpackung der neuen Lampe wegzuwerfen.

Leuchtstofflampen

Leuchtstofflampen sind besonders vorteilhaft, wenn Licht über einen längeren Zeitraum gebraucht wird. Im Vergleich zu Glühlampen ergeben Leuchtstofflampen eine etwa fünffach höhere Lichtausbeute. Bei längerer Einschaltdauer verbrauchen sie bei gleicher Lichtleistung rund zwei Drittel weniger Strom als Glühlampen.

Bei Leuchtstofflampen ist aber ebenfalls der Unfallschutz zu beachten. Kritisch ist hier die Brandgefahr infolge Überhitzung des Vorschaltgerätes oder des Starters. Gegen Ende ihrer normalen Lebensdauer sind Leuchtstofflampen nicht mehr zündwillig. Starter und Vorschaltgerät wiederholen automatisch immer wieder ihre Zündversuche mit einem stark erhöhten Vorheizstrom, woraus eine erhöhte Wärmebelastung entsteht. Dieser Zustand macht sich durch ein andauerndes „Flackern" der Leuchtstofflampe bemerkbar. Dabei kann die Isolierung des Vorschaltgerätes zerstört werden oder die Isolierstoffkappe des Starters schmelzen. Deshalb sind flackernde Leuchtstofflampen sofort aus ihrer Fassung zu entfernen. Eine weitere Gefahr ergibt sich, wenn eine ausgebrannte Leuchtstofflampe im Raum zerstört wird. Dabei strömt die Luft mit so hoher Geschwindigkeit in das Lampeninnere, daß kurzzeitig sehr hohe Temperaturen auftreten können. Deshalb ausgebrannte Leuchtstofflampen nur im Freien zerschlagen und die Scherben sofort in einen festen Abfallbehälter geben.

Für Leuchten, die auf Holz oder anderem entflammbarem Material montiert werden, dürfen nur Leuchtstofflampen mit der Kennzeichnung ▽F verwendet werden. Bei diesen Leuchten wird die Brandgefahr, die sonst z.B. durch Überhitzung entsteht, vermieden.

Möbelleuchten

An oder in Einrichtungen sind Leuchten aller Art so anzubringen, daß kein Wärmestau entsteht und daß sie nicht mit entzündlichen Stoffen in Berührung kommen. Bei Werkstoffen mit Entzündungstemperaturen unter 200 °C (Weichfaserplatten, Schaumstoffe usw.) müssen für die Leuchten entsprechende Sicherheitsabstände eingehalten oder feuerbeständige Unterlagsplatten dazwischen angeordnet werden. Drosselspulen von Leuchtstofflampen können sich im normalen Betrieb bereits bis zu 140 °C erwärmen, in den bereits beschriebenen Ausnahmefällen sogar bis zu 350 °C und mehr.

Gemäß der VDE-Richtlinien 0100 müssen Leuchten in Einrichtungsgegenständen entsprechend der Montageanweisung des ***Leuchten***-Herstellers angebracht werden. Darüber hinaus sind auch die diesbezüglichen Anweisungen des ***Möbel***-Herstellers zu beachten.

In Möbeln ist die ***feste*** Verlegung von flexiblen Schlauchleitungen gestattet. Der Querschnitt darf dabei auf 0,75 mm^2 reduziert werden. Aus Gründen des Brandschutzes sind aber möglichst große Leitungsquerschnitte vorteilhaft, weil hierbei keine zu hohe Erwärmung auftreten kann. Die Leitungslänge von der Steckvorrichtung oder der festen Anschlußstelle bis zum letzten Betriebsmittel (Leuchte, Fernseher, Radio usw.) darf 10 m nicht überschreiten. Der Einbau weiterer Steckdosen auf dieser Strecke ist nicht gestattet. Es dürfen nur Geräte- und Verbindungsdosen mit der Kennzeichnung ▽H verwendet werden.

Die Anschluß- und Verbindungsleitungen im Möbel müssen so geführt sein, daß sie nicht gequetscht und/oder durch scharfe Kanten oder bewegliche Teile beschädigt werden können. Die Leitungen sind darüber hinaus so festzulegen, daß sie sich nicht durch Zugeinwirkung aus den Anschlußklemmen lösen können. An der Einführungsstelle des Möbelstücks sind die Leitungen gegen mechanische Beschädigungen zu schützen (Abb. 19/4).

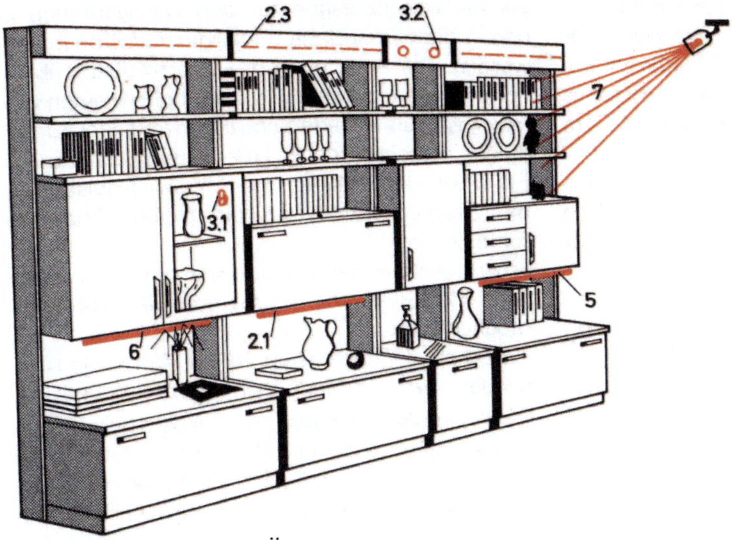

Hinweise

- Leuchten-Schutzklasse und Kennzeichen nach VDE Richtlinien z.B.
  F Leuchtstofflampen-Leuchten geeignet für die direkte Anbringung auf brennbaren Bau- und Werkstoffen mit Entzündungstemperaturen ≧200°C
- Einbauanweisung der Hersteller beachten, insbesondere die Mindestabstände
- Möbelleuchten-Montage nur auf Werkstoffe deren Entzündungstemperatur über 200 °C liegt.

5 Wärmestau vermeiden!

6 Keine Berührung mit entzündlichen Stoffen.

7 1 m Mindestabstand der Strahler zu entzündlichen Stoffen.

1 Einbauschrank als Übersicht

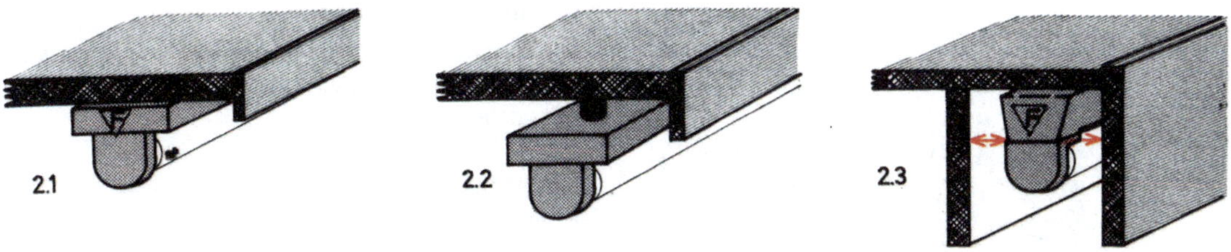

2 Leuchtstofflampen-Leuchten

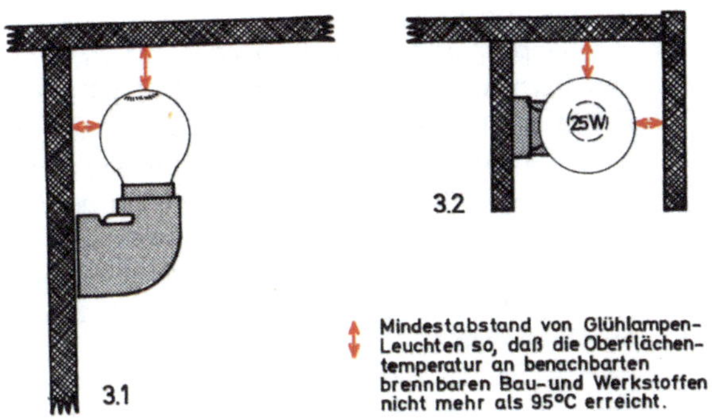

3 Glühlampen-Leuchten

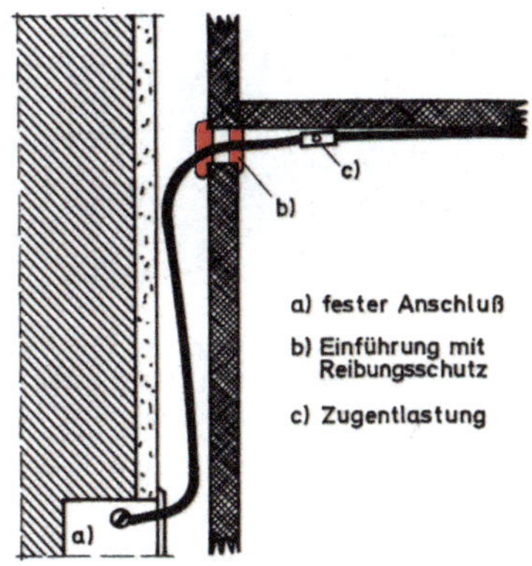

4 Leitungsverlegung

19 Möbelleuchten - besonders den BRANDSCHUTZ beachten!

Notbeleuchtung

Die allgemeine Beleuchtung kann auch einmal ausfallen, z.B. wenn die Stromzufuhr aussetzt oder eine Sicherung einen bestimmten Stromkreis abschaltet. Für diese unvorhergesehenen Vorgänge sollte man eine Notbeleuchtung bereithalten. Am einfachsten ist eine gut greifbare Taschenlampe.

Vorsorglich kann man aber auch eine Sicherheitsleuchte installieren. Sie schaltet sich automatisch ein, wenn das Netz ohne Strom ist. Sobald der Schaden im Netz behoben ist, schaltet sie sich wieder aus. Diese Spezialleuchten gibt es auch mit einem eingebauten Ladegerät; der in der Notlichtzeit verbrauchte Strom wird dann nachgeladen.

Die Notleuchte (Abb. 20) wird direkt an eine vorhandene Schutzkontakt-Steckdose angeschlossen. Eine eingebaute Glimmlampe dient im Normalbetrieb als Orientierungslicht. Die Leuchte ist etwa 7 x 7 cm groß.

Kerzen sind wegen der damit verbundenen Brandgefahr als Notbeleuchtung weniger günstig.

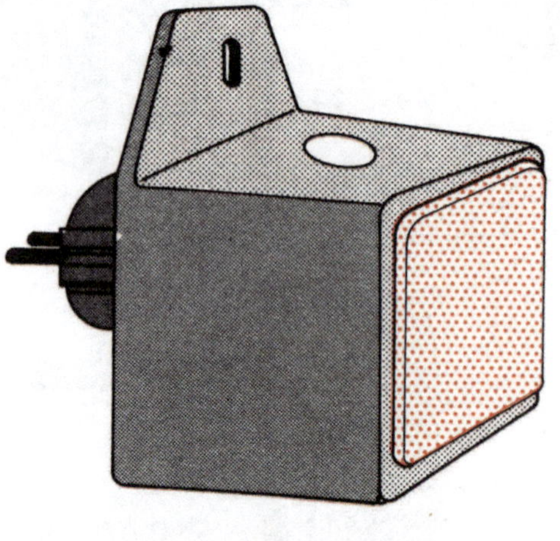

Mit Ladegerät und Glimmlampe zur Orientierung
Automatische Einschaltung bei Stromausfall
Notlicht-Brenndauer ca. 2 Stunden

20 Steckdosen-Notlicht (Conrad, Hirschau)

Wechselsprechanlage

Wechselsprechanlagen für den Hausgebrauch können in die vorhandene Elektroinstallation integriert werden. Sie arbeiten mit Trägerfrequenz über das vorhandene Lichtnetz. Dies ermöglicht einen variablen Anschluß an jede Schutzkontakt-Steckdose bei einer ausreichenden Übertragungsqualität. Die Funktion der Anlage ist dann gewährleistet, wenn der Steckdosenkreis an die gleiche Phase angeschlossen ist.

Mit diesen Geräten ist eine schnelle Verständigung von jeder Stelle des Hauses oder der Wohnung aus möglich (Abb. 21/1 + 2).

Bezüglich der Sicherheit in der Wohnung sind besonders zwei Anwendungen hervorzuheben:

- ***Kinderüberwachung.*** Von jedem Raum aus ist das Kind zu hören. Beim Infoton-Gerät (Abb. 21/2) braucht lediglich die Sprechtaste festgestellt zu werden, um eine akustische Dauerverbindung zu jedem anderen Infoton-Gerät herzustellen. Das transportable Tischgerät kann von der Hausfrau und Mutter überall in der Wohnung mitgeführt werden.
- ***Notruf.*** Mit dem Tischgerät am Krankenbett kann jedes eingeschaltete Infoton-Gerät erreicht werden.

Fernsteuerungssysteme

Ebenfalls unter Ausnutzung des elektrischen Leitungsnetzes kann man mit Hilfe einer Zeitschaltuhr Ein- und Ausschaltvorgänge an elektrischen Geräten vorprogrammieren. Der Anschluß dieser Hausleittechnik erfolgt über vorhandene Steckdosen. Bei der Steckdosen-Schaltuhr ist sogar ein ganzes Wochenprogramm einstellbar (Abb. 21/3).

Das Fernsteuerungssystem ***TIMAC X 10*** kann die Funktionen Schalten, Steuern, Messen oder Kontrollieren übernehmen. Eine Netzleitstelle gibt über einen bestimmten Code die Befehle zur gewünschten Gerätestelle weiter. Aus Sicherheitsgründen kann man damit die Beleuchtung zeitabhängig ein- und ausschalten, Radio oder Fernseher zu bestimmten Zeiten ein- und abschalten, motorisch betriebene Rolläden zu vorprogrammierten Zeiten auf- und ablassen (Seite 114, 137) und noch einige Tätigkeiten mehr (Abb. 21/4).

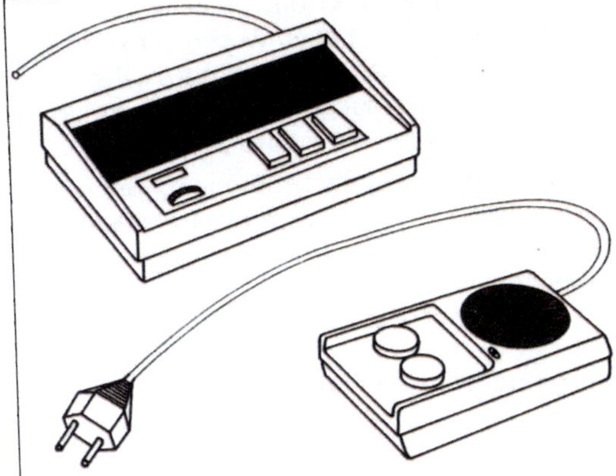

1 2-Kanal-Wechselsprechgeräte - Tischgeräte mit Lautstärkeregler und Leuchtanzeige (Conrad, Hirschau)

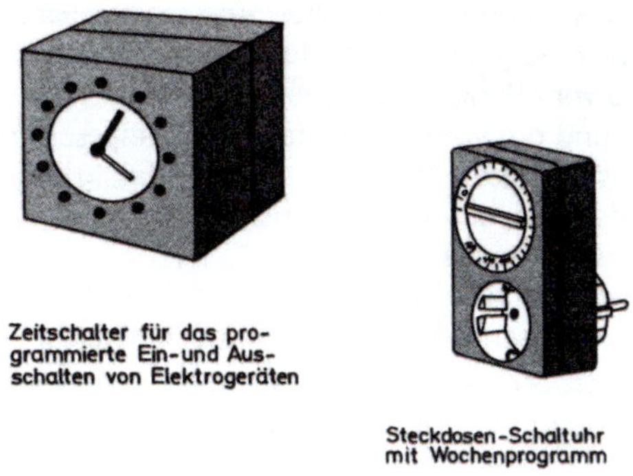

3 Zeitschaltuhren (Conrad, Hirschau)

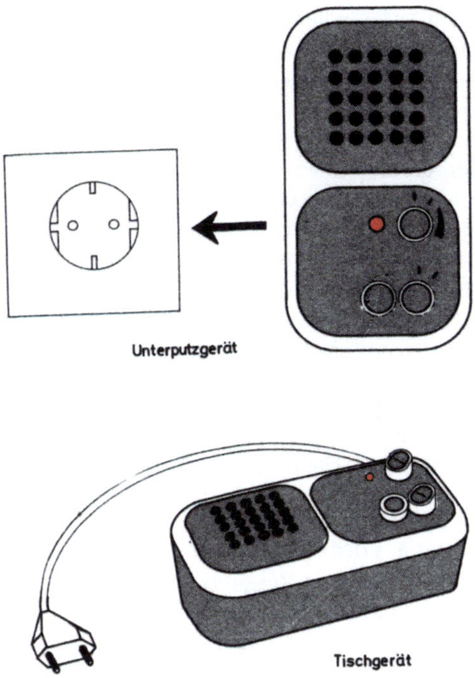

2 Wechselsprechanlage aus der Steckdose (Busch-Jaeger, Infoton)

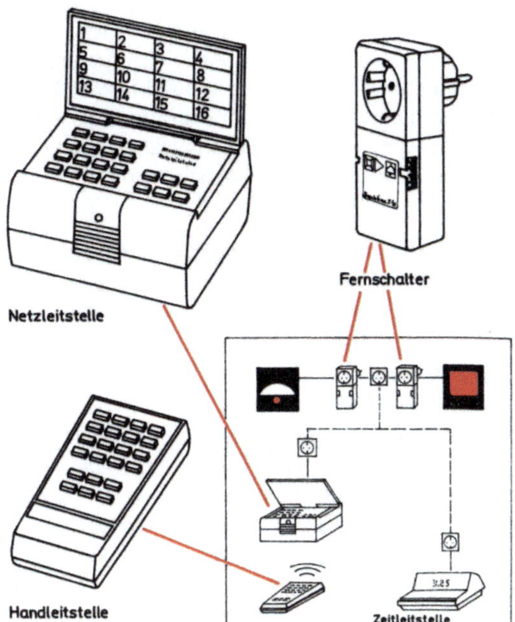

4 Fernsteuerung aus der Steckdose (Busch-Jaeger, Timac X10)

21 Wechselsprechanlagen und Fernsteuerungen über das vorhandene Stromnetz

Elektrogeräte

Die Anwendung elektrischer Energie im Haushalt ist zuverlässig und gefahrlos, wenn Anlagen und Geräte vom Benutzer sachgemäß behandelt und gepflegt und nur vom Elektrofachmann angeschlossen und instandgesetzt werden. Grob fahrlässig handelt, wer als Laie elektrische Anlagen selbst repariert oder zusammenbastelt.

Zur Kennzeichnung sowie zum Leistungsvermögen eines elektrischen Gerätes folgende Hinweise:

- Elektrogeräte, auch Glühlampen und Leuchtstofflampen, tragen ein Schild oder eine Aufschrift mit der Angabe der ***Leistung*** in Watt (W) oder Kilowatt (kW) und der ***Spannung*** in Volt (V).
- Der ***Anschlußwert*** ist diejenige elektrische Leistung in Watt (W) oder Kilowatt (kW), die für den Betrieb maximal erforderlich ist.
- Die ***elektrische Arbeit,*** nämlich der Verbrauch an Strom, wird in Kilowattstunden (kWh) gemessen z.B. wenn eine Stunde (h) lang die elektrische Leistung von einem Kilowatt (kW) für das Verrichten einer Arbeit in Anspruch genommen wurde. Anders ausgedrückt: Die aufgenommene elektrische Leistung eines Gerätes multipliziert mit der Einschaltdauer des Gerätes ist die Anzahl der Kilowattstunden.

Anschaffung und Aufstellung von Elektrogeräten

- Kaufen Sie nur noch Elektrogeräte mit dem neuen Sicherheitszeichen (Abb. 2). Außerdem sind die Technischen Anschlußbedingungen (TAB) des zuständigen Elektrizitätsversorgungsunternehmens (EVU) zu beachten.
- Wenn nur Einzelteile eines elektrischen Gerätes, z.B. der Stecker, ein Prüfzeichen tragen, so bedeutet dies noch nicht, daß das Gerät insgesamt geprüft und für sicher befunden worden ist.
- Elektrogeräte mit Schutzisolierung sind besonders gekennzeichnet (Abb. 12). Die Anschlußleitung, die keinen Schutzleiter enthält, ist fest mit dem Gerät verbunden, ebenso der Spezialstecker ohne Schutzkontakt, der in jede Steckdose paßt.
- Die Montage von Elektrogeräten einschließlich des strom- und ***wasserseitigen Anschlusses*** darf nur ein zugelassener Installateur durchführen. Dieser weiß auch Bescheid, ob z.B. ein eigener Stromkreis oder die Zustimmung des EVU notwendig ist.
- Die einem jeden Elektrogerät beigegebene Gebrauchsanweisung ist auch wegen der notwendigen Sicherheitsangaben unbedingt zu lesen und zu beachten. Dies auch, wenn das Gerät längere Zeit nicht mehr benutzt worden ist.
- Es empfiehlt sich, Garantieschein, Gebrauchsanweisungen und Kundendienst-Adressen gut greifbar aufzuheben. Bei Anforderung des Kundendienstes kann dann gleich Gerätetyp und -nummer angegeben werden.

Elektrogeräte richtig gebrauchen

Die Sicherheit eines Gerätes ist nicht mehr gewährleistet, wenn es nicht bestimmungsgemäß verwendet oder erheblich überlastet wird. Außerdem sollten die folgenden Regeln beachtet werden.

- Elektrogeräte mit Körperschluß, was im Anfangsstadium durch Kribbeln in den Fingern zu erkennen ist, sind sofort aus dem Betrieb zu nehmen und von einem anerkannten Fachmann instandsetzen zu lassen. Werden sie weiter benutzt, kann sich der Fehler vergrößern, was im Grenzfall mit akuter Lebensgefahr verbunden ist.
- Es sind nur unbeschädigte Geräteanschlußleitungen zu verwenden mit unversehrter Ausbildung am Übergang zum Stecker und an der Geräteeinführung. Man muß darauf achten, daß niemand über die Geräteleitung stolpert und dadurch das Gerät vom Tisch oder Schrank reißt, ganz besonders wenn Kinder in der Wohnung sind.
- Elektrische Geräte oder Anlagen dürfen niemals mit nassen Händen angefaßt werden. Ebenso schädlich ist das Stehen auf nassem Untergrund oder die gleichzeitige Berührung von Wasserhahn, Spüle oder Heizkörper, wenn man ein Elektrogerät in der Hand hat. Ist ein solches Gerät ins Wasser gefallen, muß sofort der Stecker aus der Steckdose gezogen werden, bevor man das Gerät aus dem Wasser nimmt.
- Geräte, in denen Wasser und Elektrizität zusammenkommen (Tauchsieder, Wasserkocher, Rührgeräte) müssen ständig auf Fehler und Schäden kontrolliert werden.
- Geräte mit der Angabe **KB** auf dem Typenschild sind nur für einen „Kurzzeit-Betrieb" geeignet. Solche Geräte dürfen nicht länger als für die angegebene Zeit im Dauerbetrieb auf höchster Stufe und ohne Pause benutzt werden. Wird das Gerät länger gebraucht, ist es zwischendurch abzuschalten und abkühlen zu lassen.

- Elektrogeräte dürfen den Rundfunk- und Fernsehempfang nicht stören. Wenn es im Radio knackt bzw. das TV-Bild flimmert, kann ein Elektrogerät eingeschaltet sein, das nicht entstört bzw. defekt ist. Die Behebung derartiger Fehler ist Sache des Elektroinstallateurs.
- Vor der Durchführung von Reinigungs- und Pflegearbeiten ist das Gerät abzuschalten und der Stecker aus der Steckdose herauszuziehen. Dabei den Stecker stets direkt anfassen, nie an der Leitung ziehen! Gerätesteckdosen sollten deshalb zugänglich sein.

Unfallschutz bei Elektrogeräten

Im folgenden eine Kurzbeschreibung der bei den unterschiedlichen Elektrogeräten im Haushalt möglichen Unfallgefahren.

Elektroherd

Aus Gründen des Brandschutzes sollte man Wäsche nicht über dem Herd oder gar im Backofen trocknen. Topflappen brennen sehr schnell, wenn sie mit der eingeschalteten Kochplatte in Berührung kommen. Die Stiele und Griffe der auf dem Herd stehenden Pfannen und Töpfe sollten immer nach hinten weisen; die Hausfrau kann sonst daran hängenbleiben, Kinder können die heißen Gefäße herabziehen und sich dabei verbrühen. Als Kinderschutz sind Schutzgitter vorteilhaft, die man um die Herdplatte anbringt bzw. vor dem Backofenfenster mit Haftplatten befestigt (Abb. 27). Der sicherste Schutz besteht auf jeden Fall darin, Kinder vom eingeschalteten Herd fernzuhalten.

Grillgeräte

Beim Einlegen und Herausnehmen des Grillguts kann man sich an den meist ungeschützten Heizelementen verbrennen.
Beim Grillen im Freien mit einem Holzkohlengrill ist darauf zu achten, daß die Nachbarn weder durch Feuer noch durch Rauch belästigt werden. Die Verwendung solcher Geräte auf dem Balkon einer Mietwohnung ist im allgemeinen nicht gestattet. Für den Benutzer ergeben sich besonders Gefahren, wenn zum Anzünden brennbare Flüssigkeiten (Brennspiritus, Benzin) verwendet oder gar auf die glühende Kohle gegossen werden. Dabei entstehen Stichflammen, die zu schwersten Verbrennungen führen können. Deshalb zum Anzünden der Holzkohle nur geeignete Anzünder verwenden!

Kühlschrank

Die Türen der heutigen Kühlschränke sind mit Magnetverschlüssen ausgestattet. In ältere Kühlschränke mit Schnappschloß sind nämlich schon Kinder hineingekrochen und darin erstickt, weil sie nicht mehr heraus konnten. Derartige Kühlschränke sollten in Haushalten mit Kindern nicht mehr vorhanden sein. Ausrangierte Kühlschränke dieser Art sind direkt zum Sperrmüll zu geben. Müssen sie noch einige Zeit abgestellt werden, so ist das Schnappschloß zu zerstören, denn auch weggestellte Kühlschränke werden gerne zum Spielen benutzt.

Die Kühlschränke im Haushalt sind nur zur vorübergehenden Aufbewahrung von Lebensmitteln bestimmt. Ihr Inhalt ist deshalb regelmäßig auf verdorbene oder zu lange gelagerte Lebensmittel zu kontrollieren. Geschieht dies nicht, kann eine Lebensmittelvergiftung die Folge sein. Eine Prüfung des Kühlguts ist auch dann notwendig, wenn der Strom einmal längere Zeit aussetzt.
Bei Einbau-Kühlschränken ist darauf zu achten, daß die Durchlüftung nicht abgedeckt wird, denn beim Betrieb eines Kühlschrankes wird Wärme erzeugt. Selbst wenn es nicht zu einem Brand kommt, kann doch das Zuleitungskabel verschmoren und einen Kurzschluß erzeugen.

Gefriergeräte

Bei einem Gefriergerät (Tiefkühltruhe) ist ein Stromausfall, selbst von einigen Stunden, meist folgenlos. Während dieser Zeit sollte allerdings das Gerät nicht geöffnet werden.
Bei längerer Abwesenheit, z.B. während der Ferien, während der im allgemeinen die Elektrogeräte in der Wohnung abgeschaltet oder sogar die Sicherungen herausgedreht sind, ist darauf zu achten, daß ein Gefriergerät am Strom angeschlossen bleibt. Ein Gefriergerät, das z.B. 3 Wochen ohne Stromzufuhr ist, kann von dem in Verwesung übergegangenen Lagergut derart geschädigt werden, daß ein solches Gerät nicht mehr weiterbenutzt werden kann.

Geschirrspülmaschinen

Aus Sicherheitsgründen müssen alle Anschlüsse, Geräteleitungen und Stecker unbeschädigt sein, da hier Wasser und elektrischer Strom zusammentreffen.

Der Anschlußwert einer Geschirrspülmaschine beträgt etwa 3,3 kW; hierfür ist eine Absicherung von 16 Ampere, meist sogar ein eigener Stromkreis, notwendig.

Nach dem Spülen sollte das Wasserventil geschlossen werden, damit der Zuführungsschlauch nicht unter Druck steht. Mit einer eingebauten Wassersicherung (Selbstschlußarmatur) werden größere Wasserschäden verhindert, wenn der Wasserschlauch tatsächlich einmal platzen sollte.

Elektrische Heißwassergeräte

Heißwasserspeicher, Durchlauferhitzer und Kochendwassergeräte eignen sich besonders für den nachträglichen Einbau, weil dafür keine Be- und Entlüftungsöffnungen oder Abzugskamine notwendig sind. Zur Gewährleistung der Funktionsfähigkeit und der Betriebssicherheit sind elektrische Heißwasserbereiter in regelmäßigen Abständen durch einen Fachmann zu warten. Dabei ist auch festzustellen, ob die Geräte noch ausreichend befestigt sind. Bei stark kalkhaltigem Wasser ist das Gerät regelmäßig zu entkalken.

Waschmaschinen

Die heutigen Waschvollautomaten haben einen Anschlußwert von maximal 3,3 kW; hierfür ist ein eigener Stromkreis mit einer 16 Ampère-Absicherung erforderlich. Geräte mit etwa 2,2 kW-Anschlußwert benötigen dagegen nur eine 10 Ampère-Absicherung und lassen sich auch in Altbauten anschließen.
Der Wasserzulauf erfolgt über einen druckfesten Schlauch. Trotzdem ist eine zusätzliche Wassersicherung (Selbstschlußarmatur) zur Vermeidung größerer Wasserschäden zu empfehlen. Waschmaschinen müssen sich beim Öffnen abschalten und dürfen im geöffneten Zustand nicht eingeschaltet werden können. Ein zusätzliches Türschloß kann als Kindersicherung dienen. Ausgelaufenes Waschwasser sollte sofort aufgenommen werden, denn Waschlauge ist besonders schlüpfrig.

Bügeleisen

Eingeschaltete Bügelgeräte sollte man niemals unbeaufsichtigt lassen. Um wirklich sicher zu sein, sollte man nach dem Abstellen den Stecker herausziehen. Aus Gründen des Brandschutzes dürfen heiße Bügeleisen nicht auf der Bügelfläche, sondern nur auf dem Rost oder mit der isolierten Schmalseite nach unten abgestellt werden.
Beim Bügeln in Raummitte kann die Geräteleitung zur Steckdose gefährlich werden. Die Hausfrau kann darüber stolpern, Kindern können daran ziehen und das Bügeleisen herunterwerfen.

Küchenmaschine

Bei Stand-Küchenmaschinen niemals in die laufende Maschine greifen, auch nicht mit Löffeln und dgl.! Vor dem Umrüsten der Maschine ist unbedingt der Netzstecker zu ziehen. Lediglich den Geräteschalter auf „Aus" zu stellen, genügt nicht.

Handrührgerät (Handmixer)

Bei diesem beliebten Kleingerät, das „offen" eingesetzt wird, kann man leicht mit den Fingern in die umlaufenden Teile geraten. Das Einsetzen eines Rührstabes darf nur erfolgen, wenn der Stecker noch nicht in der Steckdose ist. Die Rührstäbe zuerst in das Gefäß eintauchen und dann einschalten. Handrührgeräte sind meist schutzisoliert und für Kurzzeit-Betrieb eingerichtet.

Allesschneider

Elektro-Allesschneider sind vor allem standfest aufzustellen. Zum Nachschieben kleinerer Stücke sind unbedingt Schlitten mit Restehalter und Fingerschutz zu verwenden. Vor dem Reinigen des Allesschneiders oder vor dem Messerwechsel unbedingt den Netzstecker ziehen! Die bequem erreichbaren Tast- oder Momentschalter lassen sich nämlich auch versehentlich drücken, wenn diese Arbeiten bei einem angeschlossenen Gerät durchgeführt werden.

Zerkleinerungsmaschinen

Das Füllgut sollte mit einem Stößel aus Holz oder Kunststoff nachgestopft werden, keinesfalls aber mit einem Metallgegenstand. Vor dem Zusammensetzen, Anschrauben oder Reinigen ist unbedingt der Gerätestecker zu ziehen.

Tauchsieder

Dieses Kleinstgerät sollte einen „Trockenschutz" besitzen, der das Gerät bei Überhitzung abschaltet. Bei der Benutzung zuerst Wasser in das Gefäß gießen, dann den Tauchsieder an der Aufhängevorrichtung hineinhängen (niemals ganz einstellen) dann den Stecker in die Steckdose einführen. Wenn das Wasser heiß ist, zuerst den Stecker ziehen und dann den Tauchsieder herausnehmen und gesichert weglegen. Tauchsieder sollte man niemals unbeaufsichtigt in Betrieb lassen.

Elektrische Wasserkocher

Ältere Geräte, die noch ungeschützt sind, zuerst füllen und dann erst den Stecker an der Steckdose anschließen. Ist das Wasser erwärmt, zuerst den Stekker aus der Steckdose ziehen und dann erst den Elektrotopf berühren.

Friteuse

Die Friteuse als Einzelgerät ist ein beheizter Topf mit Temperaturregelung, der an eine Schuko-Steckdose angeschlossen wird. Fritieren kann man aber auch in einem – möglichst hohen – Topf auf der Herdplatte. Dabei entstehen Temperaturen zwischen 170 und 200 °C. Zum Fritieren sollte man nur reines und hocherhitzbares Speisefett verwenden, um ein Überschäumen und damit Brandgefahr zu verhindern. Die Friteuse auf der heißen Herdplatte darf man nicht unbeaufsichtigt lassen, denn Öl kann sich auch ohne Flamme bei hohen Temperaturen selbst entzünden. Brennendes Öl niemals mit Wasser löschen, sondern die Flamme mit dem Topfdeckel oder die auflodernden Ölflammen mit einem nassen Handtuch ersticken (Fettbrand siehe Siete 100).

Dampfdruckkochtopf

Im Schnellkochtopf entstehen Temperaturen von über 100 °C. Sollte beim Kochen der zulässige Überdruck überschritten werden, so öffnet sich das Federdruckventil automatisch. Der Gummiring im Deckel ist eine weitere Sicherung; er wird bei Überdruck nach außen gedrückt, so daß auch auf diesem Wege ein zu hoher Dampfdruck entweichen kann. Wenn bei entsprechend langer Erhitzung der Druckanzeiger nicht zum Vorschein kommt, den Topf rasch abkühlen und das Ventil gründlich reinigen. Das Sauberhalten von Ventil und Deckeldichtung gehört deshalb nicht nur zur Hygiene, sondern auch zum Unfallschutz. Zur Vermeidung von Verbrühungen darf der Topf erst geöffnet werden, wenn sich das Ventilköpfchen vollkommen gesenkt hat. Die Abkühlzeit läßt sich beschleunigen, wenn man den Topf ins kalte Wasser stellt und den Deckel begießt.

Ventilator

Die Flügel eines laufenden Ventilators können wie Schlagmesser wirken; deshalb Ventilatoren mit Schutzkorb benutzen. Kinder nicht unbeaufsichtigt lassen, denn sie können Bleistifte, Nadeln usw. hineinstecken. Tischventilatoren müssen fest stehen und dürfen während des Betriebs nicht „wandern", um schließlich vom Tisch herunterzufallen.

Elektrische Heizgeräte

In diesen Geräten werden bis zu 2000 Watt elektrischer Strom in Wärme umgesetzt. Deshalb dürfen in Betrieb befindliche Geräte wegen Brandgefahr nicht zu nahe an brennbaren Gegenständen, wie z. B. Teppichen, Vorhängen, Decken usw. aufgestellt werden. Außerdem leiden die Fasern der unter Wärmeeinwirkung stehenden Ausstattungen darunter und verfärben sich schnell. Aus Gründen des Brandschutzes auch keine Kleider oder Zeitungen auf oder in der Nähe von elektrischen Heizgeräten ablegen. Die Zuleitung der meist transportablen Geräte darf ebenfalls nicht der Wärmestrahlung ausgesetzt werden. Transportable Elektro-Wärmegeräte sind nach dem Gebrauch durch Ziehen des Steckers vom Netz zu trennen.

Elektro-Wärmegeräte mit ungeschützten Heizkörpern (z. B. Heizspiralen) dürfen nicht mehr verwendet werden.

Heizkissen, Heizdecken

Wenn die Möglichkeit besteht, sind Heizdecken den Heizkissen vorzuziehen, denn sie werden nicht so heiß, die Brandgefahren sind geringer. Meist sorgt ein Überhitzungsschutz für die notwendige Sicherheit; trotzdem Heizkissen nie unbeaufsichtigt eingeschaltet lassen. Heizdecken darf man weder knikken noch falten oder gar Nadeln hineinstecken. Auf dem Bett sind sie ausgebreitet so festzulegen, daß sie während des Schlafens nicht zusammengeknüllt werden können. Es ist auch darauf zu achten, ob die Heizdecke gewaschen werden darf; oft ist nur ein waschbarer Bezug vorhanden.

Wer ganz sichergehen will, verwendet eine Heizdecke mit Transformator, der Kleinspannung (Schwachstrom) erzeugt.

Fernsehgeräte

Mit dem Fernseher kommen auch geballte Energien in den Wohnraum: In seinem Innern entsteht Hochspannung bis zu 30 000 Volt. Eine im Raum zu Bruch gehende Bildröhre wirkt wie eine Zimmerbombe. Fernsehgeräte sind vor allem fest und sicher aufzustellen, so daß sie auch beim Anstoßen nicht herunterfallen können. Außerdem muß das Gerät von Kühlluft ausreichend umströmt werden. Belüftungsöffnungen im Boden sowie die Entlüftungsschlitze im Oberteil des Gehäuses und in der Rückwand deshalb nicht durch Gegenstände wie Zierdecken, Zeifschriften, Papier und dergleichen abdecken (Abb. 22). Zur Vermeidung von Brandgefahren sind Fernsehgeräte in ausreichendem Abstand von Wärmequellen (Öfen, Heizkörpern, starken Leuchten) aufzustellen. In ihrer unmittelbaren Nähe sollen sich auch keine leicht entzündlichen Stoffe (Gardinen, Vorhänge, Zeitschriften und dergleichen) befinden.

Die Steckvorrichtung für die Stromversorgung und für die Antenne sollten ungehindert zugänglich sein, damit im Störungsfall oder bei einem gewünschten Abschalten das Gerät schnell außer Betrieb gesetzt werden kann. Bei längerer Abwesenheit sollte man den Antennen- und Netzstecker ziehen, ebenso bei einem Gewitter. Dies ist unbedingt bei Fernsehgeräten mit Bereitschaftsschaltung durchzuführen, da bei derartigen Geräten ein Teil stets in Betrieb bleibt, damit beim Einschalten das Bild sofort erscheint.

Auf die Möglichkeit, den Fernseher bei längerer Abwesenheit, z.B. im Urlaub, gelegentlich einzuschalten, wird nochmals hingewiesen. Näheres auf Seite 40.

Bei Fernsehgeräten ist darauf zu achten, daß bei einer vorgesehenen Ortsveränderung (andere Aufstellung, Weggabe zur Reparatur) das Gerät frühestens 5 Minuten nach dem Ausschalten aufgenommen wird. Diese Zeit ist erforderlich, um den Entladevorgang in den Kondensatoren abklingen zu lassen.

Ausgediente Fernsehgeräte sollte man nicht auf den Müll werfen bzw. zum Sperrmüll stellen, sondern dem Händler zurückgeben. Nur er kann die Bildröhre, die evakuiert (luftleer) ist und damit – wie z.B. eine Thermoskanne – implodieren kann, gefahrlos zerstören.

Eingebaute Fernsehgeräte

Fernsehgeräte entwickeln während des Betriebs bekanntlich Wärme. Wird diese nicht ausreichend abgeführt, so verringert sich die Lebensdauer des Gerätes; und die Brandgefahr wird erhöht. Besondere Vorsicht ist bei eingebauten Fernsehgeräten geboten. Bei geschlossenen Schrankteilen dürfen die Türen erst eine halbe Stunde nach Abschalten des Gerätes geschlossen werden. Diese Vorsichtsmaßnahme kann entfallen, wenn gesonderte Be- und Entlüftungsöffnungen mit ausreichendem Querschnitt vorhanden sind (Abb. 23). Die Steckvorrichtungen für Netz und Antenne müssen auch bei eingebauten Geräten gut zugänglich sein.

Brandgefahren durch Fernseher

Bei Fernsehgeräten sind die häufigsten Brandursachen Kurzschluß und Hitzestau. Kurzschluß entsteht leicht durch Feuchtigkeit im Gerät, z.B. durch umgefallene Blumenvasen oder durch laienhaft vorgenommene Reparaturen. Ein Hitzestau kann besonders bei eingebauten Fernsehgeräten entstehen, die nicht genügend umlüftet sind. Besonders gefährdet sind dabei Farbfernseher, die etwa doppelt so viel Energie wie Schwarz-Weiß-Geräte verbrauchen.

Entsteht trotz aller Vorsichtsmaßnahme ein Brand, so ist wie folgt zu verfahren:

1. das Gerät abschalten
2. den Netzstecker ziehen
3. das Gerät mit einer möglichst großen Wolldecke abdecken (keine Decken aus Kunststoff-Fasern verwenden)
4. mit dem Feuerlöscher – sofern vorhanden – den Brand bekämpfen. Wegen der Implosionsgefahr der Bildröhre beim Löschvorgang immer seitlich vom Gerät stehen
6. die Feuerwehr alarmieren, wenn man annimmt, daß die eigenen Löschmaßnahmen nicht zum Erfolg führen.

Fernsehantenne

Eine Fernsehantenne ist an die vorhandene Blitzschutzanlage anzuschließen oder in geeigneter Form separat zu erden. Für die Erdung sollte der Fundamenterder (in Neubauten vorgeschrieben) oder eine metallene Wasserleitung herangezogen werden. Diese Vorschriften muß der Installateur beachten, denn eine die Dachfläche überragende Antennenanlage ist eine bevorzugte Blitzeinschlagstelle.

22 Freistehende Fernsehgeräte – falsch und richtig aufgestellt

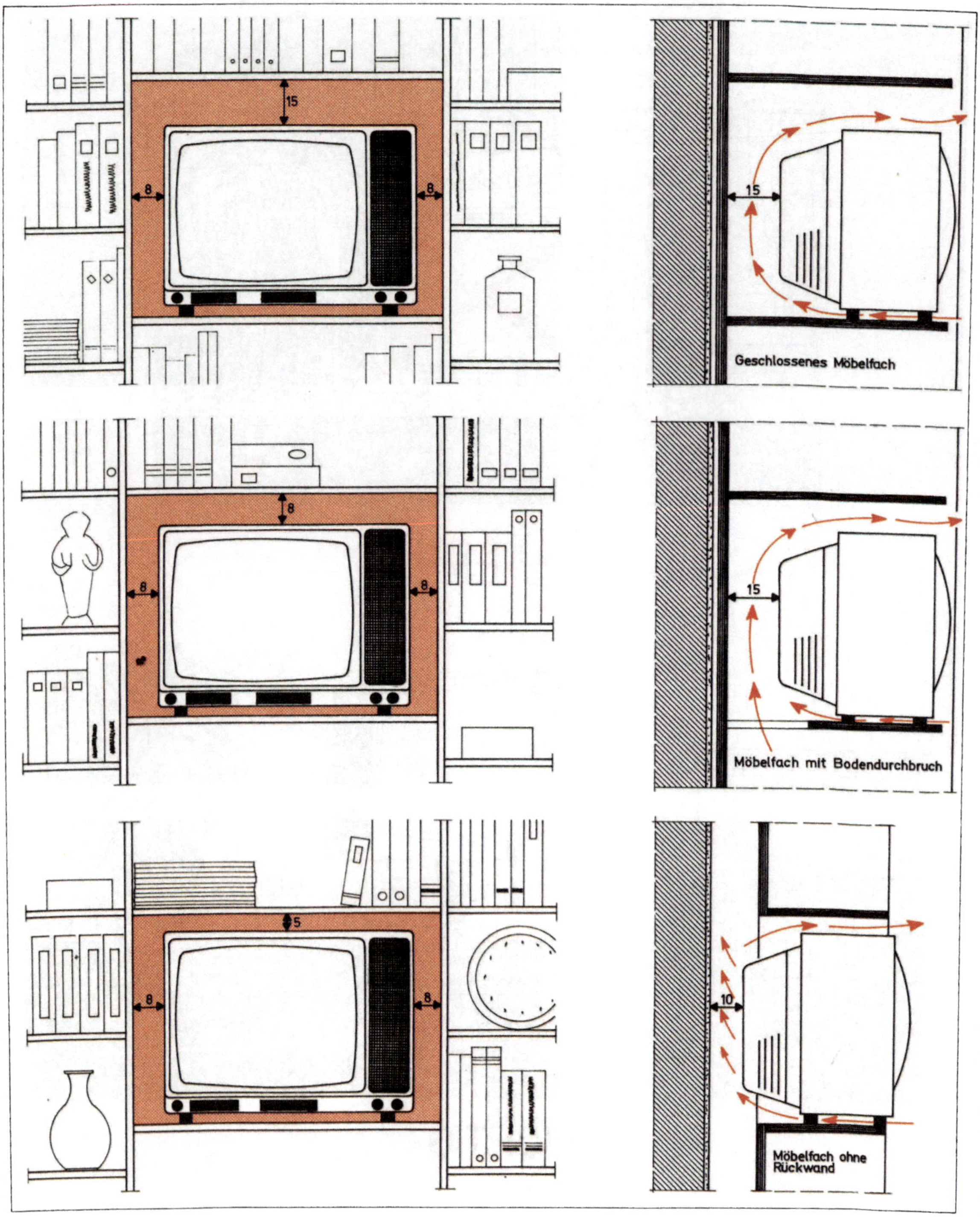

23 Fernsehgeräte in Möbeln – Sicherheitsabstände (Maße in cm)

Gasinstallation, Gasgeräte

Nach den ***Technischen Regeln für Gas-Installationen*** dürfen Gasverbrauchseinrichtungen in Räumen nur aufgestellt werden, wenn nach Lage, Größe, baulicher Beschaffenheit und Benutzungsart keine Gefahren entstehen. Nach allgemeiner Regelung können heute Gasfeuerungsanlagen nur gekauft und aufgestellt werden, wenn hierzu der zuständige Bezirksschornsteinfegermeister seine Zustimmung gegeben hat. Zur Vororientierung über erlaubte Geräte dient die Tabelle auf Seite 50 unten. Gasgeräte sollten das Sicherheitszeichen tragen mit dem Zusatz DVGW (Deutscher Verein des Gas- und Wasserfaches) links oben. Installation und Wartung von Gasgeräten müssen durch den Fachmann erfolgen. Vor allem muß das Gasgerät auf die vorhandene Gasart richtig eingestellt sein, was mit den heute üblichen Allgasgeräten gut möglich ist.

Der Einbau von fabrik- und typenfremden Brennereinzelteilen sowie von sogenannten „Gassparern" und ähnlichen Einrichtungen in Gasgeräten ist nicht zulässig. Unzulässig ist auch die Benutzung von fabrik- und typenfremden Überkochsicherungen, Platten oder Ringen, die auf die Kochstellen aufgelegt werden sollen.

Die Verwendung von Gas ist ungefährlich, wenn Gasgeräte mit einer Zündsicherung ausgestattet sind und die Geräte richtig bedient werden. Auf keinen Fall dürfen Änderungen oder Reparaturen selbst vorgenommen werden.

Die Absperrhähne an der Gaszuleitung ins Gebäude und an den Zählern für die einzelnen Wohnungen müssen immer leicht zugänglich sein, damit sie im Bedarfsfalle, z.B. beim Auftreten von Gasgeruch, ohne Behinderung betätigt werden können. Während des Betriebes von Gasgeräten muß eine ausreichende Luftzirkulation sichergestellt sein. Mit Ausnahme der Außenwandgeräte verbrauchen alle Gasfeuerstellen den zur Verbrennung erforderlichen Sauerstoff aus der Raumluft. Gasöfen **ohne** Kamin- oder Außenwandanschluß dürfen nicht bei geschlossenen Fenstern und nicht in Schlafzimmern benutzt werden. Räume, in denen abzugslose Gasgeräte erlaubterweise arbeiten, sind mehrmals am Tag zu lüften.

Auch entgiftetes Gas kann gefährlich werden, wenn es unverbraucht in einem Raum ausströmt, z.B. weil die Gasflamme durch überkochende Flüssigkeit gelöscht oder der Gashahn durch spielende Kinder oder aus Versehen angedreht wird. In solchen Fällen kann das Gas den Sauerstoff in einem Raum so weit verdrängen, daß es zu Erstickungen kommt oder das Gas-Luft-Gemisch eine explosive Konzentration erreicht.

Zwei bekannte tödliche Gasunfälle zur Verdeutlichung:

✝ In einem Bad mit etwa 13 m^3 Rauminhalt und einem besonders dichten Fenster war auch noch die Lüftungsöffnung oberhalb der Badezimmertür übertapeziert worden. Durch unvollkommene Verbrennung aus dem Gasbadeofen konnte sich Kohlenmonoxid anreichern, das dann tödlich wirkte.

✝ Der Abzug eines Gasofens war durch Rußansammlungen verstopft. Dadurch sind in diesem Raum zwei schlafende Menschen infolge Kohlenmonoxidvergiftung zu Tode gekommen.

Flüssiggas

Flüssiggase, in der Hauptsache Propan und Butan, sind schwerer als Luft. In nicht einwandfrei belüfteten Räumen verdrängen sie den für die Atmung notwendigen Sauerstoff; es besteht Erstickungsgefahr. Hinzu kommt eine erhöhte Explosionsgefahr von Flüssiggas-Luft-Gemischen, z.B. beim unsachgemäßen Anschließen der Gasflaschen. Ein Liter Propan ergibt 260 Liter Propangas; bei einer Vermischung mit mindestens 2,5 m^3 Luft wird es brennfähig. Das Aufstellen von Gasflaschen ist nicht zulässig in Räumen unter Erdgleiche (z.B. im Keller), in Treppenhäusern, Fluren, Durchgängen, Durchfahrten und Schlafräumen. Transportable Butangas- oder Propangas-Heizöfen dürfen niemals während des Schlafs in Betrieb sein. Bei der Lagerung und Verwendung von Flüssiggas sind unbedingt die hierfür ausgegebenen Merkblätter zu beachten.

Gasherde

Gasherde dürfen nur durch ein Fachunternehmen angeschlossen und gewartet werden, das durch das zuständige Gasversorgungsunternehmen zugelassen ist.

Seit 1963 sind Zündsicherungen für Gasherde vorgeschrieben. Wenn die Gasflamme erlischt, muß die Gaszufuhr automatisch abschalten. Ältere Modelle, die man vielleicht gern weiterbenutzen will, sollten nachträglich mit Zündsicherungen ausgestattet werden. Ist bei derart ungesicherten Gasherden eine brennende Gasflamme durch überkochende Speisen oder einen Luftzug erloschen, so ist vor dem erneuten Anzünden der Gasflamme das ausgeströmte Gas durch Belüften des Raumes zu beseitigen. Sind Kinder in der Wohnung, empfehlen sich zusätzliche Sicherungen (Abb. 27).

Gas-Warmwasserbereiter

Für den Gebrauch in der Wohnung sind Durchlaufwassererheizer die bekanntesten Geräte, wobei zwischen Klein- und Großwasserheizern unterschieden wird. Sie dürfen nur von zugelassenen Fachunternehmen angeschlossen werden. Von diesen sollte man sich auch die richtige Bedienung des Geräts gründlich erklären lassen, auch was die Wartung betrifft. Ein Fachbetrieb ist sofort zu verständigen, wenn die Zündflamme ständig erlischt, sich Ruß an der Wand oder der Decke bildet, die Flamme langgezogen und unruhig brennt und wenn beißende Abgase festgestellt werden. Das schadhafte Gerät darf bis zur Instandsetzung nicht mehr benutzt werden. Klein-Wasserheizer ohne Kaminanschluß dürfen nicht zum Baden oder Duschen verwendet werden. Solche Geräte sind nur für kurzzeitigen Betrieb gebaut. Bei längerem Betrieb können die dabei entstehenden großen Mengen von Verbrennungsgasen durch die natürliche Lüftung nicht mehr abgeführt werden.

Vorsichtsmaßnahmen bei Gasgeruch

- Sofort alle Flammen löschen (auch elektrische Geräte mit Glühdrähten abschalten) alle Fenster und Türen öffnen, die Absperreinrichtung am Gaszähler schließen!
- Räume, in denen sich Gasgeruch bemerkbar macht, nicht mit offenem Licht betreten, kein Streichholz oder Feuerzeug anzünden, keine elektrischen Schalter betätigen, keine elektrischen Stecker herausziehen, keine elektrischen Klingeln betätigen, nicht das Telefon benutzen, auf keinen Fall rauchen!
- Nach dem Schließen der Gaszähler-Absperreinrichtung nachsehen, ob alle Gasarmaturen geschlossen sind und die noch offen stehenden schließen.
- Licht darf erst dann angeschaltet werden, wenn kein Gasgeruch mehr festzustellen ist. Man verlasse sich nicht auf den eigenen Geruchsinn, sondern ziehe andere Personen hinzu.
- Kann die Ursache des Gasgeruches nicht gefunden werden, obwohl alle Gasarmaturen geschlossen sind, dann ist das Gaswerk sofort zu verständigen. Auch schwacher Gasgeruch, dessen Ursache nicht ermittelt werden kann, muß dem Gaswerk gemeldet werden.
- Tritt Gasgeruch aus Räumen aus, die nicht ohne weiteres zugänglich sind, dann ist die Polizei bzw. die Feuerwehr, die das Recht hat, sich Zutritt zu verschaffen, sofort zu benachrichtigen. Gleichzeitig ist das Gaswerk zu verständigen.
- Wird ausströmendes Gas im Keller vermutet, dann den Keller gut durchlüften, aber nicht betreten; die übrigen Hausbewohner benachrichtigen; gleichzeitig ist das Gaswerk zu verständigen. Maßnahmen: Kellertür öffnen, Kellerfenster von außen einschlagen, ggf. Umgebung gegen Betreten mit offenem Licht, brennenden Zigaretten usw. absperren.
- Störungen oder Schäden an Gasanlagen nicht selbst beseitigen. Diese dürfen nur durch Fachleute, also durch Beauftragte des Gasversorgungsunternehmens und durch die Vertragsinstallateure, behoben werden. Die Schadensstelle muß für den Störungsdienst zugänglich gehalten werden.

Zur frühzeitigen Feststellung von Gasgeruch in Wohnungen gibt es kombinierte Haushalts-Gas- und -rauchmelder (Seite 90).

Innenbad Rauminhalt m^3	Groß-Gaswasserheizer Nennbelastung	zusätzlicher Gasraumheizer Nennbelastung	Raumlüftung
unter 6	unzulässig	unzulässig	
6 bis 8	bis 21 kW	bis 47 kW	wie Abbildung 24/1 → außerdem Landesbauordnung beachten
8 bis 12	bis 28 kW	alle Größen	wie Abbildung 24/1 →
über 12	über 28 kW	alle Größen	wie Abbildung 24/1 → oder 0,58 m^3 Rauminhalt je 1 kW

Bad – ohne Außenfenster

Küche – mit Außenfenster

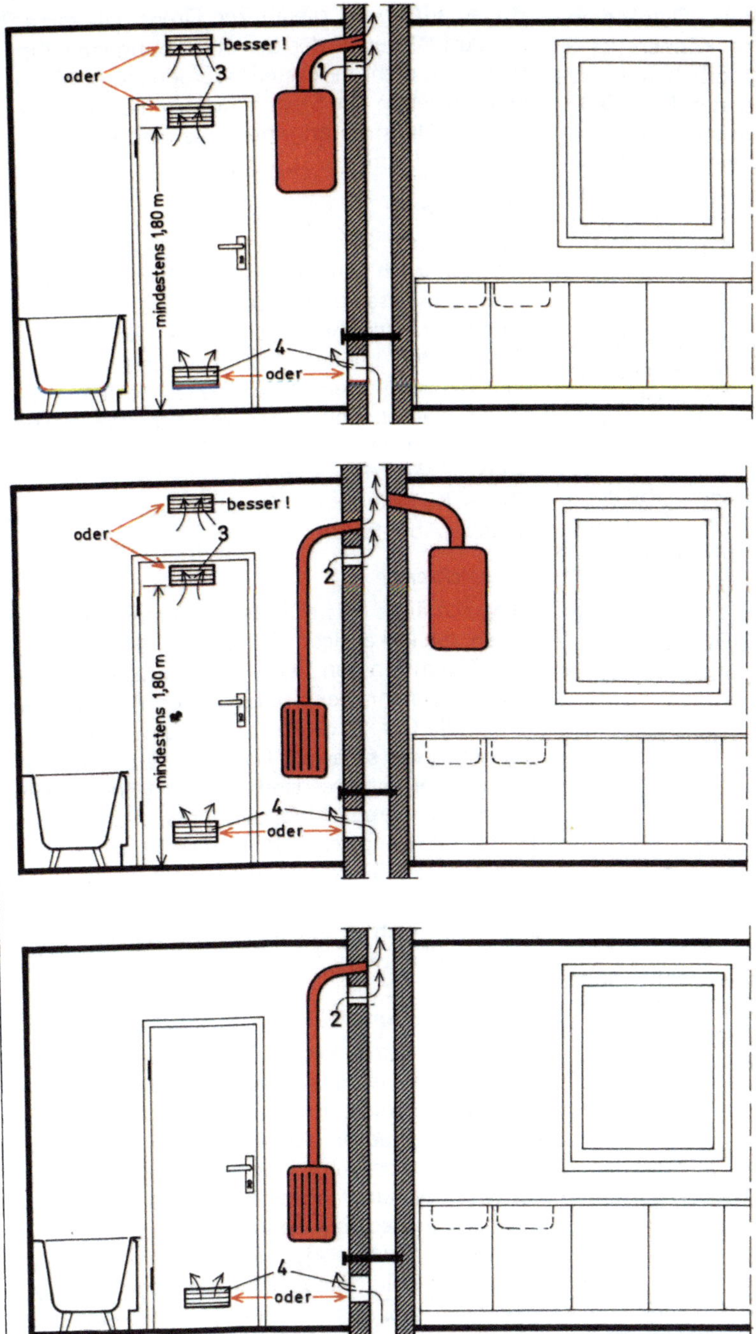

1 Groß-Wasserheizer im Bad

dazu ggf. ein Raumheizer gemäß Tabelle Seite 50

Ein Großwasserheizer mit über 10,5 kW Nennbelastung entspricht einem 10-16 Liter-Gerät.

2 Groß-Wasserheizer in der Küche Raumheizer im Bad

1 Abluftöffnung mindestens 70 cm^2

2 Abluftöffnung mindestens 150 cm^2

3 Obere Lüftungsöffnung mindestens 150 cm^2 freier Querschnitt

4 Untere Lüftungsöffnung mindestens 150 cm^2 freier Querschnitt (wahlweise in Tür oder Schacht)

3 Raumheizer (allein) im Bad

Die obere Lüftungsöffnung kann entfallen.

Raumheizer und Groß-Wasserheizer gemäß Tabelle Seite 50

24 Innenbad – ohne Außenfenster – mit Groß-Gaswasserheizer und Gasraumheizer

Küche

In der Küche stehen zahlreiche Geräte und Einrichtungen auf engstem Raum beisammen. Damit diese ohne Behinderung benutzt werden können, ist es notwendig, auf die hierfür erforderlichen Bewegungsräume zu achten; die modernsten Maschinen nützen wenig, wenn man sie nur unter Verrenkungen bedienen kann. Wegen Enge und der Vielzahl von Einrichtungen und Geräten sind die Unfallgefahren im täglichen Arbeitsbereich der Hausfrau besonders hoch. Ihre hauptsächlichsten Ursachen sind:

- Sturzverletzungen wegen Bodenglätte oder sonstiger Hindernisse. Deshalb verschüttete Flüssigkeiten und Fett sofort aufwischen; nichts herumstehen lassen und keine Geräteanschlußleitungen über den Küchenboden verlegen (Fußböden Seite 15 ff).
- Sturzverletzungen durch ungenügend gesicherte Aufstiege. Deshalb nur Leitern und Tritte mit dem Sicherheitszeichen verwenden (Seite 70).
- Verletzungen durch Verbrennen und Verbrühen. Deshalb keine gefüllten heißen Töpfe zu nahe an den Rand stellen; beim Kochen die Stiele von Töpfen und Pfannen nicht in den Verkehrsraum ragen lassen.
- Verletzungen, die beim Gebrauch der Haushaltsmaschinen entstehen.
- Unfälle wegen zu geringer Stell- und Bewegungsfläche sowie durch Anstoßen an scharfen Kanten und in den Bewegungsraum schlagende Türen.

Zur Vermeidung dieser zahlreichen Unfallgefahren sollte eine Küche vor allem zweckmäßig, d.h. dem Arbeitslauf entsprechend eingerichtet sein — auch in einer Mietwohnung. Lieber etwas längere Rohrführungen und Leitungen in Kauf nehmen, als auf die notwendige Sicherheit verzichten!

Küchenmöbel

Die Küchenmöbel sollen nicht nur formschön, sondern auch gut zu reinigen und sicher in der Benutzung sein.

Küchenstühle

Zur Schonung ihrer Kräfte sollte die Hausfrau möglichst viele Arbeiten im Sitzen verrichten. Der Energieverbrauch ist dabei nur etwa halb so groß wie beim Arbeiten im Stehen. Sehr praktisch sind hierzu höhenverstellbare Drehstühle. Seit einigen Jahren müssen sie mindestens 5 Rollen aufweisen, die älteren Drehstühle mit 4 Rollen dürfen wegen der damit verbundenen Kippgefahr nicht mehr hergestellt werden (Abb. 25/1 + 2). Sind Arbeiten im Stehen unvermeidlich, so kann sich die Hausfrau an einer sogenannten Steh-Hilfe abstützen (Abb. 25/3).

Schubladen

Ausgezogene Schubladen und Arbeitsplatten können gefährlich sein, wenn sie scharfe Kanten und Ecken aufweisen und in den Bewegungsbereich von Kindern ragen. An vorstehenden scharfkantigen Metallgriffen können auch Erwachsene anstoßen oder hängenbleiben (Abb. 27/1). Vorteilhafter ist es, die Kanten und Ecken von Schubladen auszurunden und vertieft liegende Griffe zu verwenden (Abb. 27/2). Für besonders Sicherheitsbewußte gibt es Küchenmöbel mit schaumstoffgepolsterten Kanten (Abb. 27/3).

Hängeschränke

Hängeschränke mit scharfen unteren Kanten und Ecken sowie kantigen Flügeltüren, die in geöffnetem Zustand in den Verkehrsraum ragen, sind eine ständige Gefahr; beim unbewußten Wiederaufrichten ist die Gefahr gegeben, mit dem Kopf von unten gegen die scharfen Türkanten zu stoßen. Wesentlich vorteilhafter sind deshalb Hängeschränke mit Schiebetüren, Klapptüren oder Schwingtüren (Abb. 28). Hängeschränke sind sicher an der Wand zu befestigen. Sie sollten nicht über Sitz- und Liegegelegenheiten angebracht werden. Hängeschränke sind auch richtig einzuräumen: Leichte Sachen nach oben, schwere nach unten.

Küchenentlüftung

Um Unfälle durch Küchendunst und schlechte Luft zu vermeiden, ist für eine ausreichende Be- und Entlüftung zu sorgen. In einer Haushaltsküche sollte ein 6- bis 12facher Luftwechsel pro Stunde stattfinden. Bei einer reinen Fensterlüftung kann dieser Luftwechsel nur dann erreicht werden, wenn das Fenster entsprechend weit geöffnet ist. Die Außentemperatur muß dabei niedriger als die Innentemperatur sein. Eine Abkühlung der Raumluft, verbunden mit Zugerscheinungen, wird sich kaum vermeiden lassen. Außerdem ist nicht auszuschließen, daß die Küchenluft in die übrigen Räume der Wohnung gedrückt wird.

Wesentlich günstiger ist eine mechanische Entlüftung mit einer Abführung der Küchenluft ins Freie. Dies kann über Wand- oder Deckenventilatoren geschehen oder mit Dunstabzugshauben für Abluftbetrieb. Dabei werden Fettdünste, Gerüche und Feuchtigkeit direkt nach draußen abgeleitet, die Wohnung bleibt sauber und geruchfrei. Wenn irgend möglich, sollte man bei Elektro- oder Gasherden dieser wirksamsten Art der Küchenlüftung den Vorzug geben. Bei Kohle- oder Ölherden darf dagegen kein Abluftgerät benutzt werden; mit ihm könnten nämlich Rauch- und Abgase aus dem Herd in den Küchenraum gesaugt werden.
Beide Arten von Dunstabzugshauben (Abb. 29/1 + 2) sind mit einem Fettfilter ausgestattet und in zwei oder drei Geschwindigkeitsstufen bzw. stufenlos zu schalten. Wichtig ist, daß die Entlüftungseinrichtungen bereits vor Beginn des Kochens oder Bratens eingeschaltet werden und nach Beendigung je nach Entlüftungsart weiterlaufen (Abb. 30). Als Küchenentlüftung können auch Abluftventilatoren je nach Plazierung und Leistungsvermögen sehr wirksam sein (Abb. 29/3). Für Küchen ohne Abluftkamin oder bei denen, wie bei den meisten Mietwohnungen ein Durchbruch durch die Außenwand nicht möglich ist, dürften Fensterlüfter zum Einbau in die Glasscheibe eine praktikable Lösung sein (Abb. 29/4). Bei der eingeschalteten Dunstabzugshaube mit ***Abluftbetrieb*** sollte das Fenster grundsätzlich geschlossen und, wenn notwendig, die Tür etwas geöffnet sein. Aus den umliegenden Räumen kann dann Luft nachströmen, eine Geruchsübertragung in die Wohnung wird vermieden (Abb. 30/1).
Dunstabzugshauben als ***Umluftgeräte*** stehen dagegen mit der Außenluft nicht in Verbindung. Sie saugen mit Hilfe von Ventilatoren die zu reinigende Luft an, die dann durch Fett- und Kohlefilter geleitet und weitgehend geruchfrei gemacht wird. Je nach Beanspruchung müssen die beiden Filter von Zeit zu Zeit erneuert werden. Ist die Dunstabzugshaube mit Umluft in Betrieb, sollte grundsätzlich das Fenster geöffnet und die Tür geschlossen sein. Damit die Gerüche weitgehend ausgefiltert werden, ist eine Nachlaufzeit von etwa 15 Minuten erforderlich (Abb. 30/2).
Die Wirkungsweise von Außenwandventilatoren geht aus Abb. 30/3 hervor. Aber auch die Abluftventilatoren müssen regelmäßig von Fett- und Staubablagerungen gereinigt werden.

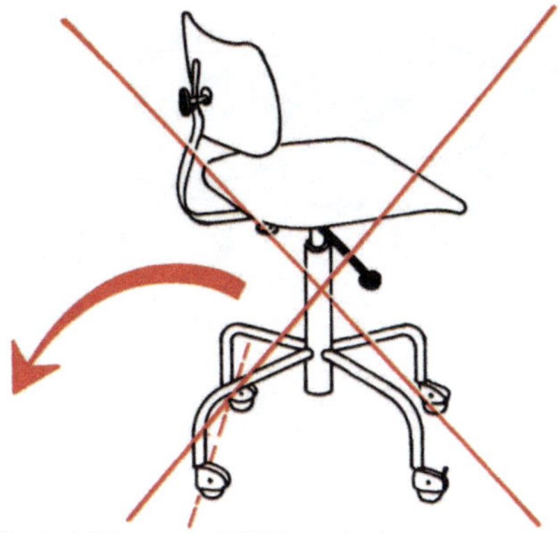

1 Drehstühle mit 4 Füßen sind wegen Kippgefahr nicht mehr zulässig.

2 Drehstühle müssen ein 5-strahliges Fußgestell aufweisen (DIN 4551).

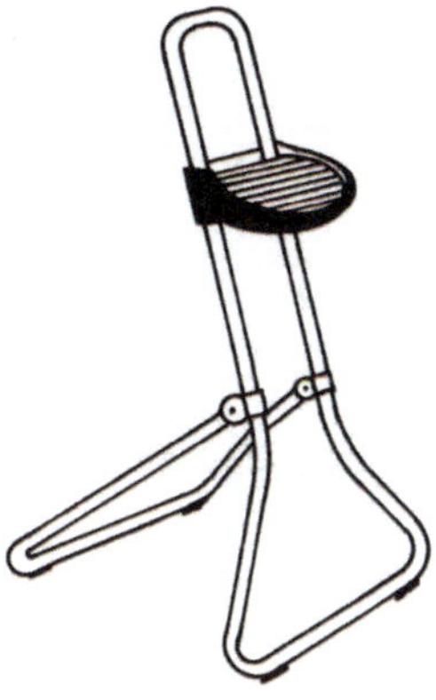

3 Steh-Hilfe (Stehsitz) für Hausfrauen, die bei der Arbeit viel stehen müssen.

25 Küchenstuhl und Steh-Hilfe

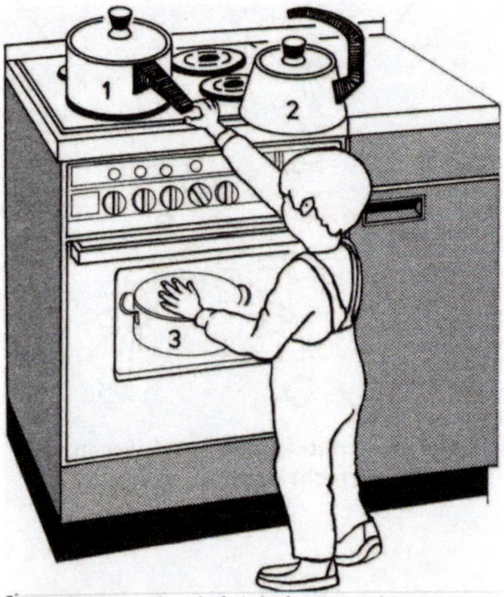

1 Gefahren durch leichtfertigen Umgang

1 Verbrennungsgefahr durch Hängenbleiben und Umstoßen, Kinder können den Topf herunterreißen

2 Verbrühungsgefahr durch leichtsinniges Abstellen

3 Kinder können sich am heißen Sichtfenster verbrennen.

2 Sicherer Herd - auch für Kinder

4 Topf-und Pfannengriffe immer nach hinten richten

5 Gefäße außerhalb der Reichweite von Kindern abstellen

6 Kinder-Schutzgitter für die Herdplatte

7 Kinder-Schutzgitter für das Backofenfenster

26 Unfallgefahren am Herd

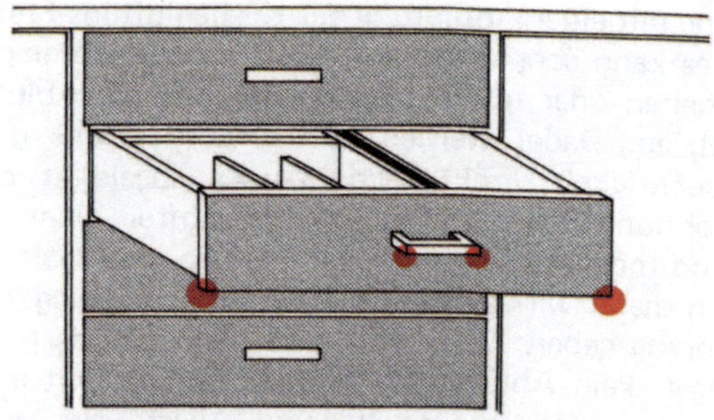

1 Gefährlich für Kinder!

scharfe Kanten und Ecken

vorstehende kantige Metallgriffe

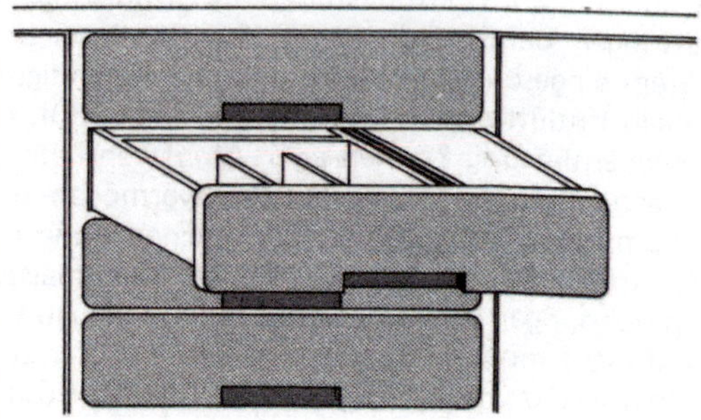

2 Schon besser!

gerundete Ecken und abgeschrägte Kanten

zurückgesetzte Griffe

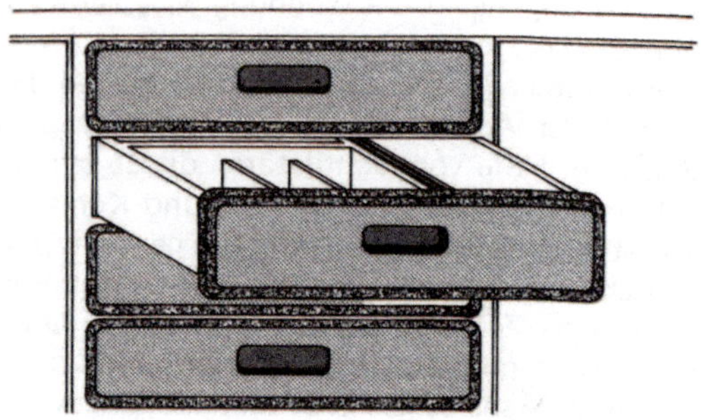

3 Sichere Ausführung!

gepolsterte Kanten und Ecken

eingelassene Griffe

(SUNLINE-Sicherheitsküche, Fa. Beka, Herford)

27 Küchenmöbel-Schubladen

1 **Flügeltüren** sind praktisch - aber
● bei geöffneter Tür kann man sich den Kopf anstoßen

2 **Schiebetüren** sind unfallsicher - geben aber nur einen Teil des Schrankraumes frei.

● frei zugängliche scharfe Ecken können gefährlich sein.

3 **Klapptüren** sind unfallsicher
Sie erfordern:
- gesimslose Oberschränke,
- Bewegungsraum über dem Schrank.

4 **Schwingtüren** sind unfallsicher und praktisch zugleich, weil:
- volle Schranköffnung möglich
- kein zusätzlicher Platzbedarf für die geöffnete Tür.

28 Küchen-Oberschränke mit verschiedenen Türen

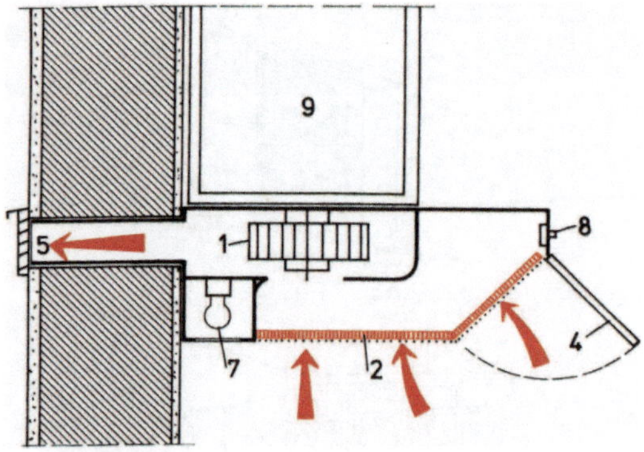

1 Dunsthaube als Aufbau-Abluftgerät
Abluft durch die Außenwand oder in einen Luftschacht

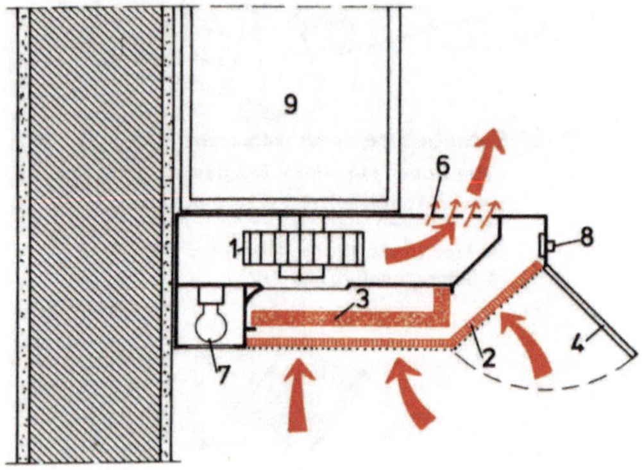

2 Dunstabzugshaube als Aufbau-Umluftgerät
Gereinigte Abluft strömt in den Raum

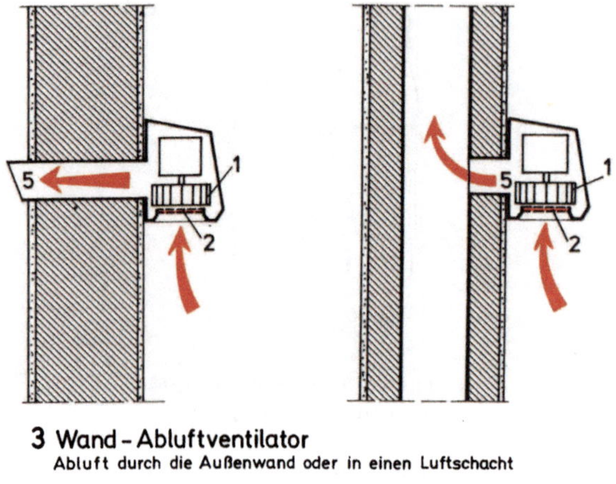

3 Wand-Abluftventilator
Abluft durch die Außenwand oder in einen Luftschacht

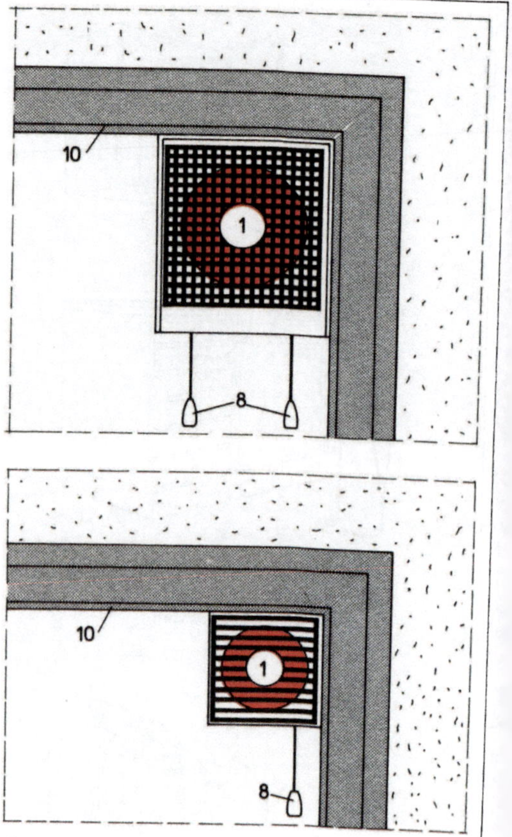

4 Fensterlüfter zum Einbau in die Glasscheibe
oben : Luft-Fördermenge 900 m³/Stunde
Scheibenausschnitt ca. ⌀ 28 cm
unten : Luft-Fördermenge 160 m³/Stunde
Scheibenausschnitt ca. ⌀ 14 cm

1 Ventilator
2 Fett- und Staubfilter
3 Geruchsfilter
4 Wrasenleitschirm
5 Anschlußstutzen
6 Luftaustrittsöffnungen
7 Beleuchtung
8 Schalter, Zugschalter
9 Küchenoberschrank
10 Fensterrahmen

29 Küchenlüftungen - Schrankgeräte, Wandventilator, Fensterlüfter

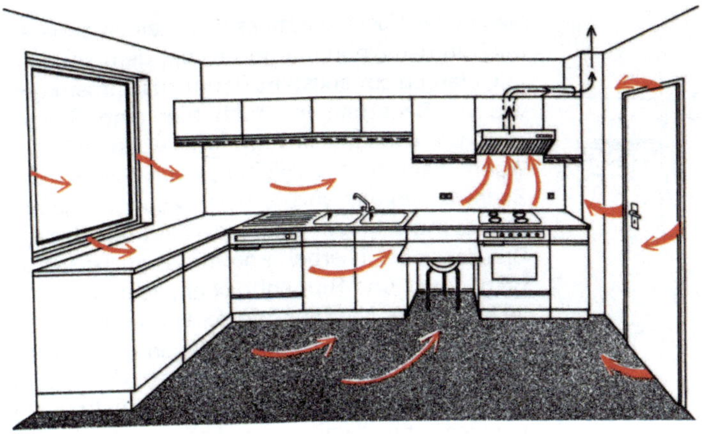

1 Luftbewegung mit Abluftgerät

Fenster möglichst geschlossen,
Tür evtl. geöffnet, damit Luft aus den Nachbarräumen nachströmen kann.
Nach Kochende etwa 5 Minuten Nachlaufzeit.

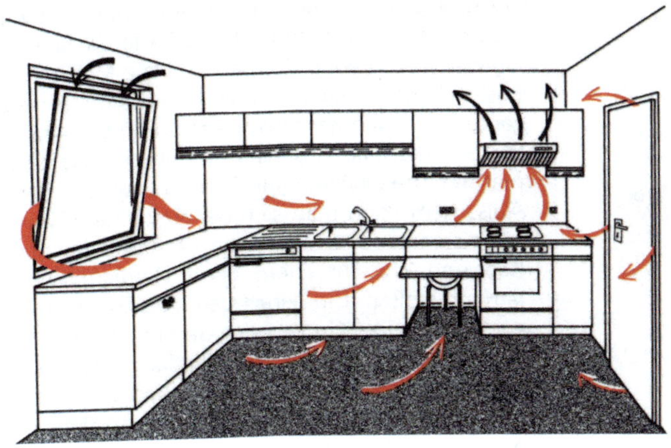

2 Luftbewegung mit Umluftgerät

Fenster geöffnet,
Tür geschlossen, damit Gerüche nicht in andere Räume gelangen.
Nach Kochende etwa 15 Minuten Nachlaufzeit.

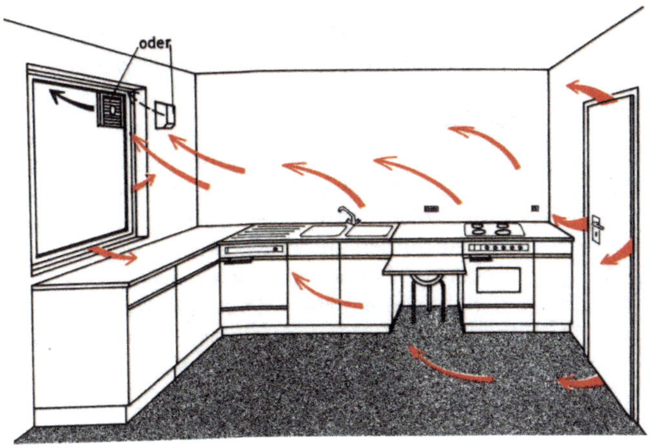

3 Luftbewegung bei Wandventilator oder Fensterlüfter

Fenster möglichst geschlossen,
Tür leicht geöffnet, damit erwärmte Luft aus den Nachbarräumen nachströmen kann.
Nach Kochende etwa 3 Minuten Nachlaufzeit.

30 Luftbewegung bei Küchenentlüftungen (Schema)

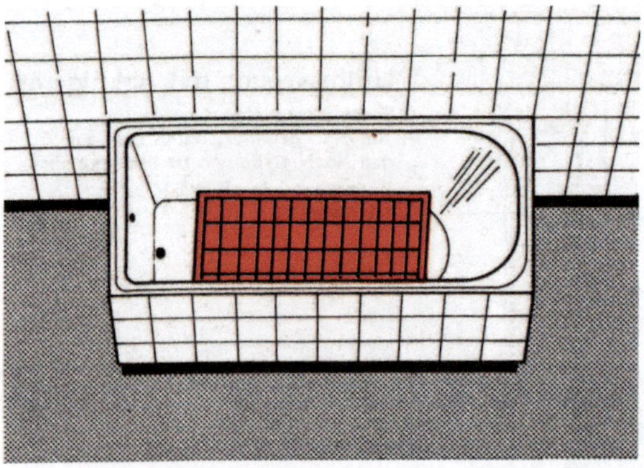

1 weichelastische Badewanneneinlage mit Saugnäpfen an der Unterseite

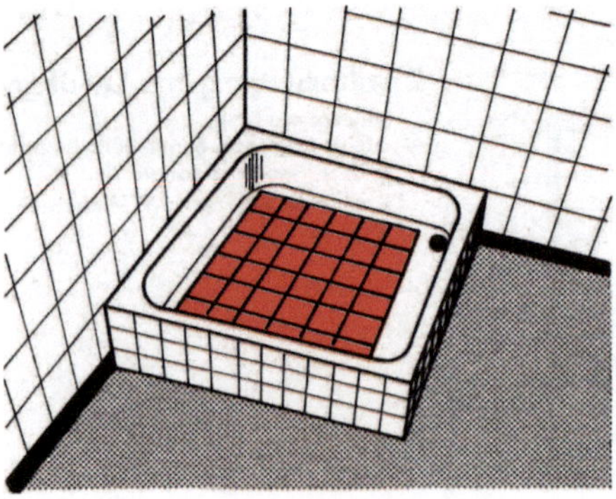

2 Brausewanneneinlage, trittsicher, rutschfest und fußwarm

3 Brausewanne mit in Fließrichtung aufgeklebten Gleitschutzstreifen

31 Rutschsichere Wanneneinlagen

Bad, Dusche, WC

Neben der Küche dürfte es kaum einen anderen Bereich in der Wohnung geben, bei dem so viele Unfallgefahren auf engstem Raum zusammenkommen wie im Badezimmer. Auch hier sind Stürze der häufigste Unfall. Beim Ein- und Aussteigen aus der Wanne kann man ausgleiten, beim Sitzen auf dem Badewannenrand abrutschen. Besonders gefährlich ist das Aufschlagen auf den Rand der Bade- oder Brausewanne. Hierbei kommt es nicht selten zu Bein-, Arm- und Rippenbrüchen, aber auch zu Verletzungen des Nackens und des Hinterkopfes. Selbst wenn es ohne Brüche abgeht, genügt bereits eine nur momentane Benommenheit, oft verbunden mit Schreck und Schock, zum ungewollten Untertauchen und damit zum Tod durch Ertrinken. Nach einer Feststellung der Weltgesundheitsorganisation WHO ertrinken in den USA jedes Jahr in der eigenen Badewanne doppelt so viele Menschen wie in sämtlichen Freibädern des Landes. Zu Verletzungen, wenn auch geringerer Art, kann das Anstoßen an scharfkantige Gegenstände führen, wie z.B. Armaturen, uneben verlegte Fliesen usw.

Außerdem kann man sich bei zu kleinen Raumverhältnissen und zu geringen Abstandsflächen im Bad und WC vor allem beim Reinigungsvorgang laufend stoßen. Ein derart beengtes Bad ist deshalb auch für kleine Kinder oder Gebrechliche im Haushalt bereits dann eine Unfallgefahr, wenn sie ihn nur betreten. Hier hilft nur, das Bad abzuschließen und den Schlüssel abzuziehen. Gefährdete Personen sollten ein solches Bad nur unter Aufsicht benutzen.

Zur Vermeidung von Unfällen in Sanitärräumen wird empfohlen, die folgenden Hinweise zu beachten:

- Der Fußboden von Bad und WC soll nichtleitend für elektrischen Strom und bei Nässe gleitsicher sein. Aufgelegte Läufer oder Matten dürfen nicht verrutschen oder Aufwölbungen bilden. In den ausgewaschenen Fugen des Fliesenbelages können sich Schmutzreste ansammeln, die dann ein Herd für schädliche Mikroorganismen sind. Derartige offene Fugen sind mit einer geeigneten handelsüblichen Spachtelmasse nachzufüllen.

- Die Raumlüftung sollte so wirksam sein, daß der Wasserdampf auch wirklich laufend abgeführt wird. Befindet sich ein Gas-Warmwasserbereiter im Raum, dürfen unter keinen Umständen die Zuluft- und Abluftöffnungen verstopft werden, da es sonst zu Todesfällen durch Kohlenmonoxidvergiftung kommen kann. Eine nicht ausreichende Belüftung kann man auch nicht durch sogenannte Ozonierungsgeräte ersetzen.
- Normale Bade- und Duschwannen sind wenig standsicher. Zur Abhilfe der Rutschgefahr gibt es Gummistreifen, die man auf den Boden der Wanne klebt, oder Matten aus Schaumgummi oder Kunststoff, die auf dem Wannenboden befestigt werden (Abb. 31). Vorteilhaft ist auch ein geeignetes Kissen am Kopfende der Badewanne als Schutz gegen ein zu heftiges Aufschlagen des Kopfes.
- Wenn erforderlich, z.B. bei älteren oder kranken bzw. gebrechlichen Personen, sind greifgerechte, stabile Haltevorrichtungen im Wannenbereich anzubringen. Die Haltegriffe dienen dem Niederlassen in die Wanne sowie dem Hochziehen aus liegender Stellung. Diese Funktionen sind bei der Auswahl der Griffe und ihrem Anbringungsort zu berücksichtigen (Abb. 32). Sicherheits-Haltegriffe müssen sehr fest eingedübelt sein, da es sonst passieren kann, daß der hilflose Mensch den herausgerissenen Griff in der Hand hält, in der Badewanne umfällt und dann ertrinkt.
- Für alte und behinderte Menschen kann eine einfache Notrufanlage mit Bedienungsschnur in Greifnähe der Badewanne oft die letzte Möglichkeit sein, Hilfe herbeizurufen. Die Schnur muß selbstverständlich elektrisch nicht leitend sein.
- Die Verriegelungen der Türen von Sanitärräumen sollten so beschaffen sein, daß sie im Notfall von außen geöffnet werden können. Sicherer ist es, die Türen erst gar nicht abzuschließen.

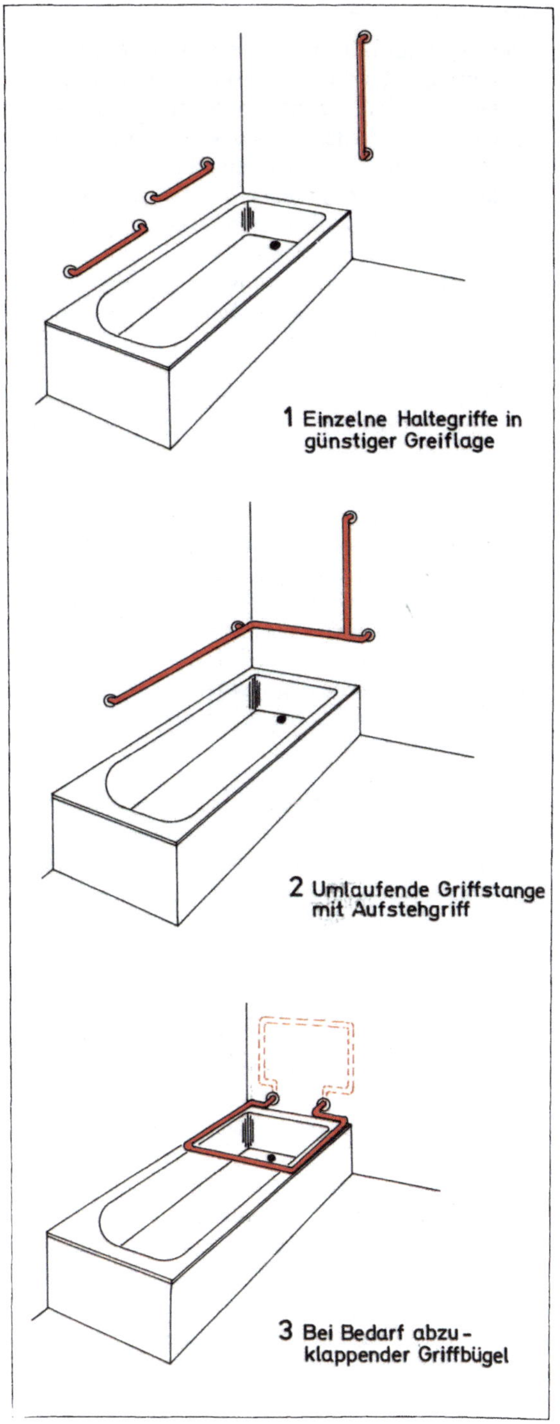

32 Badewannen-Haltevorrichtungen

Elektroinstallation im Bad

In einem Raum, in dem Strom und Wasser in solchen Mengen zusammenkommen, muß besonders sorgsam mit Elektrizität umgegangen werden. Das Verlegen oder Ändern elektrischer Leitungen darf nur von zugelassenen Handwerkern durchgeführt werden. Dies ist besonders wichtig bei Gebäuden, die noch ohne Fundamenterder errichtet wurden. Hier kann z.B. der Anschluß an die metallene Wasserleitung durch einen inzwischen verlegten neuen Hausanschluß mit Kunststoffschlauch ziemlich wirkungslos geworden sein.

Elektrische Geräte für Heizung und Lüftung müssen unter Einhaltung der Sicherheitsbestimmungen fest installiert sein. Der Lichtschalter für die allgemeine Badezimmerbeleuchtung muß außerhalb des Bads liegen; im Bad selbst dürfen höchstens Spiegelbeleuchtungen oder dergleichen über Geräteschalter bedient werden können. Wenn Steckdosen im Bad, dann möglichst nur solche verwenden, die mit einem Fehlerstromschutzschalter kombiniert sind. Elektrische Heizgeräte dürfen nicht über der Wanne angebracht werden. Bei Infrarotstrahlern sollte die Anbringungshöhe nicht unter zwei Meter liegen, da Infrarotstrahlen recht tief in den menschlichen Körper eindringen.

Elektrounfälle in der Badewanne

Die Verwendung aller mobilen Elektrogeräte während des Stehens, Liegens oder Sitzens in der Badewanne ist äußerst lebensgefährlich. Hier bietet weder ein Schutzleiter noch eine Schutzisolierung Sicherheit. Bei Nichtbeachtung dieses wichtigen Hinweises kann die Badewanne zum elektrischen Stuhl werden. Es ist auch lebensgefährlich, von der Badewanne aus Steckdosen oder Schalter zu bedienen. Dabei ist zu berücksichtigen, daß im warmen Wasser die Haut aufgeweicht und dadurch der Körperwiderstand stark herabgesetzt wird. Außerdem verleihen die dem Badewasser häufig beigegebenen kosmetischen Zusätze der Haut eine weitere Erhöhung der elektrischen Leitfähigkeit.

Zur Erhärtung dieser Aussagen werden einige Elektrounfälle aufgezeigt, die sich in der Praxis zugetragen haben.

- ✝ Eine in der Badewanne stehende Frau benutzte einen schutzisolierten Haartrockner. Das Gerät fiel ihr aus Versehen ins Wasser, sie war auf der Stelle tot.
- ✝ Ähnlich erging es einer anderen Frau, die während eines Fußbades mit dem ans Stromnetz angeschlossenen Haartrockner hantierte. Dabei ist ihr der Trockner versehentlich ins Wasser gefallen; sie wurde von einem tödlichen Stromstoß getroffen.
- ✝ Zwei in der Wanne sitzende Kinder sollten sich beim Baden nicht erkälten. Die besorgte Mutter stellte einen elektrischen Heizlüfter auf einen Stuhl neben der Wanne. Als die Frau zurückkam, lebten die Kinder nicht mehr. Sie hatten den Heizlüfter ins Wasser gerissen – der Stromschlag war tödlich.
- ✝ Zur Raumerwärmung wurde über der Badewanne eine Heizsonne provisorisch an einem Haken mit Saugvorrichtung aufgehängt. Der Sauger hielt die Last nicht aus, und das Heizgerät fiel in die Wanne; der darin Badende wurde getötet.
- ✝ Ein in der Badewanne sitzender Junge wollte ausprobieren, ob der in der Nähe der Wanne stehende Tischventilator im Wasser auch Wellen schlagen kann. Der dazu ins Wasser getauchte eingeschaltete Lüfter gab ihm einen tödlichen Stromschlag.
- ✝ Eine vielbeschäftigte Hausfrau wollte in einem neben der Wanne auf einem Hocker aufgestellten Topf Wasser mit einem Tauchsieder erwärmen. Durch Ungeschicklichkeit erwischte sie die Zuleitung des Tauchsieders und zog diesen in die Wanne. Dabei kam sie ums Leben.
- ✝ Ein in der Wanne sitzender Musikfan zog das auf einem Hocker neben der Wanne stehende und an das Lichtnetz angeschlossene Radio aus Unachtsamkeit ins Wasser. Dieses Ungeschick ging tödlich aus.
- ✝ Ein Vater wollte seine beiden in der Wanne sitzenden Kinder fotografieren und benutzte hierzu ein strombetriebenes Blitzgerät. Es war ihr letztes Bild. Durch Unachtsamkeit fiel das Blitzgerät ins Wasser und tötete die beiden Kinder sofort.

Zur Vermeidung weiterer Unfälle ist bei der Bergung von Unfalltoten aus der Badewanne zuerst der örtliche Stromkreis abzuschalten und der Gerätestecker zu ziehen. Erst dann darf die „tödliche Waffe" aus dem Wasser herausgenommen werden.

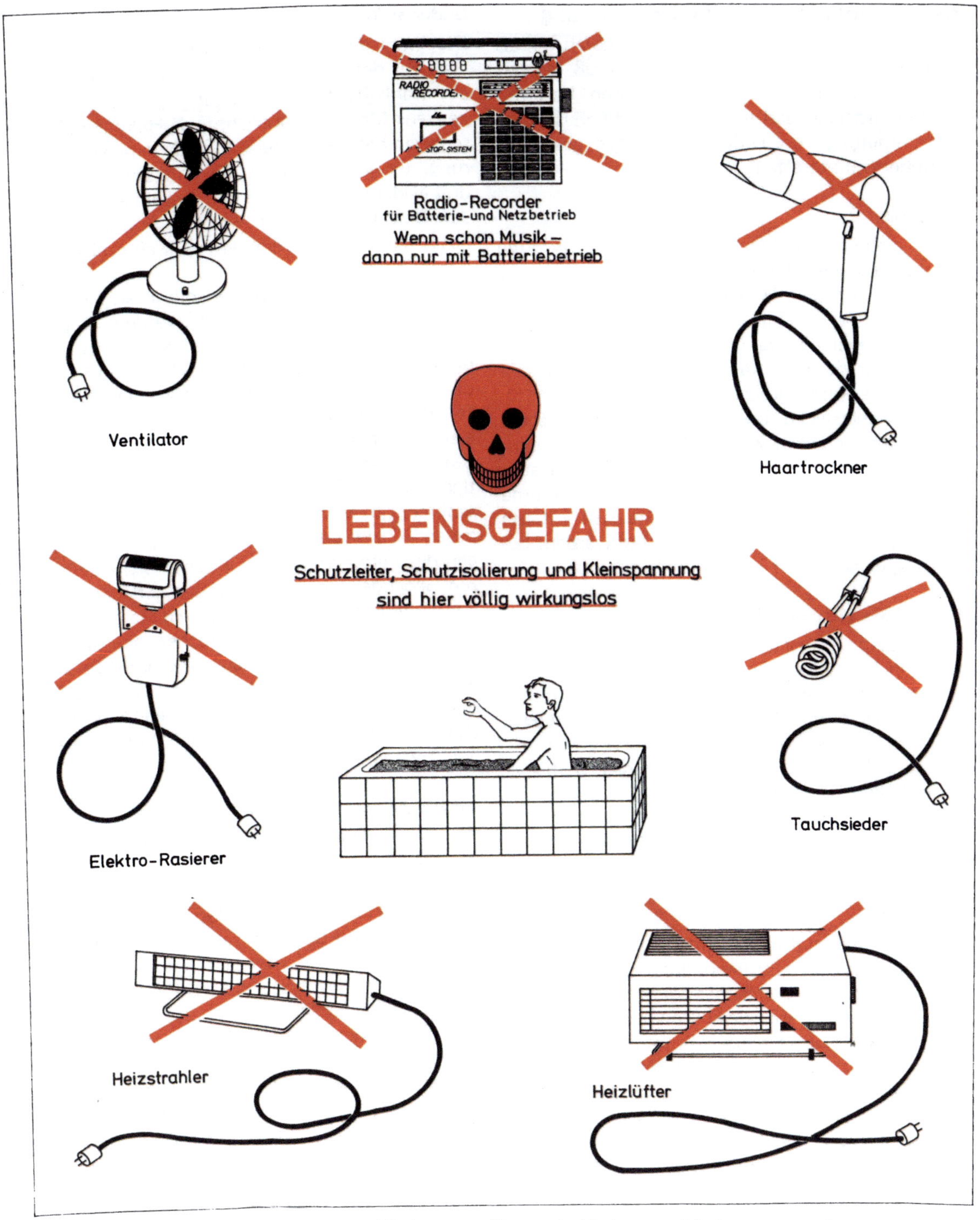

33 In der Badewanne niemals Elektrogeräte mit Netzanschluß verwenden

Weitere Unfallgefahren in der Wohnung

In einer Wohnung lauern mehr Unfallgefahren, als man allgemein annimmt; aber leider muß oft erst etwas passieren, bevor diese Gefahren beachtet werden. Nachstehend einige kurze Hinweise über die Verhütung von Unfällen, die den gesamten Wohnbereich betreffen.

Ordnung

Nach einem deutschen Sprichwort ist Ordnung das halbe Leben. Ordnung in allen Räumen und vor allem auf allen Wegen ist aber auch die beste Voraussetzung, Unfälle durch Stolpern oder Stürzen zu vermeiden. Damit man sich in einer Wohnung sicher bewegen kann, sollten die oft begangenen Wege nicht durch in den Verkehrsraum ragende Möbelstücke oder herumliegende Gegenstände beeinträchtigt werden. Sperrige Reinigungsgeräte, Leitern, Tritte usw. sollten ihren festen Abstellplatz haben. Treppen und Verkehrsräume sind keine Abstellplätze. Gefährliche Stoffe (Seite 72) müssen unter Verschluß gehalten werden, besonders, wenn Kinder in der Wohnung sind.

Wechselnde Lichtverhältnisse

Auf diesen Vorgang (Adaptation) reagiert das menschliche Auge sehr unterschiedlich. Die Anpassung von dunkel auf hell, z.B. vom dunklen Flur in den beleuchteten Raum, geschieht augenblicklich. Dagegen dauert die Anpassung von hell auf dunkel erheblich länger, z.B. wenn man aus einem hellen Raum in einen dunklen Flur eintritt. In der Wohnung sollte man deshalb nichts so stellen, daß man im Dunkeln darüberfallen oder daran anstoßen kann.

Werkzeuge

Eine Mindestausstattung an Werkzeug wird in jeder Wohnung gebraucht. In Abbildung 34 werden die am häufigsten vorkommenden Werkzeuge kurz beschrieben. Jedes Werkzeug sollte vor allem bestimmungsgemäß benutzt werden. So ist z.B. eine Beißzange kein Hammer und ein Schraubendreher kein Stemmeisen. Werkzeuge aller Art sind aber auch kein Kinderspielzeug. Kinder müssen vor allem von Heimwerkermaschinen ferngehalten werden. Wenn Sie Kinder im fortgeschrittenen Alter die Benutzung von Werkzeugen erlauben, dann sollten Sie Ihre Kinder auch einweisen und so lange beaufsichtigen, bis sie damit gefahrlos umgehen können.

Bilder aufhängen

Die Wahl des Befestigungsmittels hängt von dem Gewicht des Bildes ab. Für kleine Bilder reicht oft ein Stahlstift. Leichter anzubringen sind Bilderhaken aus Messing, sogenannte X-Haken; beim Einschlagen hat die dünne Stahlnadel eine sichere Führung. Es gibt X-Haken, die mit einer, zwei oder drei Nadeln befestigt werden. Bei einem ausreichenden Befestigungsgrund, wie z.B. normalem Wandputz, kann man annehmen, daß eine Nadel etwa 4 kg trägt.

Schwere Bilder und Spiegel sollten an eingedübelten Schraubhaken aufgehängt werden. Die Dübel müssen so beschaffen sein, daß sie sich beim Eindrehen einer Schraube gegen die Umwandungen des Bohrlochs spreizen und festkrallen. Beim Setzen der Dübel ist unbedingt auf den Verlauf von elektrischen Leitungen oder sonstigen Rohrleitungen zu achten. Elektroleitungen, die nach den heutigen Vorschriften verlegt sind, verlaufen stets senkrecht bzw. waagerecht zu und von den Steckdosen, Abzweigdosen und Schaltern. Besteht wegen des Leitungsverlaufs Unsicherheit, z.B. in älteren Gebäuden, so sollte man den genauen Verlauf von Unterputzleitungen mit einem Metallsuchgerät feststellen. Diese Geräte sprechen allerdings nur auf Metall an, nicht aber auf elektrische Spannungen. Für die Befestigung von schweren Bildern oder Spiegeln an dünnen Wandverkleidungen, z.B. Gipskartonplatten, sind spezielle Spreizdübel zu verwenden.

Vorhangleisten befestigen

Bei vorhandenen Schraubuntergründen, z.B. in die Deckenuntersicht eingelassenen Holzklötzen oder Anschraubbrettern, kann die Vorhangleiste direkt mit Holzschrauben befestigt werden. Fehlen diese, dann sind Dübel zu setzen. Der Abstand der Befestigungsmittel richtet sich in erster Linie nach dem Gewicht des Vorhangs. Abstände von 60 bis 80 cm sollten jedoch nicht überschritten werden. Eine sichere Befestigung ist auch notwendig, damit die Vorhangleiste beim Abnehmen der Gardine eine erhöhte Belastung aushält, die z.B. auftreten kann, wenn man sich an der Gardine festhält, um ein Umkippen der Leiter zu vermeiden. Bei Gardinen, die bis zum Boden gehen, können ungenügend befestigte Vorhangleisten von Kindern heruntergerissen werden.

Regale und Raumteiler

An der Wand hängende Regale sind gut zu verankern, so daß sie weder abstürzen, nach vorne kippen oder sich seitlich verschieben können. Die Regalbretter sollten eine leichte Neigung zur Wand hin aufweisen, damit sich Bücher oder andere abgestellte Gegenstände nicht selbständig machen und herunterfallen können. Frei stehende Regale und Raumtrenner sind ausreichend zwischen Fußboden und Decke einzuspannen. Hier handelt es sich um eine Arbeit, die in einer Mietwohnung nicht ganz einfach ist, da man oft auf tiefer greifende Anker verzichten muß. Eine sichere Befestigung ist vor allem dort notwendig, wo man durch Unachtsamkeit, z.B. im Vorbeigehen, an den Raumtrenner anstoßen kann.

Türen von Speisekammern und begehbaren Schränken

Die Türen von diesen Kleinsträumen werden oft nur auf der Außenseite mit einem Drücker versehen. Hier wird aber am falschen Platz gespart. Es besteht nämlich die Gefahr, daß sich erwachsene Personen und noch mehr spielende Kinder ungewollt einschließen, z.B. weil die Tür durch einen starken Luftzug zufällt. In einer solchen Situation ist es notwendig, daß ausreichend Atemluft zur Verfügung steht.

Pflanzen und Blumen

Topfpflanzen und sonstige Blumengefäße sind so aufzustellen, daß sie weder im Vorbeigehen heruntergerissen noch durch Zugluft umgeworfen werden können. Kompakte Blumenkästen stehen sicherer als einzelne Töpfe. Bodenvasen, besonders wenn sie mit weitüberragendem Blüten- und Blattwerk gefüllt sind, sollten einen sicheren Stand haben und vor allem nicht in einem Verkehrsraum stehen.
Pflanzen mit Stacheln, wie z.B. Kakteen oder solche mit giftigem Blattwerk, dürfen für Kleinkinder nicht erreichbar sein. Sogar die Blumenerde kann gefährlich werden (Wundstarrkrampf), wenn man sie mit einer offenen Wunde an der Hand anfaßt. Hier genügen schon kleinste Wunden an den Fingern, die man sich z.B. an Kakteenstacheln zugezogen hat.

Anstreichen und Tapezieren

Diese Schönheitsreparaturen gehören im allgemeinen zu den Obliegenheiten des Mieters und werden oft von der Familie selbst durchgeführt. Damit sind aber etliche Gefahren verbunden. Um nur die wichtigsten zu nennen:
Besondere Vorsicht ist bei freiliegenden elektrischen Leitungen geboten, wie z.B. aus der Wand heraushängenden Anschlüssen von Wandleuchten oder bei offenen Abzweidosen. Zu Sturzunfällen kann es führen, wenn man defekte Leitern oder, was noch schlimmer ist, behelfsmäßige Aufbauten benutzt. Besonders kritisch ist hierbei die Überkopfarbeit bei Deckenanstrichen. Zur Vermeidung von Augenverletzungen sollte man beim Streichen der Decke eine Schutzbrille tragen. Auch empfiehlt es sich, den Fußboden zwischendurch zu reinigen und stark verschmutzte oder durchfeuchtete Schutzabdeckungen zu erneuern. Auf Wasser-, Farb- oder Leimresten kann man bekanntlich sehr leicht ausrutschen.

Nähen, Schere, Nadeln

Nähnadeln, Stecknadeln und die Schere sind spitze und somit gefährliche Gegenstände. Deshalb sollte man beim Nähen Kinder von sich und dem Nähkörbchen fernhalten. Ebenso sind angefangene Näharbeiten mit eingestochenen Nadeln vor Kindern sicher wegzulegen. Es gibt auch Scheren mit abgerundeten Enden, die weniger gefährlich sind und für die meisten Haushaltszwecke ausreichen. Nach Gebrauch einer elektrischen Nähmaschine ist sofort der Stecker zu ziehen, damit Kinder sie nicht in Betrieb setzen können.
Stecknadeln sollte man niemals in den Mund nehmen, z.B. um die Hände frei zu haben. Bei einer plötzlichen Störung können sie verschluckt werden und in die Luftwege geraten. Herabgefallene Nadeln können sehr gefährlich werden, wenn Kinder am Boden spielen. Neue Wäschestücke, die mit Nadeln zusammengesteckt sind, wie z.B. Herrenhemden, sind sorgfältig auszupacken, und es ist darauf zu achten, daß keine Nadeln verlorengehen.

Abfallbeseitigung

Die häuslichen Abfälle werden normalerweise in jeder Wohnung gesammelt und von dort zum größeren Abfallbehälter außerhalb der Wohnung gebracht. Für den Wohnbereich gibt es hierzu besondere Mülleimer, die mit einem Tretdeckel ausgestattet sind. Seit einiger Zeit ist es auch üblich, den Haushaltmüll in leeren Plastiktüten zu sammeln. Diese Plastikbeutel sollten in ein einfaches Tragegestell gehängt werden, damit sie nicht umfallen oder umgestoßen werden können.

Küchenabfälle, die sich nicht in Wasser auflösen, wie z.B. Knochen, Lumpen usw., dürfen wegen der damit verbundenen Verstopfungsgefahr nicht in die Toilette geschüttet werden. Zur Beseitigung derartiger Küchenabfälle werden besondere ***Abfallzerkleinerer*** (Müllwolf) angeboten, die unter der Spüle eingebaut werden. Sie bestehen aus einem Elektromotor mit Getriebe und dem Mahlwerk, das die Küchenabfälle fein zerkleinert und in die Abwasserleitung spült, wo sie weggeschwemmt werden. Zum Einbau derartiger Geräte ist in den meisten Fällen die Zustimmung der für Abwasserfragen zuständigen Behörde erforderlich.

Eine weitere Einrichtung für die Müllbeseitigung ist der ***Müllkompaktor***. Dieses Gerät wird zweckmäßigerweise in die Unterschrankkombination der Küche eingebaut. Über einen herausziehbaren Wagen wird es beschickt und preßt dann alle möglichen Abfälle, auch Flaschen und Blechkonserven, auf etwa 1/4 ihres ursprünglichen Volumens zusammen. Sobald das Gerät gefüllt ist, kann ein handliches Abfallpaket entnommen und zur Mülltonne gebracht werden.

Neben dem Müllgefäß sind in der Wohnung zuweilen auch noch Papierkörbe als Sammelbehälter vorhanden. In Papierkörbe gehören keine spitzen und scharfkantigen Gegenstände, wie z.B. Glasscherben, Rasierklingen, zerbrochene Glühlampen usw.; dann gibt es beim Ausräumen auch keine Schnittverletzungen.

Brennbare Abfälle

Asche kann nach dem Erlöschen des Feuers bis zu 24 Stunden und noch länger zündfähig sein. Deshalb darf der Aschenkasten niemals in einen Pappkarton oder Kunststoffeimer entleert werden, er ist vielmehr unmittelbar in die dafür vorgesehene Mülltonne aus Metall zu schütten. Stehen nur Kunststofftonnen zur Verfügung, dann muß die Asche vollkommen erkaltet sein.

Innerhalb von Gebäuden dürfen Brennstoffrückstände nur in Behältern aufbewahrt werden, die dicht schließen, nicht brennbar sind und durch Wärme nicht zerspringen können. In offenen Dachräumen, Treppenhäusern sowie in Räumen, in denen leicht entzündbare oder explosive Stoffe hergestellt, verarbeitet oder aufbewahrt werden, dürfen Brennstoffrückstände grundsätzlich nicht aufbewahrt werden. Dies gilt auch für Räume mit brennbaren Fußböden sowie für Standplätze mit weniger als 50 cm Abstand von sonstigen brennbaren Stoffen. Unter dieses Verbot fallen außerdem öl- oder fettgetränkte Putzlappen sowie Sägemehl oder Sägespäne, die zum Aufsaugen von Öl benutzt worden sind.

Mülltonnen

Mülltonnen mußten früher aus nicht brennbaren Stoffen, z.B. Metall, bestehen. Heute genügt es, daß sie unter der Einwirkung eines in der Tonne entstehenden Schwelbrandes dicht bleiben. Dadurch wurde die Einführung von Kunststoffbehältern ermöglicht.

In Mülltonnen, ganz gleich, ob sie aus Metall oder Kunststoff gefertigt sind, dürfen leicht entzündliche oder explosive Stoffe, wie z.B. Benzin, Benzol, Karbid sowie Munition oder Feuerwerkskörper, nicht eingefüllt werden. Geschieht dies doch und wird dies bei der Müllabholung festgestellt, so dürfen derartige Gefäße nicht in den Müllwagen entleert werden. Wird dieser Vorgang erst nachträglich bemerkt, dann muß die Förderung sofort unterbrochen werden. Dies kann schwerwiegende Folgen für den Verursacher haben.

Für alle Benutzer der Mülltonnen gelten die folgenden Hinweise:

- Die Mülltonnen-Stellplätze sind stets sauber zu halten, damit Ungeziefer ferngehalten wird.
- Nach der Mülleingabe ist der Deckel der Mülltonne wieder zu schließen. Bei nicht abgedeckten oder ungenügend geschlossenen Mülltonnen entstehen nicht nur Geruchsbelästigungen, sondern es ergeben sich auch hygienische Probleme.
- Die Transportwege für die Abholung der Mülltonnen müssen ausreichend sicher sein und im Winter am Abholtag von Schnee und Eis befreit werden.
- Wegen der Abholung von Sperrgut und Altpapier gibt es örtliche Regelungen.

Hausarbeit

Unfälle im Haushalt sind nur zu einem geringen Teil auf technische Mängel oder den schlechten Zustand eines Gerätes zurückzuführen. Meistens sind hierbei Unachtsamkeit, Nachlässigkeit, Leichtsinn, Hast und Nervosität die Ursache. Bei vielen Frauen spielt auch die Doppelbelastung in Beruf und Haushalt eine große Rolle. Unfallforscher haben herausgefunden, daß sich die Unfallgefahr erhöht, wenn die Hausfrau innerhalb kürzester Zeit mehrmals gestört wird. Nachstehend einige Regeln für die Hausarbeit:

- Lassen Sie sich genügend Zeit für Ihre Hausarbeit. Legen Sie hin und wieder eine Pause ein, um sich zu entspannen und in Ruhe zu überlegen, wie die noch zu verrichtenden Arbeiten am besten ausgeführt werden. Kurze Arbeitspausen mit kleinen Zwischenmahlzeiten senken die Unfallmöglichkeit.
- Die richtige Körperhaltung erspart Ihnen bei allen Arbeiten viel Kraft. Sie sollten nicht stehen, wo Sie sitzend arbeiten können. Rasche Ermüdung ist oft die Folge von gebücktem Stehen; hierzu gibt es Steh-Hilfen (Abb. 25).
- Besonders gefährdete Körperteile sind Ihre Hände, das am meisten gebrauchte natürliche Werkzeug. Benutzen Sie soweit wie möglich antibakterielle Haushaltshandschuhe, die gegen Säuren und Laugen beständig sind.
- Das Tragen zweckmäßiger Kleidung kann ebenfalls mithelfen, Unfälle zu verhüten. Weite Ärmel, lose Schürzenbänder und dergleichen können gefährliches Hängenbleiben an Türdrückern, Pfannenstielen usw. verursachen.
- Tragen Sie bei der Hausarbeit gut sitzendes Schuhwerk mit flachen Absätzen. Bei Schuhen mit neuen Ledersohlen ist besondere Vorsicht geboten. Staub, der an den Schuhsohlen haftet, kann die Gleitgefahr erhöhen, auch bei Hausschuhen.
- Medikamente, die Sie während der Hausarbeit einnehmen, können je nach Anwendung, Dosis und individueller Verträglichkeit zu Benommenheit, Gangstörungen, eingeschränkter Reaktionsfähigkeit, Schwindel oder dergleichen und damit zu einer erhöhten Unfallgefährdung führen. Vorsicht ist vor allem bei sämtlichen Schmerz-, Beruhigungs- und Schlafmitteln geboten. Trinken Sie keinen Alkohol, wenn Sie ein Medikament eingenommen haben, weil dessen Wirkung dadurch gesteigert wird.

Wohnungspflege

In der Wohnung ergibt sich eine gewisse Verschmutzung und Staubentwicklung allein aus der regulären Nutzung. Besonders belastete Räume sind dabei die Küche (Öl- und Fettdämpfe), das Schlafzimmer (Staubwischen, Bettenmachen) und vor allem der Eingangsbereich (Schmutz und Staub von draußen). Je nach Lage der Wohnung kommt noch die durch undichte Fenster und Türen von außen eindringende Verschmutzung hinzu. Zur Vermeidung einer ständigen von außen kommenden Staubeinwirkung sollte nur wenige Male kräftig über Querlüftung die Raumluft ausgetauscht werden. Dies ist vorteilhafter als eine ständige Lüftung über gekippte Fenster. Die Verteilung von Schmutz und Staub in der Wohnung erfolgt besonders beim Staubwischen, beim Staubsaugen und während des Betriebs der Heizung.

Schmutzschleuse am Wohnungseingang

Beim Einfamilienhaus erfüllt der Windfang gleichzeitig die Funktion einer Schmutzschleuse. In einer Mietwohnung wäre es vorteilhaft, gleich hinter der Wohnungsabschlußtür ebenfalls eine Art Windfang anzuordnen. Hierfür empfiehlt sich ein schmutzbindender textiler Bodenbelag, der die gesamte Flurbreite einnehmen sollte. Die sonst üblichen Fußmatten dienen zwar auch der Reinlichkeit, sind sie aber abgetreten und zerfranst oder stehen die Ecken hoch, so bilden sie Stolperstellen. Wird diese Eingangszone außerdem noch durch einen schweren Vorhang gegen den eigentlichen Wohnbereich abgetrennt, dann bleibt auch die im Treppenhaus auftretende Zugluft, die ebenfalls Staub mitführt, ausgesperrt. Ein zugezogener schwerer Vorhang verbessert weiterhin den Schallschutz gegenüber dem Treppenhaus.

Staubverteilung durch Heizkörper

Radiatoren und Konvektoren erzeugen bei Heizbetrieb eine gewisse Luftumwälzung (Konvektion), wobei Staub mitgeführt wird. Bei hohen Heizkörpertemperaturen (über 70 °C) kann dies zu einer regelrechten Belästigung werden, insbesondere dann, wenn die Raumluft noch durch äußere Einflüsse stärker bewegt wird. Die durch Heizkörper verursachte Staubmitführung kann vor allem durch Einstellung auf geringere Abgabetemperaturen (40 bis 50 °C) verringert werden. Noch günstiger sind Flächenheizungen, wie z.B. die Fußbodenheizung, mit einer Abgabetemperatur von nur 25 bis 28 °C.

Elektrostatische Aufladung

Die statische Elektrizität ist allgemein als Reibungselektrizität bekannt. Es gibt einige Kunststoffe, die sich bei zu geringer Luftfeuchtigkeit durch Reibung elektrostatisch aufladen können. Der bei der Entladung abgegebene Strom ist jedoch außerordentlich gering, die Schreckwirkung bei der davon betroffenen Person dagegen zuweilen groß. Außerdem ziehen elektrostatisch aufgeladene Kunststoffe mehr oder minder Staub an. Die heutigen Kunststofferzeugnisse, mit denen der Mensch in Berührung kommt, sind durchweg antistatisch ausgerüstet. Bei vorhandenen Kunststoffböden, die noch eine solche Wirkung zeigen – wozu auch einige Teppichböden gehören – helfen Antistatik-Spray oder antistatische Fußbodenpflegemittel.

Fußbodenpflege

Die leichte Reinigungsfähigkeit der Fußböden ist ein wesentlicher Beitrag zur Erleichterung der Hausarbeit.

Staub auf Fußböden läßt sich am besten durch Feuchtwischen beseitigen. Werden Reinigungs-, Pflege- und Desinfektionsmittel verwendet, dann sollte dies nur entsprechend der Gebrauchsanweisung geschehen. Bei der Fußbodenpflege sollte man den Arbeitsablauf so festlegen, daß das Begehen von noch nicht gehärteten oder vollständig trockenen Beschichtungen auf das unbedingt notwendige Maß beschränkt bleibt. Bei Reinigungsarbeiten im ***Treppenhaus***, die oft vom Hauseigentümer an die einzelnen Mietparteien delegiert werden, ist ganz besonders auf die Verwendung trittsicherer Fußbodenpflegemittel zu achten.

Platten- und Fliesenbeläge sind im allgemeinen gut zu reinigen. Jedoch können sich in den Fugen nicht nur Schmutz, sondern auch Mikroorganismen ansammeln, umso mehr, je tiefer die Fugen ausgewaschen sind.

Holzfußböden, wie z.B. Parkett, werden heute zur Erhöhung ihrer Lebensdauer versiegelt. Bei einer ordnungsgemäßen Versiegelung bleibt bei einem trockenen Holzfußboden die notwendige Gleitsicherheit erhalten.

Linoleumböden benötigen für ihren Erhalt eine Behandlung mit Wachs. Dieses Pflegemittel sollte jedoch nicht in zu großen Mengen und auch nicht in zu kurzen Zeitabständen aufgetragen werden. Ein daran anschließendes Bohnern erhöht zwar den Bodenglanz aber auch die Unfallgefahr.

Kunststoff-Böden wie z.B. PVC-Beläge, sollten mit einem Wischpflegemittel behandelt werden. Auf ein Nachpolieren sollte man verzichten; die Böden werden dabei zwar glänzend, aber auch gleitunsicher.

Teppichböden binden den Staub an ihren Fasern besser als z.B. glatte Kunststoff-Böden. Unter normalen Wohnraumbedingungen wird der gebundene Staub kaum aufgewirbelt. Es genügt, alle 2 bis 3 Tage mit dem Bürstsauger den Staub aufzunehmen; bei stärkerer Beanspruchung sollte dies jedoch täglich geschehen. Die regelmäßige Pflege ist wichtig, damit Staub und Schmutz nicht fest eingetreten werden. Bei hochflorigen Teppichen ist wegen der größeren Eindringtiefe des Staubes ein Staubsauger mit glatter Bürste zu benutzen. Für die von Zeit zu Zeit notwendige Zwischenreinigung gibt es flüssige Teppichschaumreiniger, vorgefertigen Schaum sowie Reinigungspulver. Ist der Teppichboden stark verschmutzt, empfiehlt sich eine sogenannte Grundreinigung durch eine Fachfirma. Hier hat sich besonders das Sprüh-Extraktionsverfahren eingeführt.

Staubsauger

Beim Staubsaugen ist darauf zu achten, daß der aufgenommene Staub nicht wieder in den Raum entweicht. So gibt es Staubsauger mit Filterbeutel, die Staub kleinster Korngrößen durchlassen. In solche Filterbeutel aus durchlässigem Stoff sollte eine Papier-Filtertüte eingesetzt werden. Sie läßt sich nach Gebrauch auf einfache Art austauschen; das lästige und höchst unhygienische Ausklopfen des Staubfilterbeutels entfällt dadurch. Damit aufgewirbelter aber nicht erfaßter Staub sofort ins Freie befördert wird, sollte man nach Möglichkeit bei Querlüftung über Fenster und Türen staubsaugen. Staubsauger besitzen meist eine Schutzisolation und sind dadurch relativ sichere elektrische Geräte. Durch den ständigen Gebrauch bedingt, kann sich allerdings die Zuleitung am Geräteanschluß lockern und die Leitung selbst kann brüchig werden. Die Geräteleitung sollte man auch niemals als Transportschnur benutzen, an der man den Staubsauger hinter sich herzieht. Je nach Größe der Wohnung ist auch eine entsprechend lange Geräteleitung erforderlich. Um den Anschluß an der Steckdose zu schonen, sollte die Geräteleitung nie straff gespannt werden. Eine defekt gewordene Zuleitung muß unbedingt ersetzt werden.

1 normaler Hammer
(auch Schlosserhammer genannt)
Kopf aus geschmiedetem und gehärtetem Werkzeugstahl mit geschliffener und kantiger Schlagfläche, 250 bis 300 Gramm schwer.
Der Hammerstiel muß fest sitzen.

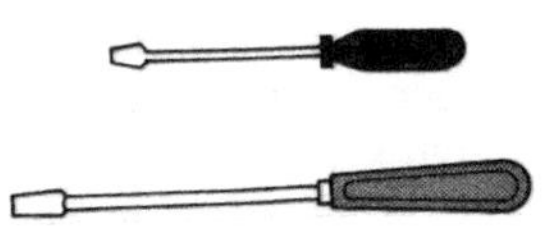

2 Schraubendreher
(früher: Schraubenzieher)
Die Klinge sollte ziemlich genau in den Schraubenschlitz passen; deshalb empfehlen sich mehrere Schraubendreher. Für Arbeiten an der Elektro-Installation nur Schraubendreher mit Isoliergriff verwenden.

3 Universal-Säge
Zweckmäßig ist ein auswechselbares Sägeblatt aus spezialgehärtetem Stahl, geeignet zum Sägen von Holz, Kunststoff und ggf. auch Metall.
Die Zähne müssen scharf und richtig geschränkt sein.
Die Säge ist deshalb sorgfältig aufzubewahren.

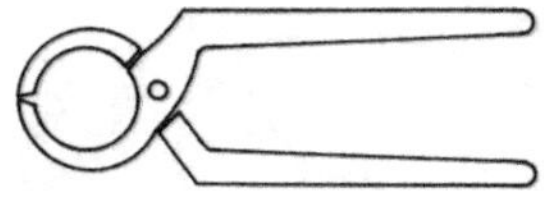

4 Beißzange
Eine Zange (etwa 16 bis 18 cm lang) aus geschmiedetem Werkzeugstahl ist besser als eine gegossene Zange. Sie ist geeignet zum Ziehen von Nägeln und zum Durchkneifen von weichen Drähten. Keine Stahldrähte durch Hammerschläge auf eine Zangenbacke durchtrennen!

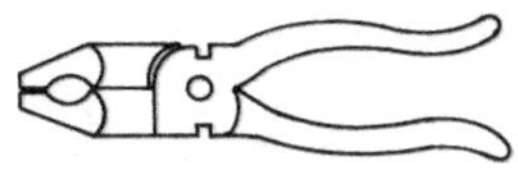

5 Kombizange
Sie wird gebraucht zum Halten und Greifen, z.B. zum Herausdrehen von Schrauben mit beschädigten Köpfen. Zum Abzwicken von weichen Drähten und Nägeln sind die Mittelschneiden zu benutzen, für härtere Drähte die Seitenschneiden. Arbeiten an der Elektro-Installation nur mit Kombizangen mit isolierten Griffen.

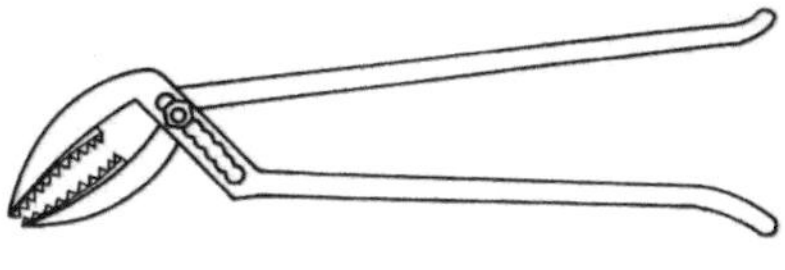

6 Rohrzange
Ein Universalwerkzeug im Umgang mit Installationen und Armaturen. Das Maul der Rohrzange läßt sich bis zu einer Spannweite von 4 cm verstellen. Zum Aufdrehen von Schraubmuttern sollte man sie nicht verwenden, da die Muttern von den scharfen Griffstücken beschädigt werden.

34 Notwendigstes Werkzeug für den Haushalt

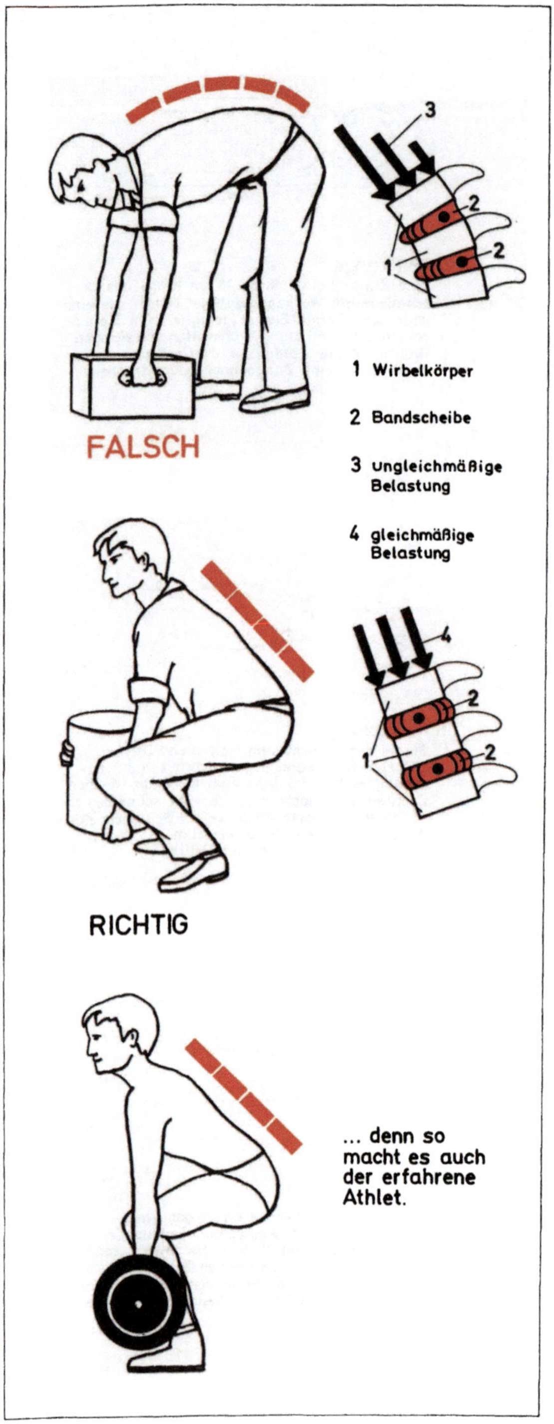

35 Heben von schweren Lasten

Heben, Tragen und Bewegen von Lasten

Auch das Heben, Tragen und Bewegen von Lasten will gelernt sein, manches körperliche Leiden oder mancher häusliche Unfall ließe sich dann vermeiden. Dabei handelt es sich in erster Linie um die Anwendung von Techniken, die auf den menschlichen Körperbau abgestimmt sind. Beansprucht wird vor allem die Wirbelsäule.

Zwischen den Wirbeln des menschlichen Rückgrats befinden sich die sogenannte Band- oder Zwischenwirbelscheiben. Sie sind außen von einem widerstandsfähigen Faserring umgeben und enthalten in ihrem Innern eine elastische, zähflüssige Masse, den Gallertkern. Für die Bandscheiben sind besonders ungünstig das Heben und Tragen von Lasten sowie Arbeiten, die mit häufigem Rumpfbeugen verbunden sind – Tätigkeiten, die bei der Hausarbeit in hohem Maße vorkommen.

Falsch ist ein Heben mit ***gebeugtem*** Rücken. Dabei werden die knorpeligen Bandscheiben keilartig verformt und an den Kanten überbelastet, was zu Rükkenleiden führen kann. Die Belastung ist um so größer, je stärker der Oberkörper nach vorne geneigt wird. Richtig ist deshalb ein Heben mit ***flachem*** Rücken. Dabei neigt sich der Rumpf im Hüftgelenk; die Bandscheiben werden nicht verformt, sie werden vielmehr gleichmäßig und nur gering belastet (Abb. 35).

Heben von Lasten

Die zu hebende Last ist hinsichtlich ihres Gewichtes abzuschätzen und festzustellen, wo man zweckmäßig zugreift. Dann so nahe wie möglich herantreten und aus der Hocke mit flachem Rücken und steil aufgerichtetem Oberkörper die Last langsam und gleichmäßig – nicht ruckartig – hochheben. Dabei ergibt sich von selbst, daß die Last möglichst körpernahe gehalten wird. Nach dieser bewährten Regel verfahren auch erfahrene Athleten, wie z. B. Gewichtheber. Die Hebearbeit wird erleichtert, wenn man die Last zuvor etwa 40 cm über dem Boden abstellt. Dies gilt besonders für Frauen, die enge Röcke tragen. Durch falsches Heben werden viele Rückenleiden verursacht.

Tragen von Lasten

Zunächst ist festzustellen, ob der vorgesehene Weg für das Tragen der Last sicher zu begehen ist. Hindernisse, über die man stolpern kann, sind wegzuräumen. Bei Fußbodenglätte ist entsprechendes Schuhwerk mit haftenden Sohlen zu tragen. Nicht zu beseitigende Hindernisse, wie z.B. fest eingebaute Schwellen, sollte man sich gut merken. Beim Tragen von schweren Lasten oder zerbrechlichen Gegenständen empfiehlt es sich, geeignete Handschuhe anzuziehen.
Wenn möglich, ist die Last auf beide Körperhälften zu verteilen. So tragen sich z.B. zwei mittelschwere Eimer wesentlich leichter als ein schwerer. Auch der Weg, der mit der Last zurückgelegt wird, sollte bekannt sein; auf Treppen deshalb seitwärts gehen.
Frauen sollten auch keine zu schweren Lasten tragen. In Betrieben z.B. ist das Höchstgewicht auf 10 kg festgelegt, wenn Frauen häufig Lasten ohne mechanische Hilfsmittel bewegen müssen.

Möbel umräumen

Mit dieser Tätigkeit muß man sich zuweilen befassen, wenn in der Wohnung gestrichen oder tapeziert wird. Dabei fehlen die erfahrenen Möbeltransporteure. Es ist schon eine spürbare Erleichterung, wenn es gelingt, die umzuräumenden Gegenstände in „handliche Pakete" aufzuteilen. Bewegliche Teile, wie z.B. Schubladen, sollte man herausnehmen, Schranktüren aushängen, zumindest aber abschließen und den Schlüssel abziehen. Schränke und schwere Kastenmöbel lassen sich leichter verschieben, wenn man ein Wolltuch oder einen alten Teppich unter die Füße schiebt (Abb. 36). Noch geeigneter sind Untersätze mit Lenkrollen, sogenannte „Möbelhunde". Müssen schwere Möbel getragen werden, dann sollte man Traggurte oder andere Hilfsmittel verwenden (Abb. 36). Beim Transport von sperrigen Stücken (Tische usw.) so zugreifen, daß beim Durchschreiten von Engstellen, wie z.B. Türöffnungen, die Fingerknöchel nicht verletzt werden. Fest installierte Elektrogeräte, die umgestellt werden sollen, wie z.B. Elektroherde, dürfen nur vom Fachmann getrennt und wieder angeschlossen werden. Auch die Abnahme und Wiederanbringung von Leuchten, insbesondere Wandleuchten, sollte dieser Fachmann übernehmen.

Tragen von schweren Lasten z.B. mit Traggurten

Bewegen von schweren Lasten z.B. mit untergelegten Teppichen od. dgl.

36 Tragen und Bewegen von Lasten

Leitern und Tritte

Über 80 % der tödlichen Unfälle im Hausbereich ereignen sich durch Stürze. Ein beachtlicher Anteil hiervon entfällt auf Stürze aus der Höhe, weil unzureichende Aufstiege, wie z.B. Stühle und Tische, übereinander gestellte Kisten und Kästen (Abb. 37) oder herausgezogene Schubladen benutzt werden. Diese Unfälle sind aber zum größten Teil vermeidbar, wenn möglichst nur geprüfte bzw. genormte Tritthocker und Stufenleitern verwendet werden (Abb. 38 + 39).

Ordnungsgemäß beschaffene Leitern – auch wenn sie das Gütezeichen tragen – sind nur dann sicher, wenn sie sachgemäß benutzt werden. Deshalb:

- Stufenleitern mit Sicherheitsbrücke und -bügel bevorzugen, damit auf der obersten Stufe noch sicher gestanden werden kann.
- Für Arbeiten von der Leiter aus geeignete Schuhe und Kleidung tragen.
- Die Leiter immer so aufstellen, daß man sich nicht übermäßig seitlich neigen muß, um die Arbeit ausführen zu können; die Leiter kann sonst umkippen.
- Türen abschließen und den Schlüssel einstecken, bevor die Leiter davor aufgestellt wird.

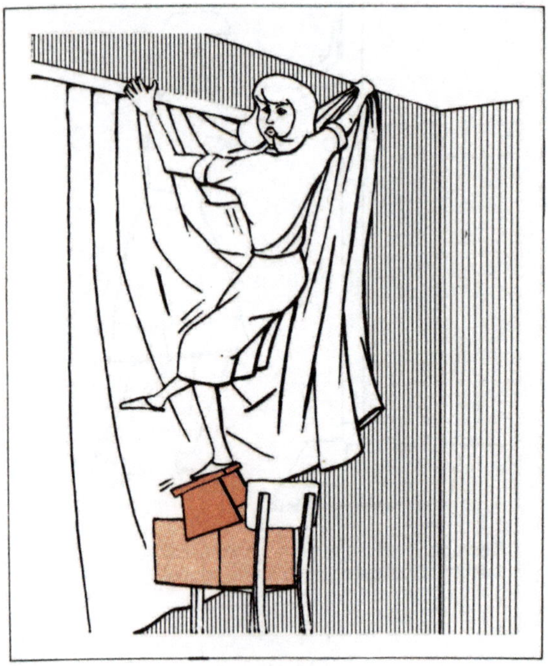

37 Aufstieg – so nicht !

1 Dreistufiger Tritthocker mit Klappsitz
2 Stufen herausziehbar, Sitzhöhe ca. 60 cm

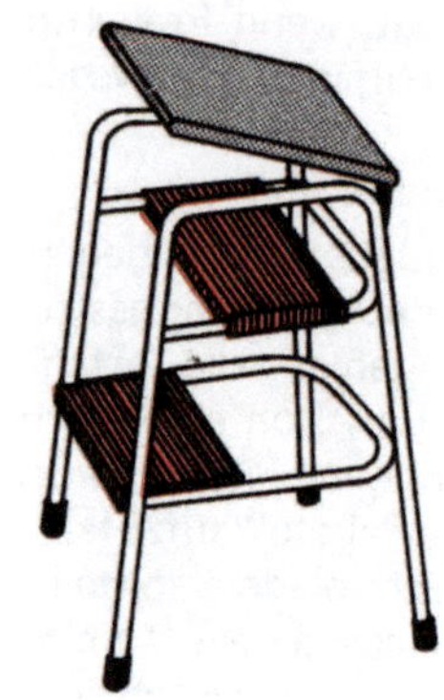

2 Tritthocker mit 2 festen Stufen
Sitz hochklappbar, Sitzhöhe ca. 61 cm

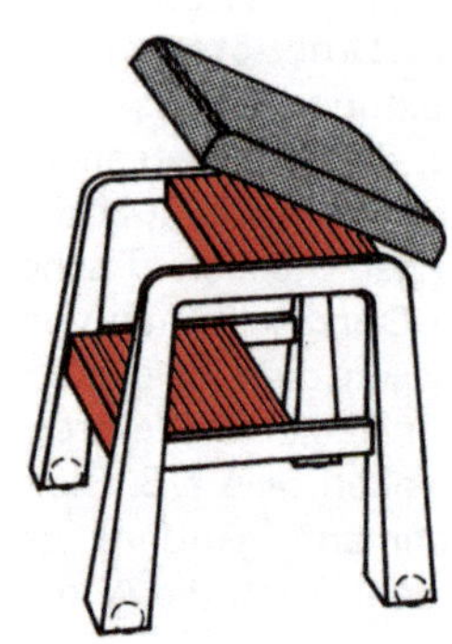

3 Rollender Tritthocker mit Klappsitz
steht fest beim Besteigen, Sitzhöhe ca. 49 cm

38 Tritthocker – zum Steigen und Sitzen

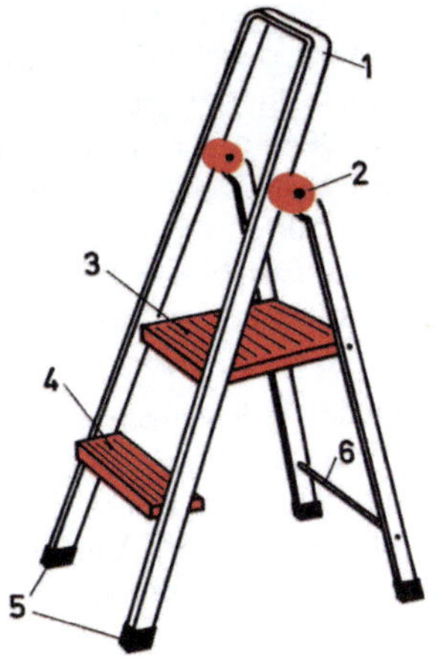

1 2-Stufen-Leichtmetall-Stehleiter
Plattformhöhe ca. 44 cm, Gewicht ca. 2,2 kg

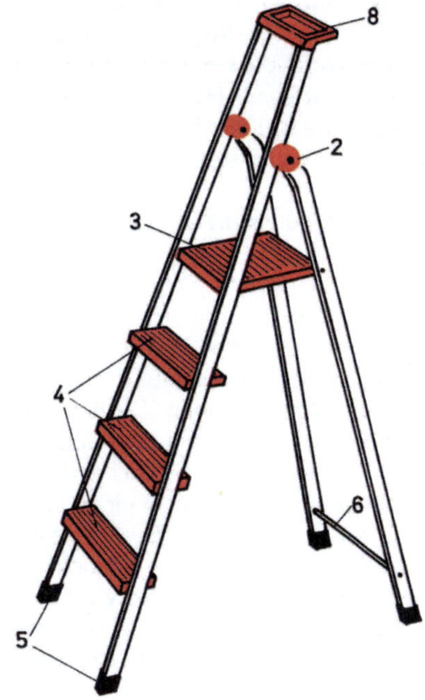

3 4-Stufen-Leichtmetall-Stehleiter
Plattformhöhe ca. 88 cm, Gewicht ca. 4 kg

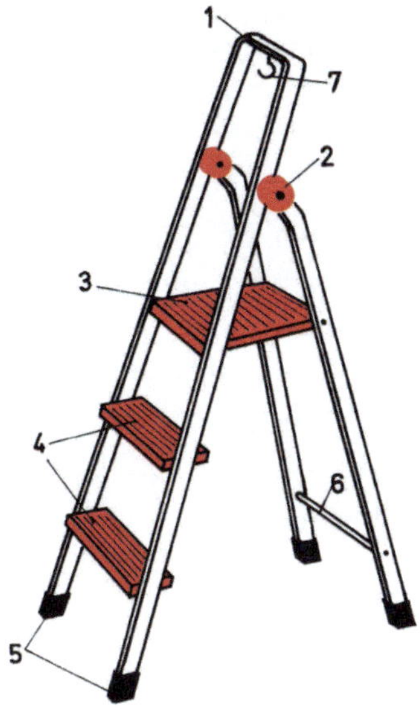

2 3-Stufen-Leichtmetall-Stehleiter
Plattformhöhe ca. 66 cm, Gewicht ca. 3 kg

1 Haltebügel (Sicherheitsbügel)

2 Gelenk

3 Sicherheitsbrücke (Plattform)

4 trittsichere Stufen

5 Fußkappen aus Gummi oder Kunststoff

6 Aussteifung für die Stützholme

7 z.B. Eimerhaken

8 z.B. Ablegeschale

Beim Leiterkauf unbedingt auf das GS - Sicherheitszeichen achten!

39 Stufen-Stehleitern aus Leichtmetall oder Holz

Gefährliche Stoffe

Im Haushalt gibt es mehr gefährliche Stoffe, als allgemein angenommen wird. Hierzu gehören u.a.:

- Abfluß- und Rohrreiniger, Reinigungsmittel für Toiletten, Waschbecken und Badewannen;
- Reinigungsmittel für Herde und Öfen, Backofenreiniger, Kesselsteinentferner;
- Fleckentfernungsmittel, Terpentin, Benzin, Spiritus;
- Insektenvertilgungsmittel, Ratten- und Mäusegift;
- Pflanzenschutzmittel, Schädlingsbekämpfungsmittel.

Diese Stoffe enthalten bestimmte Chemikalien, die bei unsachgemäßer Verwendung zu Gesundheitsschädigungen führen können. Deshalb bei solchen Mitteln unbedingt zuerst die Gebrauchsanweisung lesen, dann das Mittel richtig anwenden. Gefährliche Haushaltsmittel gehören in einen verschließbaren und für Kinder unzugänglichen Aufbewahrungsort. Aus Sicherheitsgründen ist es vorteilhafter, ein geeignetes ungefährliches Mittel zu benutzen, sofern ein Austausch möglich ist. Zu den gefährlichen Stoffen können auch bestimmte Arzneimittel und Kosmetika gehören.

Brennbare Flüssigkeiten

Brennbare Flüssigkeiten sind dadurch gefährlich, daß sie bei normaler Temperatur schnell verdunsten und mit der Luft ein brennbares bzw. explosives Gemisch bilden. Die Brennbarkeit ist abhängig

- vom ***Flammpunkt,*** der Temperatur, bei der sich brennbare Dämpfe entwickeln können, sowie
- von der ***Zündtemperatur,*** der niedrigsten Temperatur, bei der sich das Gemisch von selbst entzündet.

Für die wichtigsten brennbaren Flüssigkeiten sind die kritischen Temperaturen in der nebenstehenden Tabelle angegeben.

Beim Umgang mit brennbaren Flüssigkeiten sind die folgenden Sicherheitsregeln zu beachten:

▶ Brennbare Flüssigkeiten müssen in geeigneten Gefäßen fest verschlossen an einem sicheren Ort aufbewahrt werden. Die Verwendung von Getränkeflaschen aller Art ist wegen der damit verbundenen Verwechslungsgefahr unstatthaft.

▶ Restmengen von brennbaren Flüssigkeiten oder von Stoffen, die solche enthalten, dürfen nicht in das Spülbecken oder in den Ausguß gegossen werden. Sie sind vielmehr im Freien verdunsten zu lassen.

▶ Arbeiten mit brennbaren Flüssigkeiten dürfen nur in gut durchlüfteten Räumen, möglichst am offenen Fenster durchgeführt werden; besser hierfür geeignet ist der Balkon. Zu vermeiden ist ganz besonders offenes Feuer jeder Art. Es darf auch nicht geraucht werden, da sich sonst die Dämpfe entzünden können. Das hochexplosive Gas-Luft-Gemisch kann sich bereits an der von einem Radiator der Zentralheizung abgestrahlten Wärme entzünden.

▶ Vorsicht bei der Verwendung von Kunststoff-Klebern, Isolieranstrichen und Versiegelungsmitteln – die meisten enthalten ebenfalls brennbare Flüssigkeiten. Bei der Verarbeitung bilden sich sehr schnell verdunstende Dämpfe. Sie sind schwerer als Luft, sammeln sich in Fußbodennähe, kriechen in Nachbarräume oder andere Öffnungen. Selbst bei niedriger Raumtemperatur bilden sich mit Luft explosionsgefährliche Gemische. Für ihre Entzündung genügt bereits die Tabaksglut einer Zigarette.

Gefahrenklasse	Brennbare Flüssigkeiten	Flammpunkt °C	Zündtemperatur °C
A Flüssigkeiten, die nicht mit Wasser mischbar sind. unterteilt in die Gefahrenklassen I, II, III	Ether	−45	170
	Benzin	−20	240
	Benzol	−11 bis +5	555
	Terpentinöl	33	220
	Petroleum	über 40	220
	Essigsäure	40	485
	Heizöl EL	über 55	220
B Flüssigkeiten, die sich in Wasser lösen.	Aceton	−19	540
	Methanol – Methylalkohol –	11	455
	Ethanol – Ethylalkohol –	12	425

Von den in der Tabelle aufgeführten brennbaren Flüssigkeiten werden nachstehend die Eigenschaften, ihre Wirkung auf den Menschen und die wichtigsten Anwendungsgebiete beschrieben.

Ether (früher Äther) Eine farblose Flüssigkeit von typischem Geruch. Sie wirkt betäubend, ist aber ungiftig. Die Dämpfe sind hoch entzündlich. Bekannt als gutes Narkosemittel. Außerdem ein weit verbreitetes Lösemitteln, wobei Gummi jedoch angegriffen wird.

Benzin Eine farblose, giftige Flüssigkeit, deren Dämpfe schwerer sind als Luft. Als Gas-Luft-Gemisch sehr explosiv. Die Verwendung von Waschbenzin darf deshalb nur im Freien oder bei offenen Fenstern erfolgen, damit sich die Dämpfe schnell verflüchtigen. Dabei Handschuhe tragen oder die Hände gut einfetten, denn Benzin entfettet die Haut. Beim Arbeiten mit Benzin in der Garage ist das Tor stets offenzuhalten, auch im Winter. Strengstes Rauchverbot und keine offenen Flammen!

Benzol Eine farblose, aromatisch riechende Flüssigkeit. Sie erzeugt hochgiftige Dämpfe, die leicht entzündlich und explosiv sind. Das starke Nervengift kann, in großen Mengen eingeatmet, betäubend, ja sogar tödlich wirken. Bei langfristiger Belastung mit kleinen Benzolmengen kann es zu Veränderungen im Blutbild bis hin zu Anämie oder Leukämie kommen. Benzol und seine Dämpfe dringen auch durch die unverletzte Haut in den Körper ein. Benzol ist ein viel gebrauchtes Lösemittel und oft in Klebstoffen, Farben und Lacken enthalten. Es löst Gummi auf und greift die Kleidung und alle organischen Stoffe an. Benzol ist zu etwa 3 bis 5 % im Benzin enthalten.

Terpentinöl Je nach Menge und Dauer der Einwirkung kann sich eine Reizung der Atemwege (Lungenentzündung) und Augen ergeben; auch allergische Erscheinungen können ausgelöst werden. Terpentinöl wird bei der Herstellung von Ölfarben und Lacken gebraucht. Gummi wird von Terpentinöl zersetzt.

Petroleum Die Dämpfe dieser Schwefelwasserstoff enthaltenden Flüssigkeit sind giftig und hoch entzündlich. Vereinzelt gibt es noch Petroleumöfen ohne Schornsteinanschluß, z.B. für die Bauaustrocknung. Ansonsten findet es nur noch als Grobreinigungsmittel für stark ölverschmutzte Teile Verwendung.

Essigsäure Eine farblose, sehr giftige Flüssigkeit, deren Dämpfe stechend riechen. Auf der Haut wirkt Essigsäure ätzend und erzeugt Brandblasen. Essigsäure ist im Tafel- und Weinessig enthalten, in Essigessenz mit einem Anteil von 80 %. Das Trinken von konzentrierter Essigsäure kann tödlich sein. Es darf deshalb nur in besonders geformten Flaschen mit warnendem Etikett verkauft werden.

Heizöl EL (leichtes Heizöl) Dieser weit bekannte Brennstoff besteht aus 86 % Kohlenstoff und 13 % Wasserstoff. Der Schwefelgehalt darf höchstens 0,8 Gewichtsprozent betragen. Bei der Verbrennung verwandelt sich der Schwefelanteil in Schwefeldioxid, das mit den Abgasen abgeführt wird.

Aceton Eine farblose Flüssigkeit von erfrischendem Geruch. Bei der Anwendung kann eine Reizung der Augen und eine Entfettung der Haut erfolgen. Aceton ist ein feuergefährliches Lösemittel, das viele Kunststoffe, Lacke, Klebstoffe und Kosmetika angreift. Wasser mit einem Anteil von 4 % Aceton hat einen Flammpunkt von 54 °C.

Methanol (Methylalkohol) Eine farblose, giftige Flüssigkeit, die sich leicht mit Wasser vermischen läßt. Die Dämpfe sind etwas schwerer als Luft und beeinträchtigen das Zentralnervensystem. Getrunken oder stark eingeatmet kann es zur Erblindung führen; ab 50 Gramm Einnahme wirkt es tödlich. Methanol ist als Löse- und Desinfektionsmittel bekannt. Geruch und Geschmack ähneln dem von trinkbarem Alkohol. Deshalb ist Methanol besonders sicher aufzubewahren, da hier die Gefahr der Verwechslung besteht.

Ethanol (früher: Äthanol) auch als Ethylalkohol (früher: Äthylalkohol) bekannt. Eine farblose, brennbare und ungiftige Flüssigkeit von angenehmen Geruch. Die Dämpfe sind schwerer als Luft. Dieser Trinkalkohol kann Doppelsehen und Brechreiz verursachen. In größeren Mengen eingenommen, ist Ethanol ein berauschendes Nervengift und wirkt ab 300 Gramm tödlich. Der reine Ethylalkohol wird besonders zur Herstellung alkoholischer Getränke verwendet.

Als Brennspiritus ist Ethanol vergällt im Handel erhältlich. Im Haushalt wir er für Spiritusbrenner (Flambiergerät) und als Lösemittel gebraucht. Im Scheibenwaschwasser des Autos dient er als Frostschutzzusatz. Versehentliches Trinken von Brennspiritus ist für Erwachsene und noch mehr für Kinder sehr gefährlich. Spiritusflaschen sind deshalb gut verschlossen und ausreichend gekennzeichnet an sicherer Stelle aufzubewahren.

1 **Explosionsgefährlich**
Stoffe, die durch Schlag, Reibung oder andere Zündquellen explosionsfähig sind.

2 **Leicht entzündlich**
Zum Beispiel Flüssigkeiten, die unter 21°C entflammbare Dämpfe entwickeln.

3 **Brandfördernd**
Selbstentzündend oder Feuergefahr bei Berührung mit brennbaren Stoffen

4 **Giftig**
Ernste Vergiftungsgefahr beim Einatmen, Verschlucken oder bei Berührung mit der Haut

5 **Ätzend**
Produkte, die Verbrennungen und Verätzungen auf der Haut verursachen.

6 **Gesundheitsschädlich**
(als Zusatz)
Solche Stoffe nicht einatmen oder verschlucken, da Vergiftungsgefahr

7 **Reizend**
(als Zusatz)
Bei der Arbeit nicht essen oder rauchen. Berührung vermeiden. Räume durchlüften.

40 **Gefahrensymbole** und Gefahrenbezeichnung

Lösemittel

Lösemittel (früher Lösungsmittel) werden gebraucht, um feste Stoffe streich- oder sprühbar zu machen. Sie werden auch verwendet, um bestimmte Stoffe von anderen Stoffen oder Oberflächen zu lösen, z. B. Fett von der Kleidung (Fleckentferner). Die größte Gefahr ist das Einatmen giftiger Lösemitteldämpfe und die Feuergefährlichkeit.
Das bekannteste und auch am wenigsten gefährliche Lösemittel ist das Wasser. Nahezu alle anderen Lösemittel fallen wegen ihrer Gefährlichkeit unter die Verordnung für gefährliche Arbeitsstoffe. Sie dürfen dann nur in gekennzeichneten Verpackungen abgegeben werden; dies gilt auch für Kleinpakkungen.
Lösemittel sind oft in Anstrich- und Imprägnierungsmitteln sowie in Dichtungs- und Klebstoffen enthalten. Bei ihrer Verarbeitung sind die damit Beschäftigten der Einatmung von Lösemitteldämpfen ausgesetzt, die zu akuter Vergiftung führen können; hinzu kommt die Brand- und Explosionsgefahr. Bei der Verarbeitung von lösemittelhaltigen Produkten sind die betreffenden Räume gut zu durchlüften; jegliches Feuer ist zu vermeiden.
Im vorangegangenen Abschnitt „Brennbare Flüssigkeiten" wurden einige Lösemittel näher beschrieben und Hinweise für die Verarbeitung gegeben. Ergänzend hierzu ist noch auf ***Ammoniak*** hinzuweisen, ein farbloses Gas mit beißendem Geruch. Im Haushalt wird es als Bestandteil von Fleckenwassern und Reinigungsmitteln verwendet. Ammoniak wirkt stark ätzend auf Haut und Schleimhäute und führt bei Einatmen zu Reizhusten, Brechreiz und Kopfschmerzen.

Ätzende Stoffe

Ätzende Stoffe, die auch im Haushalt verwendet werden, sind vor allem die WC- und Abflußreiniger, Entkalker, gelegentlich auch Salzsäure, Salmiakgeist, Essigsäure und Ätznatron. Diese Stoffe können bei Berührung mit der Haut und den Schleimhäuten mehr oder minder tiefgehende Verletzungen bewirken. Deshalb Hände und Gesicht nach der Arbeit mit diesen Stoffen gründlich mit Wasser und Seife waschen. Ätzende Stoffe sind, wie alle gefährlichen Arbeitsstoffe, sachgemäß aufzubewahren. Keine Getränkeflaschen verwenden und vor allem nicht in die Hände von Kindern gelangen lassen, auch nicht die leeren Behälter.

Gifte im Haushalt

Im Haushalt kann man sich mit recht vielen Dingen vergiften, z. B. mit Gas, spezifischen Giften, z. B. Rattengift, verdorbenen Nahrungsmitteln, Pflanzen, Pilzen, Flüssigkeiten, sogar mit Alkohol und Nikotin.

Gifte dürfen nur in ihren Originalverpackungen unter sicherem Verschluß (z. B. abschließbares Schränkchen oder Fach) und keinesfalls zusammen mit Lebensmitteln, den üblichen Reinigungsmitteln sowie Medikamenten aufbewahrt werden. Dies ist besonders wegen der Kinder notwendig, denn über 80 % der Unfälle mit Giften aller Art treffen Kinder im Alter von 1 bis 5 Jahren. Kinder brauchen oft nur ein Zehntel der Dosis, die Erwachsene vertragen können, um eine Vergiftung zu erleiden. Man sollte auch nicht mehr Gift im Haus haben, als unbedingt gebraucht wird. Dabei sind die Warnaufschriften und Gebrauchsanweisungen sorgfältig zu beachten, denn sie dienen dem Schutz des Verbrauchers. Bei der Arbeit mit Giften darf man weder essen, trinken noch rauchen; Giftnebel dürfen nicht eingeatmet werden.

Pilze sollten nur von Pilzkennern gesammelt werden. Im Zweifelsfalle ist die nächste Pilzberatungsstelle aufzusuchen. Pilze sind frisch zuzubereiten und dürfen nicht noch einmal aufgewärmt werden, weil sich dann giftige Stoffe bilden.

Spraydosen

Die Funktionsweise ist ähnlich wie bei einem Feuerlöscher: Ein Treibgas treibt auf Ventildruck den Inhalt aus der Dose heraus. Auch wenn das Treibgas selbst nicht feuergefährlich ist, kann es der übrige Inhalt einer Spraydose sein. Dies ist vor allem bei Lacken, kosmetischen Produkten und Fleckentfernern zu beachten. Spraydosen im Zweifelsfall deshalb nur in gut durchlüfteten Räumen oder im Freien benutzen, vor allem nicht gegen offene Flammen oder glühende Gegenstände, aber auch nicht über ungeschützten Lebensmitteln sprühen. Spraydosen dürfen nicht erwärmt werden. Sie sind deshalb vor Sonnenstrahlung zu schützen und von Heizkörpern aller Art fernzuhalten. Vor dem Wegwerfen sind Spraydosen völlig zu entleeren; aber auch leere Dosen nicht ins Feuer oder auf heiße Asche werfen. Spraydosen sind auch kein Kinderspielzeug.

Chemie-Schadensfälle

Bei einem Schadensfall in einer chemischen Fabrik oder bei einem Transportunfall mit chemischen Produkten sollten sich die im Einzugsbereich liegenden Anwohner entsprechend verhalten. Aus einem für diesen Notfall herausgegebenen Merkblatt sind die fogenden wichtigsten Anweisungen entnommen:

- Bei einem bestimmten Sirenensignal (meist eine Minute Heulton) ist die regionale Radiostation einzuschalten. Außerdem ist auf die Lautsprecherdurchsagen der Polizei und der Feuerwehr zu achten.

- Die unmittelbaren Nachbarn sind zu verständigen. Fenster und Türen sind zu schließen. Wenn vorhanden, sind Lüftungs- und Klimaanlagen auszuschalten.

- Es sollten möglichst innenliegende Räume in oberen Geschossen aufgesucht werden. Keinesfalls aber im Freien aufhalten.

- Dem Unfallort fernbleiben und die Straßen für die Einsatzkräfte freihalten. Auch nicht die Telefonverbindungen zur Feuerwehr, Polizei und Rettungsdienst mit Rückfragen blockieren.

- Bei vorausgegangener Sirenenwarnung wird auch das Sirenensignal „Entwarnung" (meist eine Minute Dauerton) gegeben. Entwarnungsdurchsagen können auch über Radio oder Lautsprecherwagen der Polizei und der Feuerwehr erfolgen.

Kinder in der Wohnung

Mehr als 40 % aller Todesfälle bei Kindern kommen durch einen Unfall zustande. In den ersten Lebensjahren sind es vor allem Unfälle, die sich im häuslichen Bereich ereignen. Oft ist es die mangelnde Kenntnis möglicher Unfallgefahren oder eine nachlässige Beaufsichtigung durch die Eltern bzw. erwachsene Aufsichtspersonen. Wichtig ist vor allem das persönliche Verhalten der Eltern, die für das Kind Vorbild sind. Strafandrohungen und Verbote allein genügen bei weitem nicht, man sollte auch immer daran denken, daß ein schwer verunglücktes Kind lebenslang an den Unfall-Folgeschäden leiden kann. Darüber hinaus wird meist nachgeprüft werden, ob auch noch eine Vernachlässigung der Aufsichtspflicht vorliegt. Eine weitere Vorsorge: Ist Ihr Kind in der Privaten Unfallversicherung mitversichert?

Die Unfallgefährdung bei Kindern

Von allen Altersstufen sind Kinder in den ersten Lebensjahren am meisten unfallgefährdet. Das ist auch verständlich, denn Kinder besitzen noch kein Unterscheidungsvermögen. Sie müssen gepflegt und vor Gefahren bewahrt werden. In der nächsten Altersstufe beginnt das Kind, sich mit seiner Umgebung zu befassen; es fängt an zu krabbeln und dann zu laufen. Alles was in seine Reichweite gelangt, versucht es zu berühren und in den Mund zu stecken. Von diesem Zeitpunkt an sollte man die Selbständigkeit des Kindes fördern und es aufklären, aber auch die Unfallgefahren vom Kinde fernhalten. Aber die kindliche Neugierde ist groß, und der Tätigkeitsdrang entwickelt sich immer weiter. Die Aktivität des Kindes nimmt bis zum schulpflichtigen Alter immer weiter zu. Beim Spielen werden die Tätigkeiten von Erwachsenen nachgeahmt, deren Gefährlichkeit aber Kinder noch nicht beurteilen können. Der Kinder-Unfallschutz muß deshalb immer mehr durch Gefahrenbelehrungen ergänzt werden.

Die wichtigsten Unfallgefahren, denen Kinder ausgesetzt sein können, werden nachstehend kurz beschrieben.

Ersticken ist die Haupttodesursache der Säuglinge im ersten Lebensjahr. Hierzu kann es bereits kommen, wenn sich das Kind das Federbett über das Gesicht zieht. Deshalb nur Flachkissen benutzen und Zudecken aller Art am Fußende des Bettchens anbinden. An Haltegurten oder herumhängenden Schnüren kann sich ein Kind erdrosseln. An Gegenständen, die es in den Mund steckt, kann es ersticken. Kleinkinder können auch erbrochene Speiseteile verschlucken und dabei ersticken. Bei Kindern im Spielalter besteht Erstickungsgefahr, wenn sie sich Plastikbeutel über den Kopf ziehen. Diese können sich so anschmiegen, daß Mund und Nase vollkommen verschlossen werden (Abb. 41/3).

Stürze sind sehr häufig vorkommende Kinderunfälle. Im Säuglingsalter kann das hilflose Kind vom Wickeltisch fallen. Die Sturzgefahr nimmt zu, je älter das Kind wird, da auch die Gefahrenursachen immer zahlreicher werden. Vor allem kommen immer mehr die besonders gefährlichen Stürze aus der Höhe hinzu.

Verbrennungen im Kindesalter mit tödlichem Ausgang werden überwiegend durch brennende Kleider hervorgerufen. Andere Verbrennungen ereignen sich an heißen Kochplatten, denen man nicht ansieht, ob sie heiß sind oder nicht (Kinderschutz am Herd Abb. 26). Weitere Verbrennungsursachen sind: das Spielen mit Streichhölzern, einfach zu bedienenden Gasfeuerzeugen, der ungehinderte Zugang zu Weihnachtsbäumen mit brennenden Kerzen, das Hantieren mit elektrischen Heizapparaten, besonders wenn sie ungeschützte Heizspiralen aufweisen; das Spielen mit explosiven Flüssigkeiten. Die gleichen unangenehmen Auswirkungen wie Verbrennungen haben auch ***Verätzungen*** durch Säuren und Laugen.

Verbrühungen können sich Kinder in der Küche zuziehen, z.B. an heißen Flüssigkeiten, Heißdampf sowie Brat- oder Grillfett (Kinderschutz am Herd Abb. 26). Für Kinder ist auch Heißwasser aus Leitungen sehr gefährlich. Bei Säuglingen mit ihrer empfindlichen Haut genügt bereits eine ausgelaufene Wärmeflasche, um Verbrühungen hervorzurufen.

Elektrische Unfälle ereignen sich bei Kindern während der Benutzung von elektrischem Spielzeug mit zu hoher – also unzulässiger – Spannung, beim Herumstochern mit Drähten, Büroklammern, Stricknadeln usw. in Steckdosen (Kindersicherungen Abb. 15) sowie durch defekte und ungenügend geschützte elektrische Drähte. Es kann vorkommen, daß kleine Kinder elektrische Kabel in den Mund nehmen und es durchzubeißen versuchen.

Ertrinken können Kinder auch in der Wohnung; bei hilflosen Kleinkindern genügen schon geringe Wassertiefen. Sie verlieren schnell das Gleichgewicht und stürzen mit dem Kopf zuerst, z.B. in ein herumstehendes Wassergefäß, aus dem sie sich meist nicht selbst befreien können. Deshalb niemals Kleinkinder unbeaufsichtigt in ihrem Badewännchen sitzen lassen, auch nicht vorübergehend.

Verwundungen werden darüberhinaus bei Kindern in erster Linie durch Glasscherben aller Art verursacht, weiterhin durch spitze Gegenstände, wie z. B. Messer und Scheren, die als Spielzeug aber auch zum Angriff auf andere Kinder verwendet werden. Selbst Spielzeug kann gefährlich werden, wenn es leicht zerbrechlich ist bzw. scharfe Kanten oder splitternde Teile aufweist.

Vergiftungen bei Kindern

Über die Hälfte aller Vergiftungsfälle trifft Kinder und Jugendliche. Davon wiederum entfallen über 80 % auf Kinder im Alter von 1 bis 5 Jahren; besondere Gefahr besteht zwischen dem 2. und 3. Lebensjahr. Von den Vergiftungen wird nur ein geringer Teil durch giftige Pflanzen, Gifttiere und Nahrungsmittelgifte verursacht. Weit mehr vergiften sich Kinder durch Medikamente, Putzmittel, Schädlingsbekämpfungsmittel und Toilettenartikel.

- Gifte und Medikamente müssen für Kinder unerreichbar aufbewahrt werden. Vorteilhaft ist ein abgeschlossenes Schränkchen oder eine Hausapotheke (Abb. 3) mit abschließbarem Giftfach, wenigstens 1,60 m über dem Fußboden angebracht.
- Medikamente sollte man nie in erreichbarer Nähe von Kindern aufbewahren, auch nicht kurzfristig im Krankheitsfalle. So kann z.B. eine halbe Flasche Hustensaft, der Codein enthält, für ein Kleinkind höchste Lebensgefahr bedeuten.
- Verpackungen und Giftstoffe mit farbigem Aussehen, z.B. Spülmittel mit einer Zitrone als Werbung, locken kleine Kinder besonders an. Das Kind nimmt den schädlichen Stoff in den Mund und schluckt ihn meist, auch wenn der Geschmack schlecht ist. Gesüßte Arzneien und aromatisch riechende Stoffe werden sogar mit Gier eingenommen, ebenso Gifte in Bonbonform.
- Vorsicht bei Reinigungs- oder Waschmitteln, die aromatisch riechen. Kinder verwechseln sie mit erlaubten Genußmitteln.
- Kinder möchten auch immer den Erwachsenen nacheifern. Deshalb niemals Medikamente in Anwesenheit von Kindern einnehmen. Die für Zweijährige tödliche Dosis einer Reihe von Giftstoffen ist etwa zehnmal kleiner als diejenige für Erwachsene.
- Auch ordnungsgemäß abgefüllte giftige oder brennbare Flüssigkeiten werden von Kindern ergriffen, weil sie den Hinweis auf dem Etikett noch nicht verstehen. Noch gefährlicher sind Gifte in Getränkeflaschen, denn hier kommt noch die Verwechslungsgefahrt hinzu. Selbst wenn nichts getrunken wird, besteht Gefahr, denn Kleinkinder vermögen giftigen Gasen und Dämpfen nicht auszuweichen.
- Körperpflegemittel, die sich heute in einer Vielzahl in jedem Haushalt befinden, können auch vor Kindern nicht alle weggeräumt werden, wie z.B. Seife und Zahnpasta. Einige Körperpflegemittel sind aber für Kinder schädlich und müssen sicher aufbewahrt werden, wie z.B. Haar- und Nagelhautentferner, Nagellack und -entferner.
- Giftige Zimmerpflanzen sollte man in Räumen, die für Kinder zugänglich sind, niemals aufstellen. Vorsicht auch bei sonst unschädlichen Topfpflanzen, die mit Schädlingsbekämpfungsmitteln besprüht wurden. (Statt giftiger Pflanzenschutzmittel natürliche Mittel und Wege zum Pflanzenschutz suchen!) Kinder können die giftige Dunstwolke einatmen oder Blätter ausreißen und in den Mund stecken. Sicherer sind Pflanzenschutzzäpfchen, die man in den Boden steckt – aber nur, wenn kein Kind zusieht.
- Alkohol und Zigaretten sind für Kinder schädlicher, als man allgemein annimmt. Zur Abschreckung sollte man es auch nicht mit einer Schocktherapie versuchen und die Kinder bewußt probieren lassen. Es genügt bereits das Nikotin einer hinuntergeschluckten Zigarette, um ein kleines Kind zu töten. Für eine tödliche Alkoholvergiftung reicht z.B. eine angebrochene Flasche Wein aus der für Kinder zugänglichen Hausbar (Abb. 42/3).
- Auch Lebensmittel können zuweilen giftig sein. Was der erwachsene Mensch noch verträgt, kann bei kleinen Kindern zu Vergiftungen führen. So können bereits einige bittere Mandeln eine tödliche Blausäurevergiftung verursachen. Nicht mehr ganz einwandfreie Nahrungsmittel sollte man grundsätzlich wegwerfen.

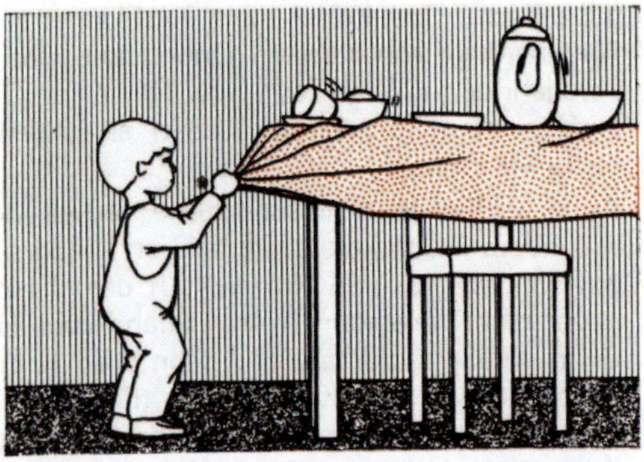

1 An Tischdecken können sich Kleinkinder hochziehen, sich daran festhalten, aber auch die Decke herunterziehen.

▶ Den Tisch nach dem Essen sofort abräumen, die Tischdecke hochschlagen oder festklammern.

2 Frei hängende Elektrokabel sind für Kinder Zugseile, vom herabfallendem Gerät können sie getroffen werden.

▶ Elektrogeräte sind für Kinder unerreichbar aufzustellen und nach Gebrauch sofort abzuschalten und wegzuräumen.

3 Kinder können in ihrem Spieltrieb herumliegende Plastiktüten über den Kopf ziehen und dabei ersticken.

▶ Leere Plastiktüten (Tragtaschen) sind für Kinder unerreichbar aufzubewahren.

41 Kinder sind voller Aktivitäten

Kinder-Unfallschutz in der Wohnung

Kinder sind bei ihrem Spieltrieb voller Phantasie und Aktivitäten. Dabei können sich gefährliche Situationen ergeben, deren Tragweite ein Kind noch nicht erfassen kann. Die Erwachsenen wiederum vergessen dagegen, daß ihre Umgebung auch die Umwelt des noch unerfahrenen Kindes ist. Die nachstehend gegebenen Hinweise sollen mithelfen, dieses Defizit abzubauen.

- ▶ Nichts herumliegen lassen, was dem Kind schaden kann. Kleine Gegenstände, wie Knöpfe, Münzen usw. können von Kindern verschluckt oder in die Nase gestopft werden. Spitze oder scharfe Gegenstände wie Messer, Schere, Nadeln führen oft zu Verletzungen. An herumliegenden Schnüren, Krawatten oder Gürteln können sich Kinder strangulieren.
- ▶ Möbel machen Kinder neugierig. Deshalb die unteren Möbeltüren abschließen und den Schlüssel abziehen, erreichbare Schubladen absperren oder ausräumen, niedrige Schränkchen abräumen. Bei offenen Regalen die Gläser und wertvolle Bücher nach oben stellen.
- ▶ Herunterhängende Tischtücher fordern Kinder auf, sich daran hochzuziehen (Abb. 41/1). Tischdecken sind ausreichend festzuklammern und der Tisch nach dem Essen sofort abzuräumen.
- ▶ An den Zimmertüren – und auch an der Toilettentür – erforderlichenfalls die Schlüssel abziehen, damit sich das Kind nicht einschließen und Sie ausschließen kann. Die Wohnungsabschlußtür (Abb. 67) und die Balkontüren (Abb. 61) sind geschlossen zu halten und ggf. noch zusätzlich zu sichern.
- ▶ Fenster und Balkonbrüstungen sind besondere Gefahrenpunkte, wenn das Kind anfängt zu klettern. (Fenstersicherungen Abb. 44, Balkonbrüstungen Abb. 11)

  Kinder sind vom offenen Feuer fasziniert; sie wissen aber nicht, wie gefährlich es ist. Kinder deshalb schon frühzeitig darauf aufmerksam machen, daß Feuer heiß ist. Zeigen Sie Ihrem Kind, wie man mit Streichhölzern umgeht, z.B. beim Anzünden der Geburtstagskerze. Das ist besser als lediglich Verbote und Strafandrohungen auszusprechen; das Kind zündelt dann im Geheimen. Dafür verständige Kinder auch rechtzeitig darüber aufklären, was sie zu tun haben, wenn es trotzdem einmal brennt. Wenn Kinder alleine sind, sollte man sie gar nicht erst in Versuchung führen, sondern Streichhölzer und Feuerzeuge konsequent wegschließen (Abb. 42/1).

- Kinder kennen noch weniger die Wirkung von elektrischem Strom als Erwachsene. Deshalb für Kinder zugängliche elektrische Geräte nach Gebrauch sofort ausschalten und wegräumen. An einer herunterhängenden Anschlußleitung kann das Kind ziehen und vom herabfallenden Gerät getroffen werden (Abb. 41/2). Zahlreiche Steckdosen sind etwa 30 cm über dem Fußboden angebracht, der Greifhöhe von Kleinkindern; aber auch höhergelegene Steckdosen sind für Kinder von einem gewissen Alter an erreichbar. Sie sind gegen Kinderschutz-Steckdosen auszutauschen oder durch Aufsatzteile zu sichern (Abb. 42/2).
- Heizgeräte aller Art sollten durch Schutzgitter gesichert werden, wenn sich Kinder unbeaufsichtigt in dem betreffenden Raum aufhalten. Kleinkinder niemals auf elektrische Heizkissen legen, ihre Haut ist noch zu empfindlich.
- Die Küche ist für das Kind voller Tücken. An scharfen Kanten und Ecken und noch mehr an scharfkantigen Griffen kann es sich den Kopf anstoßen. Den Magnetverschluß an den Türen der Küchen-Unterschränke überwindet auch ein Kind; deshalb Kochtöpfe und ungefährliche Küchenutensilien in die unteren Regale, Geschirr, Bestecke und Gläser in die oberen Fächer. Küchengeräte nach Gebrauch wegräumen oder anderweitig sichern.

  Töpfe mit heißem Inhalt nach hinten abstellen. Die Stiele der Pfannen und Töpfe auf den vorderen Herdplatten zur Seite oder nach hinten drehen. Noch sicherer sind Schutzgitter um die Kochstelle oder vor dem Backofen (Abb. 26). Kühlschränke mit Schnappschloß – sofern noch vorhanden – unbedingt abschließen, denn Kinder können den Kühlschrank ausräumen, hineinkriechen, die Tür zuziehen und darin in kürzester Zeit ersticken.

  Während der Anwesenheit von Kindern keine mit Wasser gefüllten Gefäße, wie z.B. Putzeimer, auf dem Küchenboden stehen lassen.

Bei Kindern ist Aufklärung genau so wichtig wie jedes Verbot!

1 Zündhölzer, Feuerzeuge und Kerzen üben auf Kinder eine magische Anziehungskraft aus.

▶ Zündhölzer, Feuerzeuge und brennende Kerzen haben im Flammkern eine Temperatur von mehr als 600 °C.

2 Steckdosen sind für Kinder oft Spieldosen, besonders wenn sie gut zu erreichen sind.

▶ Im Kinderbereich nur Kinderschutzdosen verwenden oder die normalen Steckdosen mit Sicherheitsabdeckungen versehen.

3 Kinder wollen es wie die Erwachsenen tun – und auch mal was Alkoholisches trinken.

▶ Bereits ein Blutalkoholgehalt von 0,6 Promille kann für ein Kleinkind tödlich sein.

42 Kinder wollen es genau wissen

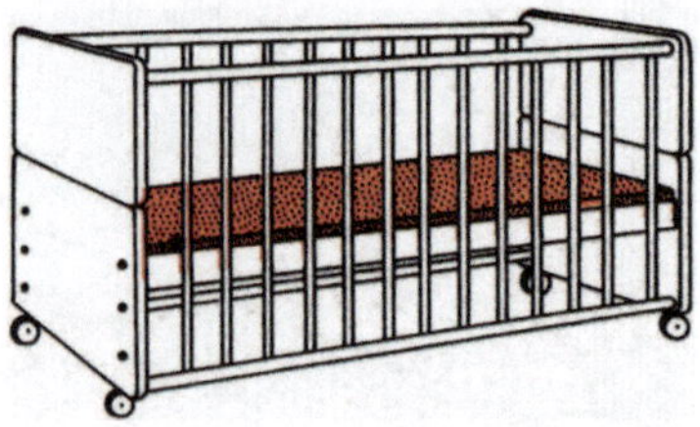

Stufe 1
Säuglingsbett für Babys bis zu 6 Monaten

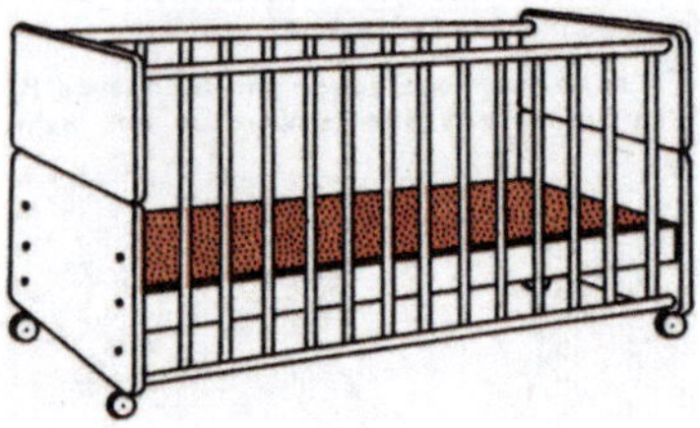

Stufe 2
Krabbelbett für Kleinkinder bis zu 1 Jahr

Stufe 3
Sicherheitsbett für Kinder bis zu 3 Jahren

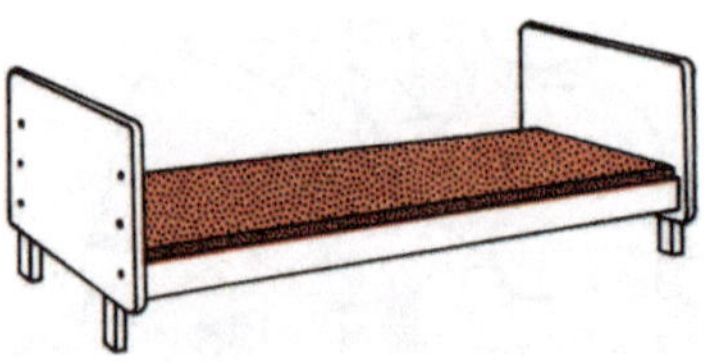

Stufe 4
Normales Bett für Kinder bis zu 7–8 Jahren
(Bettgröße 70/140 cm)

43 Variables Kinderbett

Kinderzimmer

Die folgenden kurzgefaßten Ausführungen gelten grundsätzlich für den gesamten Aufenthalts- und Spielbereich von Kindern.

- Alle Einrichtungen sollten keine scharfen Kanten und Ecken aufweisen; vorhandene kann man z.B. mit Schaumstoff abpolstern.
- Keine Möbel aufstellen, unter die das Kind kriechen und sich einklemmen kann.
- Als „Spielboden" eignen sich Teppichböden; sie sollten aber nicht zu hochflorig sein. Lose aufgelegte Läufer können wegrutschen, das Kind kann daran stolpern (Abb. 6).
- Als Wandbelag sind helle, abwaschbare Tapeten vorteilhaft, aber auch kunststoffbeschichtete Spanplatten bis in Greifhöhe.
- Die unerreichbaren Deckenleuchten sind für Kinder am sichersten. Gefährlicher sind Tisch- oder Wandleuchten mit langen Anschlußleitungen. Liegt das Kabel am Boden, kann man stol- das Kabel am Boden, kann man stolpern; hängt es herab, so kann das Kind daran ziehen.
- Im Kinderbereich sollten nur gesicherte Steckdosen vorhanden sein.
- Es beruhigt, wenn das Kind aus seinem Bereich nicht heraus kann, aber gleichzeitig Hör- und Sichtverbindung zur Aufsichtsperson besteht. Hierfür gibt es verstellbare Gitter, mit denen man die offene Tür des Kinderzimmers absperren kann (Abb. 45). Beim Spielbereich mitten in der Wohnung gehört das Gitter an die offene Küchentür. Weitere Schutzgitter können an anderen Gefahrenstellen (z.B. Treppenabgängen) erforderlich werden. Bewährt haben sich auch Wechselsprechanlagen (Abb. 21).
- Der Fensterbereich kann voller Tücken und Gefahren sein (Abb. 44).
- Kinderbetten (Abb. 43) und Laufställchen sind in Ordnung, wenn sie das Sicherheitszeichen tragen. Alles was schaden kann, darf vom Laufstall aus nicht erreichbar sein.
- Kinderspielzeug sollte aus Holz, Gummi oder Kunststoff bestehen und keine scharfen Kanten aufweisen. Spielzeug aus Blech und Plüschtiere, die man auseinandernehmen kann, sind dagegen ungeeignet.
- Elektrisches Spielzeug darf nur mit Nennspannungen bis 24 Volt betrieben werden. Ausgenommen sind elektrische Kinderkochgeräte und Kinderbügeleisen; hier darf die höchst zulässige Nennspannung 250 Volt bei einer Stromstärke von höchstens 6 Ampere betragen.

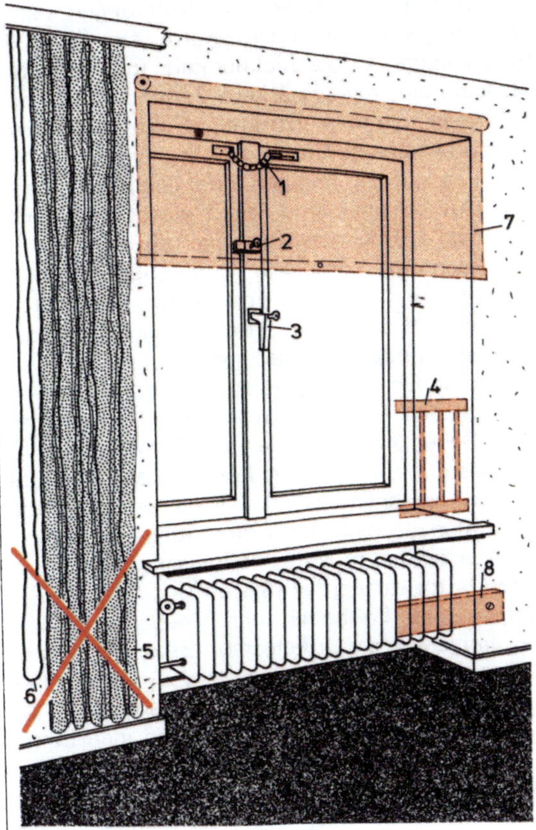

Sicherungen gegen Öffnen des Fensters (wahlweise)

1 Türkette (so wie an der Abschlußtür)

2 Abschließbares Zusatzschloß

3 Abschließbarer Fenstergriff

4 Ggf. Schutzgitter gegen das Besteigen der Fensterbank - ähnlich wie bei der Tür →

5 Bis zum Boden reichende Vorhänge können heruntergerissen werden.

6 Mit der Vorhangschnur kann sich ein Kind strangulieren.

7 Für die Verdunkelung ist ein Rollo günstiger.

8 Radiatoren mit Kanten sind durch eine Schutzbohle oder dgl. zu sichern.

44 Kinderschutz im Fensterbereich

10 Verstellbares Kinderschutzgitter

11 Gitterhöhe mindestens 55 cm

12 Lichter Abstand der Gitterstäbe max. 7,5 cm

13 Einstellschrauben

14 Spreizverschraubung

15 Ggf. Unterlagen aus Gummi oder dgl. zur Verbesserung der Spreizhaftung

Das eingesetze Gitter darf vom Kinderzimmer aus nicht herausgedrückt werden können.

Beim Kauf auf das [Sicherheitszeichen-Symbol] - Sicherheitszeichen achten!

45 Tür mit Kinderschutzgitter

Die altengerechte Wohnung

Die Fortschritte in der Medizin und die Verbesserung von Umweltbedingungen haben die mittlere Lebenserwartung des Menschen stark ansteigen lassen. Sie ist über viele Jahrhunderte hinweg mit etwa 30 Jahren fast gleich geblieben. Ein deutlicher Anstieg beginnt um das Jahr 1800. Im Jahre 1900 betrug die mittlere Lebenserwartung 49 Jahre, 1970 bereits 70 Jahre.

Diese Lebensverlängerung brachte auch eine Umschichtung der Altersgruppen mit sich. Die Zahl der über 65 Jahre alten Menschen betrug 1800 lediglich 3 %, 1900 waren es bereits 5 %, heute sind es etwa 12 %. In den nächsten Jahren erwartet man einen Anstieg auf etwa 15 %.

Mit dieser Entwicklung ist eine Veränderung der Lebensform einhergegangen. Früher lebte der alte Mensch überwiegend in seiner Großfamilie. Heute gibt es meist nur noch Kleinfamilien mit oft noch beschränktem Wohnraum. Viele ältere Menschen wollen oder müssen aber ihren eigenen Haushalt behalten, auch wenn sie alleinstehend sind. Die bisherige Normalwohnung sollte dann zu einer altengerechten Wohnung ergänzt werden. Bei dieser Umstellung ist vor allem an die zahlreichen Unfallgefahren zu denken, die mit dem Alter verbunden sind. Hierzu machen die Statistiken auf Seite 9 (Abb. 4) und auf Seite 83 (Abb.2) eine sehr deutliche Aussage.

In einer altengerechten Wohnung sollten alle Bauteile und Einrichtungen nicht nur unfallsicher gestaltet sein, sondern auch vom Erscheinungsbild her ein Gefühl der Sicherheit vermitteln; denn alte Menschen müssen ihren Bereich sehen und abschätzen können.

Wandoberflächen

Unabhängig vom Material dürfen die Oberflächen von Wänden keinesfalls rauh sein. Bei Stürzen oder unachtsamen Bewegungen können sich sonst Hautabschürfungen ergeben. Dagegen ist eine leicht plastische aber stumpfe Oberfläche vorteilhaft, wie z.B. geprägte abwaschbare Tapeten oder plastische Beläge mit abgeschliffenen Spitzen. Die Wandbeläge sollen außerdem gut zu reinigen und leicht zu ergänzen sein.

Fußböden

Fußböden in altengerechten Wohnungen sollten vor allem gleitsicher und fußwarm sein. Durch die altersbedingte Ungeschicklichkeit und Unsicherheit kann eine etwas stärkere Verschmutzung oder gar Fleckenbildung auftreten. Fußböden müssen deshalb bei einem Mindestmaß an körperlicher Anstrengung gut zu reinigen und leicht zu pflegen sein. Gut geeignet sind leicht elastische Oberflächen, wie z.B. Kunststoffbeläge mit Schaumstoffunterlagen oder kompakte Teppichböden, wie z.B. Nadelfilz. Teppichböden sind gut rutschfest. Stürzt doch jemand, so ist die Verletzungsgefahr auf dem weichen Teppichboden geringer.

Spiegelnde Oberflächen – auch rutschfeste – sind zu vermeiden. Das darauf reflektierte Licht irritiert; beim Gehen fühlt sich der alte Mensch unsicher. Besondere Unfallgefahren können von lose aufliegenden Teppichen ausgehen. Meist gehören sie zur gewohnten persönlichen Einrichtung, auf die man nicht verzichten möchte sie müssen dann entsprechend festgelegt werden (Seite 17).

Ausgetretene Fußböden und Unebenheiten aller Art vermehren die Unfallgefahr. Besonders kritisch sind alle Erhebungen, die über das normale Fußbodenniveau ragen, wie z.B. Türanschläge. Dazwischengesetzte Türschwellen sollte man herausnehmen und z.B. durch gefahrlose untere Türdichtungen ersetzen. Wo dies nicht möglich ist, kann man mit einem vor der Schwelle angebrachten keilförmigen Übergang die Stolpergefahr beseitigen (Abb. 5). Die Unfallgefahr bei Fußböden wird auch herabgesetzt, wenn man geeignetes Schuhwerk trägt. Gummi- oder Plastiksohlen haften besser am Boden als glatte Ledersohlen. Unsicher sind auch offene Schlüpfpantoffeln, in denen der Fuß keinen festen Halt hat.

Fenster

Vorteilhaft wären Fenster mit niedriger Brüstung, von denen aus die Umwelt auch im Sitzen beobachtet werden kann. Auf die aus Sicherheitsgründen notwendigen Gitter ist dabei zu achten. Gefährlich sind aber zu weit geöffnete Ausblicke, wie z.B. bis zum Boden reichende Verglasungen, die beim alten Menschen Schwindel bewirken.

Bei den Fensterbeschlägen ist zu bedenken, daß der Bewegungsraum des alten Menschen eingeschränkt ist. Gut erreichbar sind Höhen bis etwa 160 cm über dem Fußboden.

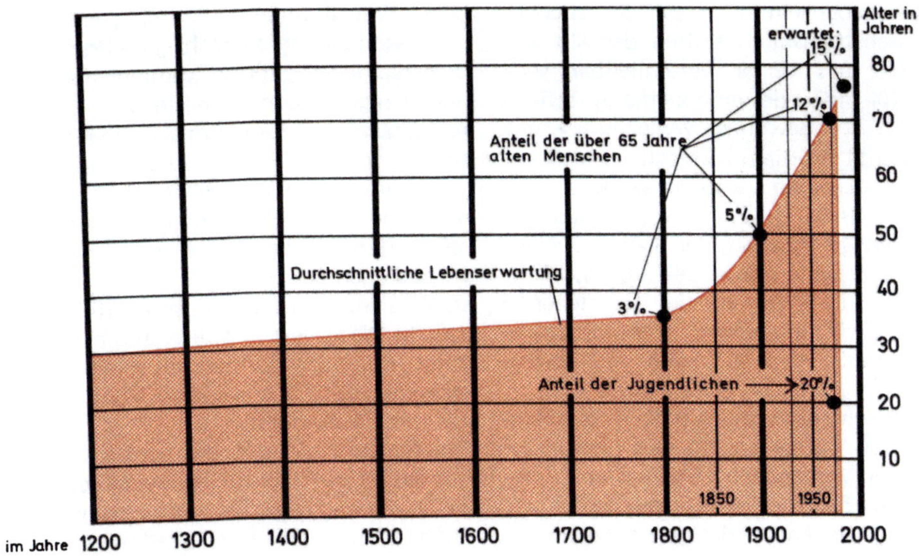

1 Entwicklung der durchschnittlichen Lebenserwartung

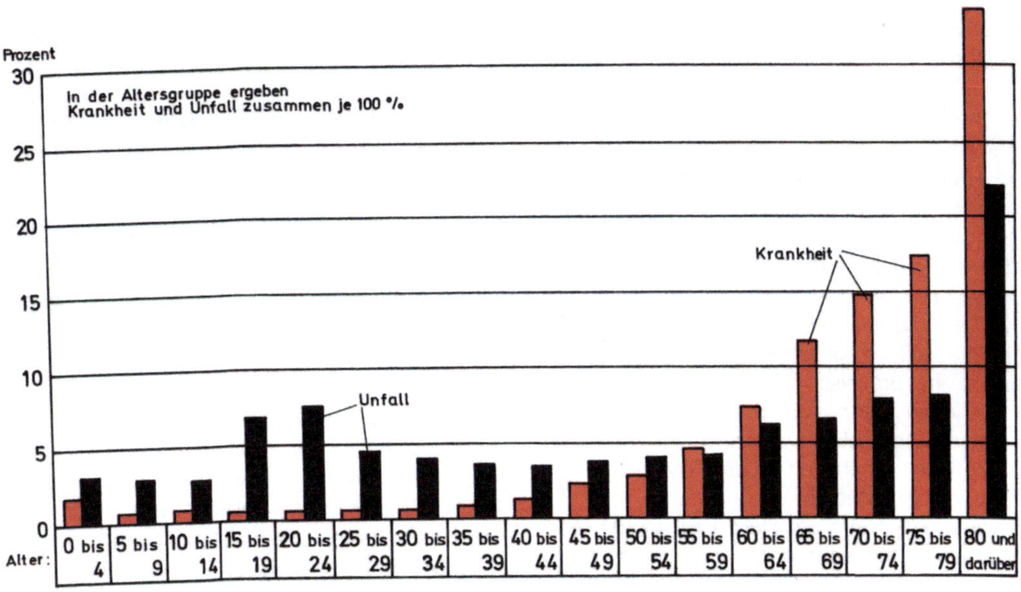

2 Durch Krankheit und Unfall Gestorbene der schweizerischen Wohnbevölkerung nach Altersklassen (Quelle: Schweizerische Beratungsstelle für Unfallverhütung)

46 Durchschnittliche Lebenserwartung, Gegenüberstellung von Unfall und Krankheit

Türen

Alte Menschen haben ein erhöhtes Schutzbedürfnis. Wohnungsabschlußtüren sollten deshalb ausreichend stabil und sicher verschließbar sein. Durch einen Türspion oder eine kleine Sprechöffnung kann sich der Bewohner vergewissern, wer vor der Tür steht. Für diese vorsorgliche Maßnahme eignet sich auch eine Türsperre (Abbildungen 68 bis 70), mit deren Hilfe die Abschlußtür nur einen Spalt breit geöffnet werden kann. Der Bewohner kann sich dann etwas Zeit lassen, bis er sich entscheidet, ob er die vor der Tür stehende Person einlassen will oder nicht. (Über Geschäfte an der Wohnungstür wird auf Seite 109 berichtet.)

In einer altengerechten Wohnung sollte man selbstschließende Türen vermeiden. Ist dies nicht möglich, dann sollten vorhandene Türschließer so einreguliert werden, daß die Tür mit geringer Kraft aufgedrückt werden kann. Besonders gefährlich sind sogenannte steigende Bänder und Teppichheber. Damit ausgestattete Türen schlagen ohne jede Verzögerung zu; hier fehlt die bei einem automatischen Türöffner vorhandene Bremswirkung. Damit selbstschließende Türen gelegentlich offen gehalten werden können, empfehlen sich an der Tür angebrachte Feststeller (Abb. 8).

Küche und Hausarbeit

Es ist vorteilhaft, wenn man möglichst viele Arbeiten im Haushalt mit geringem Kraftaufwand erledigen kann. So wird z.B. bei einer sitzenden Tätigkeit nur etwa die Hälfte der Kraft verbraucht, die man für die gleiche Arbeit im Stehen aufwenden muß. Auch empfiehlt es sich, schwere des öfteren gebrauchte Gegenstände im günstigen Griffbereich von 40 bis 160 cm über dem Fußboden unterzubringen. Sehr praktisch sind Arbeitsplatten, die man ausziehen kann (für normale Stühle) oder nicht unterbaute Abdeckplatten von Küchen-Unterschränken (für höhenverstellbare Stühle mit Rükkenlehne und Fußstützen).

Die Bedienungsknöpfe am Herd und an den anderen Küchengeräten sollten deutlich sichtbar und einfach zu bedienen sein. Sie müssen vor allem klar anzeigen, ob das Gerät in Betrieb ist oder nicht. Noch vorteilhafter sind Bedienungseinrichtungen, die automatisch abstellen, wenn man das Ausschalten vergessen hat.

Bad und WC

Diese Kleinsträume mit ihrer Enge sind bekanntlich besonders unfallträchtig (Seite 58). In einer altengerechten Wohnung kommen für Bad und WC noch einige Forderungen hinzu.

Als zusätzlicher fußwarmer Bodenbelag empfehlen sich Teppiche oder selbstliegende Teppichfliesen aus vollsynthetischem Material, die in der Waschmaschine gewaschen werden können. Alle Armaturen sollten mit möglichst geringem Kraftaufwand zu bedienen sein, wie z.B. Hebelmischer oder Tastenbedienungen. Thermostatventile sorgen dafür, daß die Wassertemperatur nicht über Körperwärme steigt. Bei Normalarmaturen muß ausreichend zu erkennen sein, aus welchen Ventilen kaltes oder warmes Wasser fließt.

Für Badewannen gilt die bereits ausgesprochene Forderung nach ausreichendem Gleitschutz (Abb. 31) sowie nach stabilen und körpergerechten Greifhilfen (Abb. 32). Für die Badewanne einer Altenwohnung kann darüber hinaus eine Sitzgelegenheit in der Wanne von Nutzen sein (Abb. 47/3 + 4). Brausewannen für Duschbäder sind bei alten Menschen im allgemeinen weniger beliebt; sind sie aber vorhanden, dann werden sie auch weiter benutzt. Neben dem bereits erwähnten Gleitschutz können an der Wand befestigte Haltegriffe Sicherheit bieten. Erleichterung schafft auch eine herabklappbare Sitzbank oder ein Spezialhocker (Abb. 47/4), den man in die Brausewanne stellt.

Die meisten alten Menschen kommen mit dem normalen Wohnungs-WC zurecht. Ergeben sich aber Schwierigkeiten, so gibt es verschiedene Hilfen, wie z.B.

- Aufsatzstücke aus Kunststoff, mit denen der Sitz um etwa 10 cm erhöht werden kann (Abb. 47/1), oder auch beliebig höhenverstellbare Zusatzsitze;
- hochklappbare Stützgestelle als Aufstehhilfe (Abb. 47/2). Den gleichen Zweck erfüllen auch Handgriffe, die an den Seitenwänden des schmalen WC-Raumes angebracht werden;
- eine waschbare Fellauflage auf dem Toilettensitz bringt besonders stark abgemagerten Menschen Erleichterung; in kalten WC-Räumen wird sie von jedermann angenehm empfunden.

Aus Gründen des Unfallschutzes ist es auch wichtig, daß der alte und oft behinderte Mensch ungehindert das WC aufsuchen kann und nicht erst über alle möglichen herumliegenden Sachen stolpert.

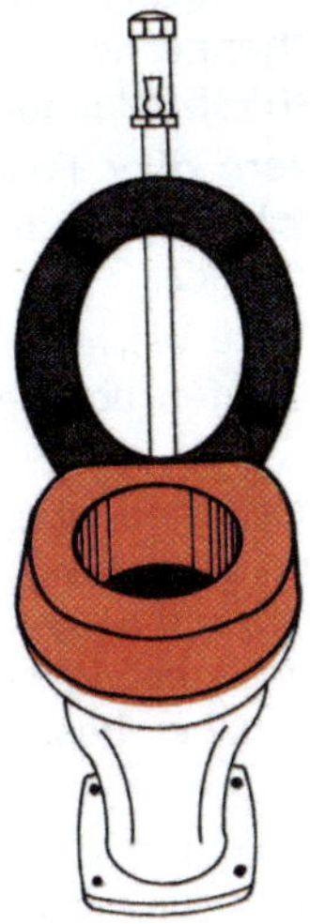

1 Normales WC mit Kunststoff - Aufsatz

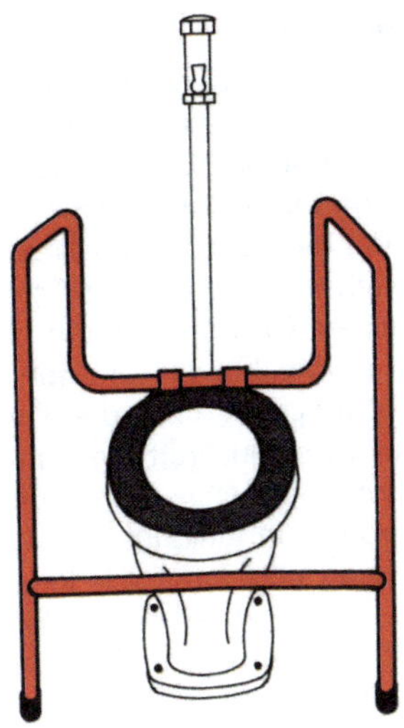

2 Stützgestell am WC als Aufstehhilfe

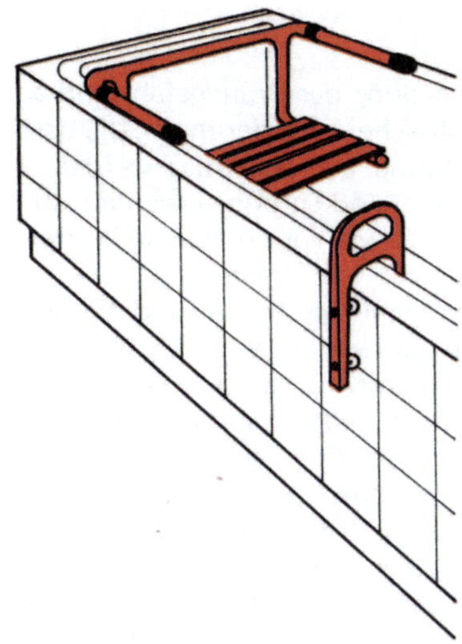

3 Einhängesitz und anschraubbarer Griff für die Badewanne

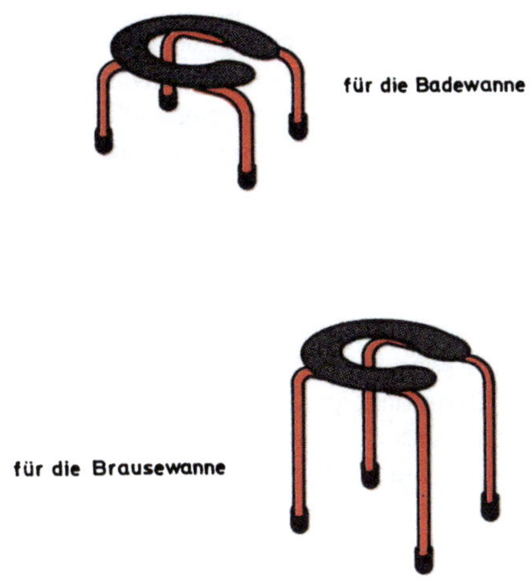

4 Hocker zum Einstellen in die Wanne

weitere Hilfen für das Bad siehe Abb. 31 und 32

47 Altengerechte Hilfen für WC und Bad (über den Sanitär- und Sanitätshandel)

Brandschutz

Zur Abwendung der Brandgefahr enthält das Baurecht zahlreiche Anforderungen, die bereits bei der Bauausführung berücksichtigt werden müssen. Trotz dieser Vorkehrungen werden durch Brandschäden nach wie vor erhebliche Werte vernichtet, oft verbunden mit tragischen Todesfällen. Nach Schadenssummen gerechnet sind die Brandschäden in der Bundesrepublik von 1962 bis 1980 von 0,5 auf 3,5 Milliarden DM angestiegen.

Die Erledigung von Brandschäden ist nicht allein Sache der Versicherungen. Bei jedem Brand- oder Explosionsschaden prüfen die Strafverfolgungsbehörden, ob der Tatbestand einer strafbaren Handlung, z.B. einer fahrlässigen Brandstiftung, vorliegt. Hier muß sich auch ein Mieter angesprochen fühlen. Führt er z.B. Reparaturen an elektrischen Anlagen selbst durch, die dann Anlaß für einen Brandschaden sind, muß er meist für diesen Schaden aufkommen.

Es ist ein großer Irrtum anzunehmen, daß Wohnungen in Neubauten mit massiven Wänden und Decken vor Bränden sicherer seien. Hier hat sich die Brandgefahr vielmehr auf die immer umfangreicher werdende Möblierung der Wohnungen verlagert. Mit den immer zahlreicher werdenden elektrischen Geräten, auch wenn diese selbst in der Regel recht sicher sind, ergeben sich weitere Gefahren im Wohnbereich.

Einen Brand in der Wohnung wird auch der noch so Vorsichtige nie völlig ausschließen können. Die überwiegende Anzahl der Wohnungsbrände entsteht nämlich durch die in ihrem Anfangsstadium selten zu erkennenden Schwelbrände. Wie die Praxis zeigt, kann der eigentliche Brandausbruch Stunden nach diesem heimtückischen Entstehungsbrand liegen. Selbst wenn es nicht zum Vollbrand kommt, ergeben sich bei einem Schwelbrand sehr häufig Rauchvergiftungen, besonders wenn schlafende Menschen von diesen Einwirkungen überrascht werden.

Nach der Statistik entstehen die meisten Brände mit Schadensfolgen aber während der Nachtzeit. Schlafende Menschen riechen meist den Rauch nicht; entweder sie haben einen Tiefschlaf (durch Schlaftabletten oder Alkohol oft begünstigt) oder sie werden bereits vor dem Aufwachen durch den Rauch bewußtlos.

Häufige Ursachen von Wohnungsbränden sind:

- unsachgemäßer Umgang mit Tabakwaren; Ausleeren von Aschenbechern mit noch glimmender Glut in Plastikabfalleimer;
- mit Streichhölzern oder Feuerzeugen spielende Kinder; Weihnachtsbäume mit Kerzen, Geburtstagskerzen, Lampions;
- nicht abgeschaltete Wärmegeräte, auf Heizgeräten oder neben Öfen abgelegte Kleidung oder Zeitungen.

Bei einem Wohnungsbrand ist es also nicht nur das sichtbare Feuer und dann das Ausbrennen des Gebäudes, das einen Brand so gefährlich macht. Für die Bewohner können es vielmehr die folgenden, weiter unten noch näher behandelten Einwirkungen sein:

- Rauchentwicklung und dadurch Sichtbehinderung und Atemnot für die Fliehenden und ihre Helfer
- Bildung toxischer Brandgase und dadurch Vergiftungsgefahr
- Brand-Folgeschäden, die in Wohngebäuden meist als Löschwasserschäden auftreten

Ältere Wohnhäuser

Im Wohnungsbau sind besonders ältere Gebäude gefährdet, die nicht nach dem heutigen recht hohen Stand des Brandschutzes errichtet wurden. So gibt es noch zahlreiche ältere mehrgeschossige Wohngebäude, die noch Holzbalkendecken enthalten. Oft bestehen auch noch die Treppen aus Holz, so daß bei einem Großbrand nicht nur das gesamte Gebäude in relativ kurzer Zeit abbrennt, sondern auch der Rettungsweg über die Treppen ausfällt. Die schnelle Brandausbreitung kann noch durch kaminartig wirkende enge Lichthöfe und im Treppenhaus durch Wohnungsabschlußtüren mit einfacher Verglasung begünstigt werden. Es ist deshalb verständlich, daß in älteren Wohnhäusern die Brandschutzbestimmungen besonders sorgfältig eingehalten werden müssen. Wegen der Verbesserung des Brandschutzes wird den Eigentümern von Altbauten empfohlen, sich von der Feuerwehr beraten zu lassen. Außerdem sollten alle Bewohner von Altbauten über weitere Rettungsmöglichkeiten gut informiert sein, wenn z. B. der normale Rettungsweg über das Treppenhaus nicht mehr begangen werden kann.

Brandgefahren in der Wohnung

Eine erschreckende Bilanz: zwei Drittel **aller** Brandtoten kommen in Wohnbereichen von Gebäuden ums Leben.

Neben den wenig brandsicher errichteten älteren Gebäuden sind es heute meist die sehr reich ausgestatteten Wohnungen, die den notwendigen „Brennstoff" liefern. Mit zunehmendem Wohlstand sind auch die Ausstattungen der Wohnungen sehr umfangreich geworden. Der sogenannte Holzgleichwert – wie die Fachleute sagen – ist auf mehr als 20 kg pro m^2 gestiegen. Bei 100 m^2 Wohnfläche sind das immerhin über 2 Tonnen dem Holz gleichzusetzendes brennbares Material.

Brände im Haushalt haben zumeist ihre Ursachen in Unachtsamkeiten und mangelnder Kenntnis von Brandgefahren. Ein Beispiel: Ein massives Holzstück läßt sich mit einem Streichholz kaum entzünden. Wird aber das gleiche Holzstück zu Holzwolle zerkleinert, dann läßt sich ein und derselbe Holzwert leicht mit einem Streichholz zum Brennen bringen. Ähnlich verhält es sich auch mit den Einrichtungen. Schwere kompakte Möbelstücke brauchen gegenüber leichten und vor allem stark gegliederten Möbeln längere Zeit, bis sie in Flammen stehen.

Wie bereits erwähnt, entwickelt sich ein Wohnungsbrand meist aus einem Schwelbrand. Dieser versteckt liegende Brandherd wird oft erst bemerkt, wenn es zu qualmen anfängt oder das Feuer erst nach Stunden ausbricht. Seltener sind dagegen z.B. durch leicht entflammbare Flüssigkeiten oder durch Ölofen-Verpuffungen schlagartig entstehende Wohnungsbrände.

Offenes Feuer, brennende Kerzen

Beim Umgang mit offenem Feuer und Licht ist besonders in den nur gelegentlich begangenen Kellerräumen und auf Dachböden äußerste Vorsicht geboten. Beim Kellerbrand brennt nur sein Inhalt; aber meist wird das gesamte Gebäude verqualmt, da Rauch und Wärme nach oben steigen. Bei einem Dachbodenbrand wird aber auch die Bausubstanz angegriffen, das trockene Holzwerk geht sofort in Flammen auf und ist bereits abgebrannt, bevor die Feuerwehr eintrifft.

Brennende Kerzen sollte man nie unbeaufsichtigt lassen. Als Kerzenhalter auch keine brennbaren Provisiorien verwenden (Abb. 48/3) oder sie in der Nähe von leicht entzündbaren Materialien aufstellen! Beim Verlassen der Wohnung sind brennende Kerzen unbedingt zu löschen. Zur Fehlersuche, z.B. durch Kurzschluß, sollte man Kerzen nur im äußersten Notfall verwenden; sicherer sind Taschenlampen. Bei Stromausfall sind Kerzen aber oft die einzige Möglichkeit einer Notbeleuchtung; dann sind aber die Sicherheitshinweise zu beachten.

Während der Weihnachtszeit ergeben sich in fast jeder Wohnung erhöhte Brandgefahren. So sind z.B. nicht brennbare Geschenke meist mit leicht brennbarem Papier eingewickelt. Weihnachtsbäume sind allein schon wegen der Ansammlung von brennenden Kerzen auf engstem Raum besonders brandgefährdend. Die Gefahr wird noch erhöht, wenn Kinder in der Wohnung sind. Wer einen Weihnachtsbaum mit Kerzen aufstellt, sollte die folgenden Hinweise beachten:

- Die Entfammbarkeit des Baumes wird herabgesetzt, wenn man ihn in Wasser stellt, dem man Ammoniumsulfat zugegeben hat. Auf ein Liter Wasser wird ca. 1/2 kg Ammoniumsulfat gebraucht. Dabei ist die Ansaugfläche durch schräges Ansägen oder Aufspalten des Stammes zu vergrößern.
- Der Baum muß standsicher aufgestellt werden. Leichte Ständer sind auf einer größeren und schweren Grundplatte fest anzuschrauben.
- Weihnachtsbäume sollte man nie in der Nähe von Öfen oder sonstigen Heizkörpern aufstellen, aber auch nicht dicht neben Gardinen oder sonstigen leicht brennbaren Einrichtungen.
- Die Kerzen sind so anzubringen, daß die Flammen darüberliegende Äste nicht entzünden können.
- Die Kerzen sind von oben nach unten anzuzünden und von unten nach oben zu löschen.
- Einen Baum mit brennenden Kerzen sollte man nie unbaufsichtigt lassen. Die Gefahr ist um so größer, je ausgetrockneter der Baum ist.

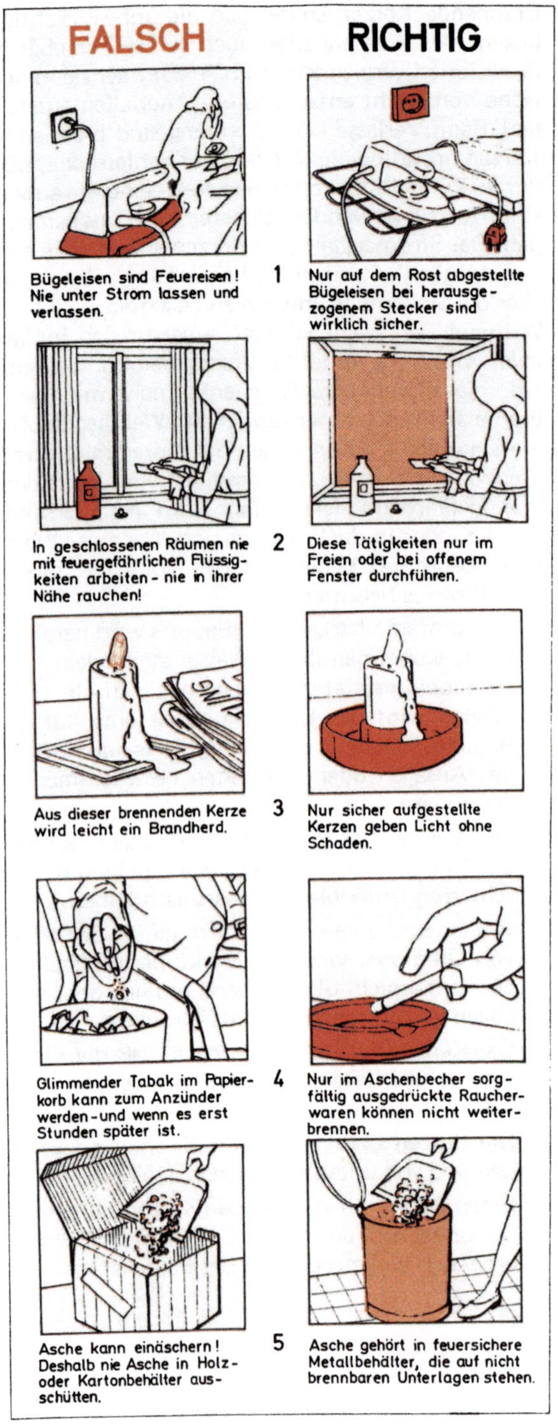

48 Brandgefahren lauern überall!

Zündhölzer

Zündhölzer in Kinderhand können äußerst gefährlich sein. Diese gut gemeinte Empfehlung genügt aber dem Gesetzgeber noch nicht. In den „Landesverordnungen über die Verhütung von Bränden" sind vielmehr folgende Vorschriften enthalten: „Zündhölzer und andere Feuerzeuge dürfen an Kinder unter 12 Jahren nicht abgegeben werden. Sie sind so zu verwahren, daß sie solchen Kindern nicht ohne weiteres zugänglich sind. Brennende oder glimmende Zündhölzer dürfen nicht so weggeworfen werden, daß eine Brandgefahr entstehen kann."

Rauchen

Der unsachgemäße Umgang mit Tabakwaren ist eine häufige Ursache von Wohnungsbränden. Es gibt Zigarettenraucher, die durch den laufenden Umgang mit Rauchwaren schon so daran gewöhnt sind, daß sie das Anzünden einer Zigarette und das Wegwerfen des ausgerauchten Zigarettenrestes völlig gedankenlos und mechanisch durchführen. Sie sollten die folgenden Hinweise deshalb unbedingt beachten:

- Zum Abklopfen der Asche stets einen nicht brennbaren Aschenbecher benutzen und die Kippe nicht einfach gedankenlos wegwerfen.
- Keine Aschenreste oder ähnliches in Abfallbehälter aus Kunststoff geben. Kleinste Glutreste genügen bereits, um einen Brand zu entfachen. Die Gefahr ist besonders während der Nacht sehr groß, wenn Sie schlafen.
- Rauchen Sie nie im Bett oder in müdem Zustand auf der Couch oder im Sessel bei einem langweiligen Fernsehprogramm. Sie könnten einschlafen, und die aus der Hand fallende Zigarette könnte dann einen Schwelbrand hervorrufen, dessen Rauchgase dann von Ihnen unbemerkt eingeatmet werden.

Die bereits erwähnten Brandschutzverordnungen enthalten auch Vorschriften über ein Rauchverbot. Soweit es die Wohnung betrifft, heißt es hierzu: „Brennende Zigarren oder Zigaretten, Pfeifenglut oder Rauchzeugasche dürfen nicht so weggelegt oder weggeworfen werden, daß eine Brandgefahr entstehen kann."

Fettbrand

Ein Fettbrand entsteht, wenn Fett und Öl – es genügen schon ihre Dämpfe – mit Feuer in Berührung kommen. Öl kann sich aber auch ohne Flamme bei hohen Temperaturen selbst entzünden, z.B. in der Friteuse oder in der Pfanne. Beim Eingeben von wasserhaltigen Zutaten, wie z.B. Zwiebeln oder beim Einlegen von nassem Bratgut, kann das Fett aus der Pfanne spritzen und sich auf der heißen Herdplatte entzünden. Zu oft benutztes Fett in der Friteuse ist nicht nur gesundheitsschädlich, wegen der Ablagerungen im Topf ist es auch wesentlich brandgefährlicher.

Bei einem Fettbrand nie Wasser zum Löschen benutzen, das würde die Gefahr noch vergrößern. Man sollte vielmehr den Herd oder das Gerät abschalten und den Deckel auf den Topf geben, um den Brand zu ersticken.

Zur Vermeidung eines Fettbrandes sollte die Hausfrau Töpfe oder Pfannen mit Speiseöl oder Fetten immer von der eingeschalteten Kochplatte nehmen, wenn sie die Küche verläßt – und wenn es auch nur für kurze Zeit ist. Immer wieder kommt es vor, daß Hausfrauen durch Telefonanrufe oder durch das Klingeln an der Wohnungstür kurzfristig abgelenkt werden und bis zur Rückkehr zum Herd das Fett in Brand geraten ist. Fettbrände in der Küche sind oft Ursache für eine intensive Verqualmung der gesamten Wohnung, was meist teure Erneuerungsarbeiten nach sich zieht.

Heimtextilien

Der Abbrand eines Gewebes hängt weniger von der Art der Faser als von der Dichte und der Dicke des Stoffes und seiner Ausrüstung ab. Deshalb sind luftige Gewebe besonders leicht entzündbar, ganz gleich, ob sie aus Naturfaser oder aus synthetischer Faser bzw. aus einer Fasermischung bestehen.

Die Brennbarkeit von Heimtextilien ist auch von deren Anbringung abhängig. Besonders gefährdet sind frei hängende Gardinen und Vorhänge. Brennende Fenstergardinen sind auch an der Brandübertragung auf darüberliegende Geschosse beteiligt (Abb. 50). Dekorationsstoffe, die dicht auf der Wand aufliegen, sind dagegen weniger gefährdet. Beim Schwelbrand von Wohnungstextilien entstehen zwangsläufig giftige Rauchgase (Seite 97). Zur Vermeidung oder Herabsetzung dieser Gefahren empfehlen sich nichtbrennbare Dekorationsstoffe. Die aus Glasseidengewebe bestehenden Gardinen, Wand- und Deckenbekleidungen sowie Fensterrollos sind sonnenlichtbeständig, schmutzunempfindlich und pflegeleicht. Mit Fenstergardinen aus Glasseidengewebe kann vor allem der gefürchtete Feuerüberschlag von Geschoß zu Geschoß verringert werden.

Kleiderbrände

Zu Kleiderbränden kann es kommen, wenn man z.B. regelwidrig Spiritus oder Benzin zum Feueranzünden verwendet und dabei auf die Kleidung spritzt. Bei einem solchen Vorkommnis bildet die Gefahr nicht so sehr der Verlust des Kleidungsstükkes, sondern vielmehr die dabei entstehende und oft sehr schwere Hautverbrennung.

Für den Brandablauf ist vor allem der Schnitt der Kleidung sehr entscheidend. So wird bei gleichen Textilien bei einem weiten Rock die Brandausbreitung schneller erfolgen als bei einer eng anliegenden Hose. Ein schwerer Stoff brennt langsamer als ein leichter.

Bei Kleiderbränden ist das Feuer so schnell wie möglich zu ersticken, entweder durch Wälzen am Boden oder durch rasches Überwerfen von Decken. Vor allem sollte man nicht mit brennenden Kleidern kopflos herumrennen, weil durch den Luftzug das Feuer erst recht angefacht wird.

Gewebe mit synthetischen Fasern sind hier besonders nachteilig. Die sich beim Brand bildenden Schmelzprodukte bleiben an der Haut haften – auch an den Händen von helfenden Personen. In einem solchen Notfall kann es zweckmäßig sein, die gefährdete Person mit dem Feuerlöscher abzulöschen. Das Löschpulver ist zwar ungiftig, trotzdem sollte man den Löschstrahl nicht direkt auf die Augen oder den Mund richten. Versengte Kleidungsstücke sind sofort zu entfernen und der Patient in saubere Tücher einzupacken. Anhaftende Kleidungsstücke niemals abreißen, sondern um die Klebestelle herum mit der Schere wegschneiden. Die Brandwunden sind sofort in kaltes Wasser einzutauchen oder mit Eis zu kühlen (keinesfalls Fett, Öl, Salben oder Puder auftragen!) Der Patient ist dann unverzüglich in ärztliche Behandlung zu bringen.

Elektrogeräte

Auf den richtigen Umgang mit Elektrogeräten – auch im Sinne der Brandverhütung – wurde bereits ab Seite 42 hingewiesen. Weitere Vorschriften zum Brandschutz enthalten die schon mehrfach zitierten „Landesverordnungen über die Verhütung von Bränden"; hieraus die folgenden Ausführungen:

- Elektrische Bügeleisen, Kocher, Tauchsieder und ähnliche Elektrogeräte sind während des Betriebes ausreichend zu beaufsichtigen. Sie sind auf nicht brennbaren, wärmebeständigen Unterlagen so abzustellen, daß auch bei übermäßiger Erwärmung in der Nähe befindliche brennbare Gegenstände nicht entzündet werden können.
- Beleuchtungsgeräte müssen so beschaffen und und so aufgestellt oder angebracht sein, daß sie keinen Brand verursachen können.
- Elektrische Strahlungsöfen, Heizsonnen, Infrarotstrahler und ähnliche Elektrowärmegeräte sind so aufzustellen, daß brennbare Gegenstände nicht entzündet werden können.
- Heizkissen, Heizdecken, Heizteppiche und ähnliche schmiegsame Elektrowärmegeräte sind während des Betriebes ausreichend zu beaufsichtigen.

Aus Gründen des Brandschutzes sollte bei Film- und Dia-Projektoren ein länger dauernder Betrieb vermieden werden. Die Geräte sind vielmehr zwischendurch abkühlen zu lassen, zweckmäßigerweise bei eingeschaltetem Ventilator.

Ausschmückung von Räumen

Gemäß der schon mehrfach erwähnten Landesverordnung über die Verhütung von Bränden dürfen Räume mit einem größeren Publikumsverkehr (Säle, Gasthäuser) nur mit nichtbrennbaren oder schwer entflammbaren Stoffen ausgeschmückt werden. Außerdem müssen schwer entflammbare Stoffe von Feuerstätten mindestens 50 cm entfernt sein. Die Zugänge zu solchen Räumen dürfen durch Ausschmückungsgegenstände nicht verstellt oder verhängt werden.

Diese Hinweise sollte man auch bei der Ausschmükkung von privaten Wohnräumen beachten. Vor allem dürfen leicht brennbare Papiergirlanden nicht an elektrischen Leuchten befestigt werden.

Kunststoffe

Kunststoffe der verschiedensten Art sind in der heutigen Wohnung in einer Vielzahl vorhanden. Ihrer Herkunft nach sind Kunststoffe wie alle organischen Stoffe (z.B. Holz) brennbar. Ihre Verwendung bei der Errichtung von Gebäuden unterliegt den strengen Forderungen des baulichen Brandschutzes. Die eingebauten Kunststoffe stellen dann kein größeres Risiko dar als andere brennbare Werkstoffe auch. So liegt z.B. die Fremd- und Selbstentzündungstemperatur von Tannenholz bei etwa 260 °C. Für die in einer Wohnung üblichen Hart-Kunststoffe liegt dagegen die Fremdentzündung bei mehr als 300 °C, die Selbstentzündung bei 350 bis 550 °C. Kritischer sind Kunststoffe, wenn sie in entsprechend großen Mengen vorhanden sind und bei einem Brand brennend abfallen oder abtropfen. Diese Risiken sind in einer Wohnung recht gering. Vorstellbar wäre eine abgehängte Zwischendecke mit einer Holzunterkonstruktion und einer Verkleidung aus Schaumstoffplatten. Bei einem Brand dieser Zwischendecke können abstürzende Teile Möbel und Teppiche in Brand setzen.

Hinsichtlich der Brandgefährdung lassen sich die im Wohnungsbau üblichen Kunststoffe in die nachstehend aufgeführten Bereiche einteilen:

Geringe Risiken, weil

- in kleinen Mengen eingesetzt (Handläufe auf Metallgeländern, auf den Putz geklebte Sockelleisten, Treppen-Stoßkanten, Garderobenhaken, Türgriffe);
- auf nicht brennbaren Unterlagen dicht verklebt (Bodenbeläge, Dämmtapeten);
- die Hauptkonstruktion eine wesentlich höhere Brandlast aufweist (Dämmung von Dachstühlen aus Holz, beschichtete Spanplatten);
- mit nicht brennbaren Baustoffen abgedeckt (Gipskarton-Verbundplatten).

Geringe bis mittlere Risiken, weil

- außen angebracht (Balkonbrüstungen, Rolläden, Dachrinnen, Kunststoff-Fenster).

Mittlere bis große Risiken, weil

- in entsprechenden Mengen vorhanden (abgehängte Decken auf Holzunterkonstruktion);
- die Art ihrer Anbringung einen Brand erleichtert (lose hängende Gardinen).

Brandentlüftung für Treppenhäuser

Jedem Hausbewohner kann nur empfohlen werden, sich rechtzeitig über die folgenden Tatsachen und Vorschriften zu informieren. In der Hektik eines Brandes ist hierzu meist keine Zeit mehr.

Im Brandfalle wirkt ein mehrgeschossiges Treppenhaus wie ein gut ziehender Kamin. Entsteht im Keller oder in einem der Geschosse ein Brand, so strömt der Rauch durch die natürliche Ventilation in den Treppenraum. Hier kann es zu katastrophalen Folgen kommen, wenn der Rauch den Fluchtweg versperrt oder der Feuerwehr die Rettung und den Löschangriff erschwert.

In den Landesbauordnungen ist deshalb vorgeschrieben, daß bei Gebäuden mit mehr als 5 Vollgeschossen die Treppenhäuser ausreichend große Anzugsöffnungen als Brandentlüftung aufzuweisen haben; sie müssen von jedem Geschoß aus bedient werden können (Abb. 49). Die Vorrichtungen zum Öffnen der Rauchabzüge müssen entsprechend gekennzeichnet und leicht bedienbar sein. Man muß deutlich erkennen können, ob die Rauchabzugsöffnung offen oder geschlossen ist.

In Gebäuden unter 5 Geschossen müssen die Treppenraumfenster in jedem Geschoß ohne Hilfsmittel (wie z.B. Steckschlüssel) geöffnet werden können. In geschlossenen Glaswänden (z.B. aus Glasbausteinen) muß in jedem Geschoß ein Lüftungsflügel von mindestens 0,5 m² lichter Öffnung eingebaut sein.

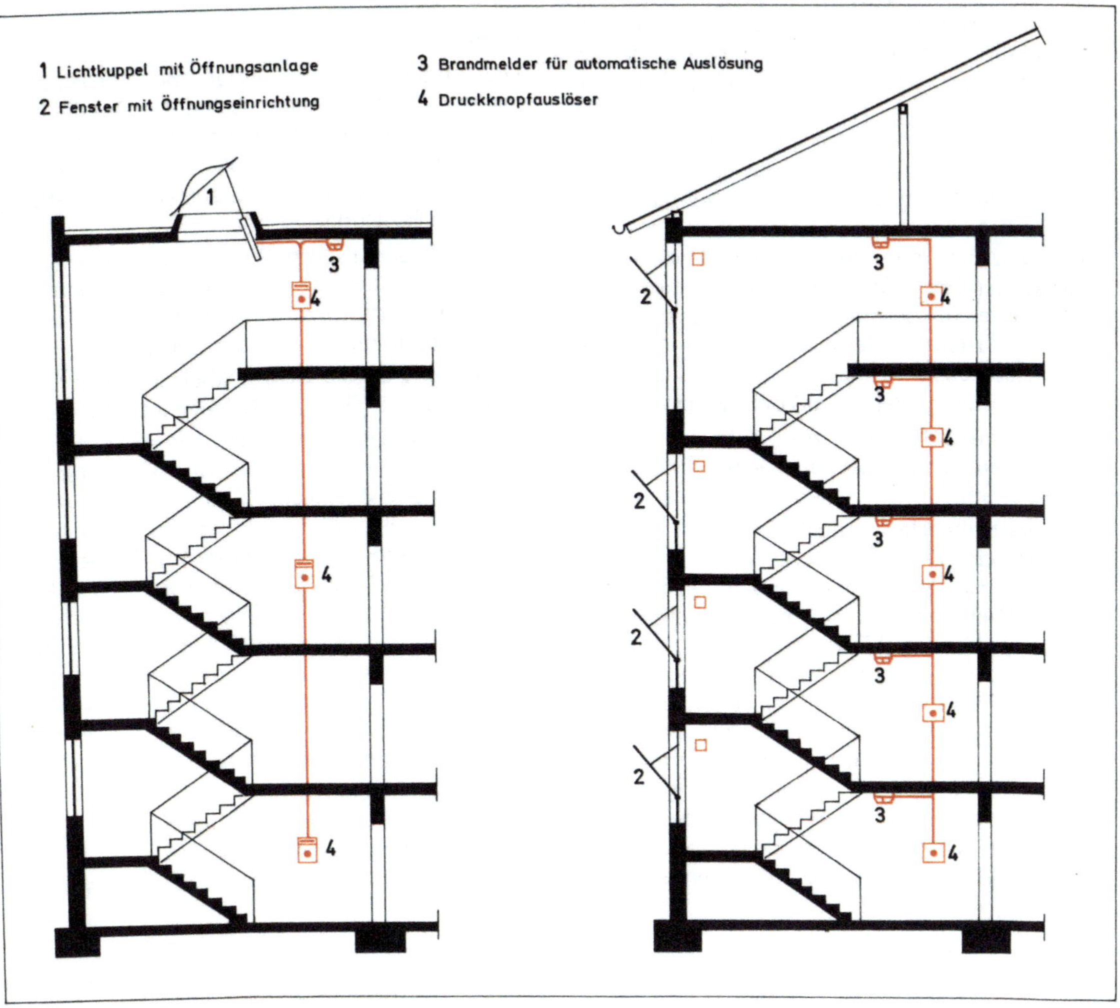

49 Brandentlüftung für Treppenhäuser

Einzelfeuerstätten in der Wohnung

Sofern hinsichtlich der Aufstellung von Einzelöfen Zweifel bestehen, sollte man den Bezirksschornsteinfegermeister zu Rate ziehen. Selbst wenn der Ofen als Verbrennungsgerät voll funktionsfähig und für den vorgesehenen Raum auch groß genug ist, muß zuweilen nachgeprüft werden, ob er an den vorgesehenen Schornstein angeschlossen werden kann. Der Schornsteinfegermeister gibt auch an, ob aus Sicherheitsgründen noch weitere Vorkehrungen wie z. B. auf den vorhandenen Fußboden abgestimmte Schutzbeläge erforderlich sind. Auch das Verbindungsrohr zwischen Ofen und Schornstein – auch Rauchrohr genannt – sollte überprüft werden. Längere Rauchrohre tragen zwar zur Raumerwärmung bei; bei unsachgemäßer Anordnung können aber auch schwerwiegende Schäden entstehen. So kann es z. B. zu einem Rußbrand kommen, bei dem Temperaturen von mehr als 1000 °C auftreten können. Das Rauchrohr kann sich dabei durchbiegen, sich aus seinen Halterungen lösen und abstürzen und einen Wohnungsbrand verursachen.

Bei verputzten oder feuerhemmend verkleideten Holzwerk müssen Öfen für feste Brennstoffe mit Stahlmantel mindestens 25 cm, Kachelöfen und Gasfeuerstätten mindestens 15 cm entfernt sein. Bei ungeschütztem Holzwerk müssen diese Sicherheitsabstände mindestens 50 bzw. 25 cm betragen.

Feste Brennstoffe dürfen zum Anfeuern nicht mit leicht brennbaren oder explosiven Flüssigkeiten (wie z. B. Spiritus und Benzin) übergossen werden.

Wie bereits mehrfach aufgeführt, dürfen brennbare Gegenstände (Kleidungsstücke, Wäsche, Gardinen, Polstermöbel usw.) in unmittelbarer Nähe von beheizten Öfen und Herden nicht aufgestellt oder abgelegt werden. Der Sicherheitsabstand sollte mindestens 50 cm betragen. Bei einer länger dauernden Wärmeeinwirkung wird der brennbare Gegenstand anderenfalls immer mehr aufgewärmt, bis er die Temperatur zur Selbstentzündung erreicht und in Flammen aufgeht. Einzelöfen mit offener Verbrennung dürfen nur in Räumen aufgestellt werden, in denen ihnen die notwendige Verbrennungsluft zur Verfügung steht. Es muß sichergestellt sein, daß Leben und Gesundheit von Menschen nicht gefährdet sind. Diese wichtige Voraussetzung ist heute jedoch in manchen Wohnungen nicht mehr gegeben. Bei einer nachträglichen Abdichtung der Fenster- und Türfugen kann es zu einem lebensgefährlichen Luftmangel kommen. Dieser Hinweis ist besonders beim Einbau von neuen, gut schließenden Fenstern zu beachten. Der Einbau zusätzlicher Zulufteinrichtungen kann erforderlich werden; zumindest aber sind derartige Räume mehrmals am Tag gut zu durchlüften.

Nach Beendigung der Heizperiode sollte jedes Heizgerät gründlich gereinigt werden; falls erforderlich, sollten notwendige Reparaturen durchgeführt werden.

Ölöfen

Die Aufstellung von Ölöfen mit Verdampfungsbrennern ist genehmigungspflichtig. Der die Genehmigung erteilende Bezirksschornsteinfegermeister stellt auch fest, ob die baulichen Voraussetzungen für einen Ölofenanschluß ausreichen. Dabei gilt folgende Regelung:

- Der Anschluß von Ölöfen mit Verdampfungsbrennern und von Öfen mit festen Brennstoffen an einen gemeinsamen Schornstein (Gemischtbelegung) kann zugelassen werden.
- Dagegen ist die Gemischtbelegung von Schornsteinen mit Gas- und Ölfeuerstätten unzulässig.

Ölöfen müssen bestimmten Herstellungsnormen entsprechen. Vor allem muß der Ölbehälter ausreichend gegen Wärmeeinwirkung abgeschirmt sein, damit der Ölvorrat weder den Flammpunkt noch die Zündtemperatur erreichen kann. Die Installation einer zentralen Ölversorgungsanlage sollte nur durch den Fachmann erfolgen. Es genügt nämlich keinesfalls, nur die erforderlichen Leitungen zu verlegen; aus Brandschutzgründen müssen auch die notwendigen Sicherungen und Regler eingebaut werden. Als Ursache für die erschreckend hohe Zahl von Ölofenbränden werden genannt:

- falsche Bedienung,
- schadhafte Verdampfungsbrenner,
- Versagen der Reglerautomatik,
- Ausführung nicht fachgerechter Reparaturen.

Offene Kamine

Bei Neubauten ist der Standort von offenen Kaminen in die Eingabepläne einzutragen, so daß sie im Baugenehmigungsverfahren überprüft werden können. Bei einem nachträglichen Einbau ist die Zustimmung des Bezirksschornsteinfegermeisters erforderlich. Bei dieser offenen Feuerstelle sind zahlreiche Erfordernisse des vorbeugenden Brandschutzes zu beachten.

Beim nachträglichen Einbau auf einer Holzbalkendecke ist als Unterbau eine mindestens 6 cm dicke Stahlbetonplatte mit dazwischen angeordneter Dämmschicht erforderlich. Für den nicht brennbaren Fußbodenbelag vor dem offenen Kamin sind bestimmte Mindestabmessungen einzuhalten.

Es muß auch sichergestellt sein, daß in dem betreffenden Raum ein mindestens zweifacher Luftwechsel in der Stunde stattfindet. Erforderlichenfalls ist die notwendige Verbrennungsluft über gesonderte Zuluftkanäle heranzuführen.

Sind Kinder in der Wohnung, so sollte die große Feueröffnung durch ein in genügendem Abstand angebrachtes Schutzgitter gesichert werden.

Lagerung von Brennstoffen

Brennstoffvorräte müssen so abgestellt werden, daß sie von der Feuerstätte aus nicht entzündet werden können.

Das für den Betrieb von Ölöfen erforderliche Heizöl darf in der Wohnung in Kanistern (Gesamtinhalt bis zu 40 l) und in ortsfesten Behältern (Gesamtinhalt bis zu 100 l) aufbewahrt werden.

In einem gemeinsamen Raum darf Heizöl neben festen Brennstoffen (Holz, Kohle) nur dann gelagert werden, wenn eine Auffangwanne für eventuell auslaufendes Heizöl vorhanden ist. Eine gemeinsame Lagerung von Heizöl mit leicht entzündlichen Brennstoffen (Holzwolle, Verpackungsmaterial) ist nicht statthaft. Unzulässig ist auch die Lagerung von Heizöl und anderen Brennstoffen in Durchgängen und Durchfahrten, in Treppenhäusern, in Haus- und Stockwerksfluren sowie in Dachböden von Wohnhäusern.

Im Wohnhauskeller darf Heizöl nur gelagert werden, soweit es zum Betrieb von Heizanlagen des betreffenden Gebäudes vorgesehen ist.

Garagen

Bei Garagen und Abstellplätzen für Kraftfahrzeuge sind die nachstehend aufgeführten Richtlinien sorgfältig zu beachten:

- In geschlossenen Garagen sind laufende Benzinmotoren außerordentlich gefährlich; schon nach wenigen Minuten können sich tödliche Giftgase ansammeln (Seite 72 ff.).
- Das Rauchen und der Umgang mit offenem Feuer ist wegen der damit verbundenen Explosionsgefahr in allen Kraftfahrzeug-Abstellräumen unzulässig.
- In Einzelgaragen dürfen bis zu 20 l Benzin und bis zu 200 l Dieselkraftstoff in dicht verschlossenen, bruchsicheren Behältern aufbewahrt werden, wenn keine Bedenken wegen Brandgefahr bestehen. Andere brennbare Stoffe dürfen in Garagen nur in unerheblichen Mengen vorhanden sein. Für die Aufbewahrung öl- oder fetthaltiger Putzwolle und -lappen sind dich schließende Behälter aus nicht brennbaren Stoffen erforderlich. Die zum Aufsaugen von Benzin und Öl benutzten Stoffe sind sofort aus der Garage zu entfernen.
- Batterien dürfen in Garagen nur geladen werden, wenn eine ausreichende Lüftung vorhanden ist.
- Kraftfahrzeuge dürfen nur dort mit Kraftstoff oder Öl versorgt oder gereinigt werden, wo verschüttete Flüssigkeiten nicht in den Boden oder in Abwasseranlagen eindringen können. Zwischen einem eventuell vorhandenen Bodenablauf und der Abwasseranlage muß ein Benzinabschneider zwischengeschaltet sein. Benzin und Benzol dürfen in Garagen nicht zum Reinigen verwendet werden.
- Kraftfahrzeuge dürfen in Durchfahrten nur abgestellt werden, wenn der normale Verkehr, insbesondere aber die Feuerlösch- und Rettungsmaßnahmen, dadurch nicht behindert werden.
- Mopeds und Mofas dürfen in Wohnungen, Treppenräumen, Dachräumen und Kellergängen grundsätzlich nicht abgestellt werden. Die Abstellung in anderen Räumen ist nur dann zulässig, wenn das Gesamt-Fassungsvermögen der Kraftstoffbehälter aller abgestellten Fahrzeuge nicht mehr als 12 l beträgt. In den erlaubten Abstellräumen dürfen weiterer Kraftstoff und andere leicht entzündliche Stoffe nicht aufbewahrt werden.

Was tun, wenn es brennt?

Vor allem gilt es Ruhe zu bewahren und dabei doch schnell zu handeln. Bei einem auftretenden Brand sollte ein Familienmitglied sofort die Feuerwehr über Notruf 112 alarmieren und nicht erst abwarten, ob man das Feuer selbst löschen kann. Der Feuerwehr ist dabei so deutlich wie möglich der Brandort zu beschreiben. Auch wer als Unbeteiligter einen Brand bemerkt, ist verpflichtet, unverzüglich die Feuerwehr zu alarmieren.

- Bis zum Eintreffen der Feuerwehr sollte man den Brand mit eigenen Mitteln bekämpfen. Mit den Löscharbeiten ist möglichst am Brandherd zu beginnen. Kleinbrände lassen sich oft mit nassen Tüchern ersticken.
- Brennbare Gegenstände sind sofort aus der Nähe der Brandstelle zu entfernen, elektrische Geräte abzuschalten, Gashähne zu schließen, Türen zu benachbarten Wohnungen und Räumen zuzumachen.
- Die Tür des Brandraumes – bei einem größeren Umgreifen des Brandes die Wohnungsabschlußtür – ist geschlossen zu halten, um den Brand zu begrenzen und das Verqualmen der Flucht- und Rettungswege zu verhindern.
- Wird man in einem Raum vom Feuer überrascht, ist bei starker Verqualmung der Raum kriechend zu verlassen, da sich der Sauerstoff am Boden am längsten hält.
- Gefährdete Personen im Haus sind sofort zu verständigen, und, wenn notwendig, aus dem Gefahrenbereich zu bringen.
- Die Feuerwehr ist auf der Straße zu erwarten. Es ist dafür zu sorgen, daß Anfahrten und Zugänge für die Feuerwehr frei gemacht werden. Wenn notwendig, sind Schlüssel für verschlossene Räume bereitzuhalten.
- Dem Einsatzleiter der Feuerwehr sind kurze, sachliche Auskünfte über Lage der Brandstelle, die Ausdehnung des Brandes, gefährliche Stoffe, den Zugang zum Brandherd, sowie Hinweise auf vermißte und gefährdete Personen zu geben.
- Den Anordnungen des Einsatzleiters der Feuerwehr ist unbedingt Folge zu leisten. Bei Aufforderung zur Räumung das Gebäude unverzüglich über das nächstgelegene Treppenhaus verlassen; unter keinen Umständen den Aufzug benutzen. Ist das Treppenhaus als Rettungsweg nicht mehr begehbar, dann auf andere Fluchtwege ausweichen; darüber sollte man rechtzeitig ausreichend informiert sein. Im äußersten Notfall an ein Fenster gehen (möglichst zur Straßenseite) und um Hilfe rufen.

Brandverlauf

Für die Entstehung eines Brandes ist eine Zündquelle erforderlich (offenes Feuer, Elektrowärme, Tabaksglut). Nach der Zündung wird die Eigentemperatur des in Brand geratenen Stoffes immer stärker erhöht, wobei sich brennbare Gase bilden. Bei einer ausreichenden Gas-Konzentration und einer Temperatur oberhalb des Zündpunktes verbrennen diese Gase ohne weitere äußere Wärmezufuhr. Aus diesem Entstehungsbrand ergibt sich dann ein vollentwickelter Brand. Der Ablauf einer Brandentstehung dauert bei Explosionen nur Sekunden; bei versteckten Schwelbränden kann es zuweilen Tage dauern.

Zimmerbrand

In Wohngebäuden kann ein Zimmerbrand oft die Ursache für einen Brand des gesamten Gebäudes sein. Die Brandübertragung erfolgt meist über die Fenster. Dabei werden die Scheiben zerstört, da normales Fensterglas bereits bei etwa 130 °C zerspringt. Die Flammen der Vorhänge und des in der Nähe stehenden brennenden Mobiliars schlagen aus der Fensteröffnung und an der Fassade hoch. Die Temperatur der ausgetretenen Flammen erhöht sich schlagartig infolge der äußeren Sauerstoffzufuhr. Die Fensterverglasungen im darüber liegenden Geschoß werden zum Platzen gebracht. Im dahinter liegenden Raum entzündet sich wieder der Vorhang, brennende Teile fallen auf den Fußboden und setzen die in Fensternähe stehenden Möbel ebenfalls in Brand. So kann ein zunächst recht harmlos aussehender Zimmerbrand in kurzer Zeit von Geschoß zu Geschoß klettern. Selbst wenn die Fensterscheiben nicht zerspringen, kann die Wärmestrahlung der Flammen die hinter den Scheiben hängenden Vorhänge in Brand setzen (Abb. 50).

Bei Bränden in der Nachbarschaft kann der Brand durch Wärmestrahlung in Verbindung mit Flugfeuer auf das eigene Gelände weitergetragen werden. Geschieht dies, sind auch hier wieder die Fenster zuerst gefährdet.

Selbstentzündung

Verschiedene brennbare Stoffe können sich unter bestimmten Bedingungen ohne eine besondere Zündquelle von selbst erwärmen, z. B. durch chemische Reaktionen. Diese zunächst nicht sichtbaren Vorgänge sind deshalb viel schwerer zu erkennen als die Entstehung eines Brandes durch offenes Feuer. Bei derartigen Stoffen, wie z. B. brennbaren Flüssigkeiten (Seite 72), kann es dann auch ohne Zufuhr von Fremdwärme zum Brand kommen.

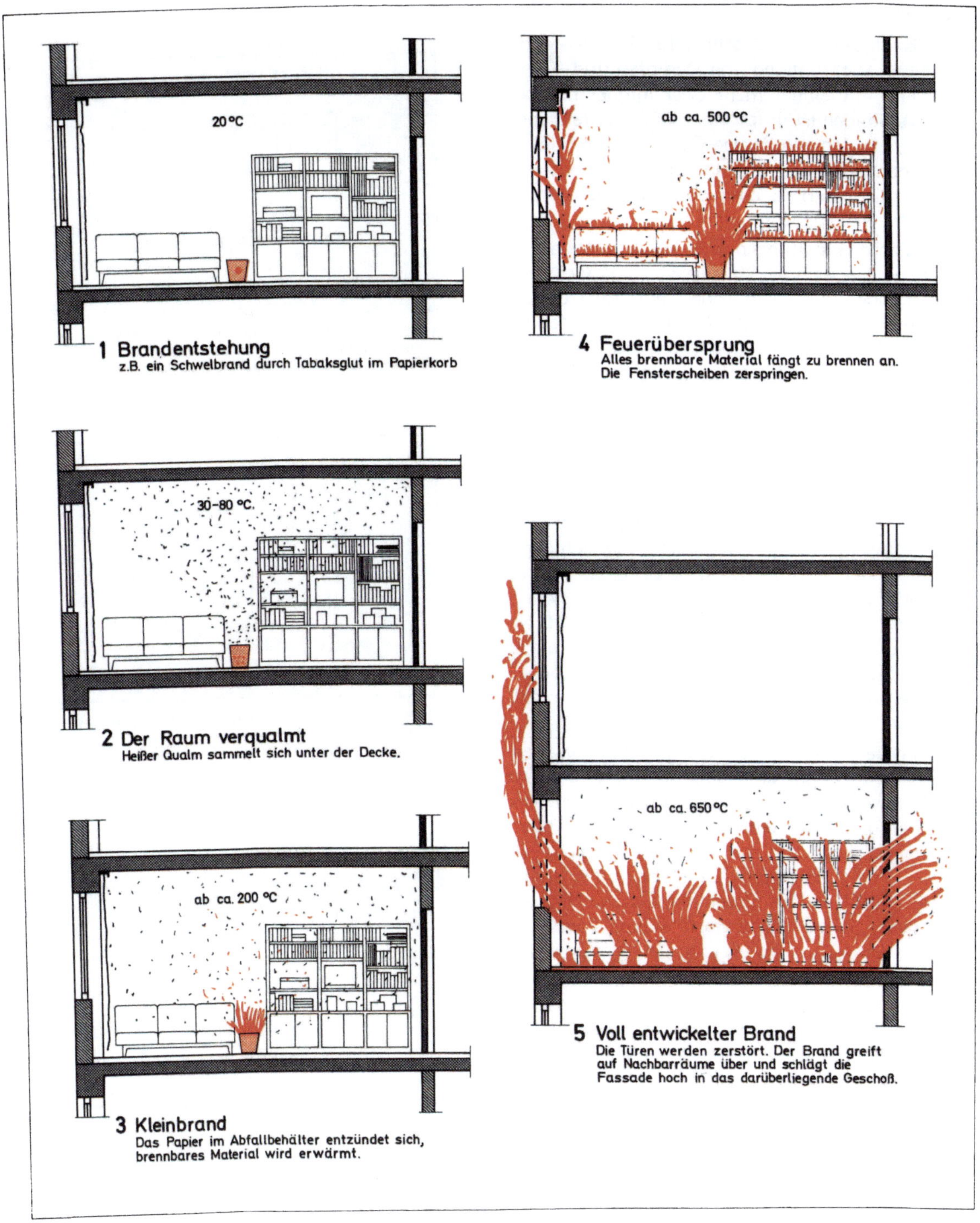

50 Entwicklung eines Zimmerbrandes - dargestellt in 5 Phasen

Explosionen

Eine Explosion ist die sehr schnell verlaufende, plötzliche Verbrennung von Dämpfen und Gasen, die meist mit einem mehr oder minder heftigen Knall verbunden ist. Explosionsgefahr besteht überall dort, wo sich zündfähige Gas-Luft-Gemische in hinreichender Menge bilden können. Im Haus- und Wohnbereich sind es besonders die nachstehend aufgeführten Explosionsgefahren:

- Undichte Gasleitungen oder ausströmendes Gas am Herd – auch bei Flüssiggas –, z. B. weil überkochende Flüssigkeit oder ein Luftzug die Flamme gelöscht hat. In dem betreffenden Raum bildet sich ein hochexplosives Gas-Sauerstoff-Gemisch, das schon durch den kleinsten Funken (Lichtschalter, brennende Zigarette) zur Explosion gebracht werden kann.
- Dämpfe von feuergefährlichen Reinigungsmitteln und noch mehr von großflächig aufgetragenen lösungsmittelhaltigen Fußbodenklebern können Explosionen auslösen. Da diese Dämpfe oft schwerer sind als Luft, können sie sich in geschlossenen Räumen recht lange halten und zu Zündstellen hinkriechen. Sie verdunsten bereits bei Zimmertemperatur und bilden mit Luft ein brennbares bzw. explosionsfähiges Gemisch. Selbst die leeren Behälter und Kanister können diese gefährlichen Gase noch nach Monaten enthalten.
- Auch der Umgang mit den so harmlos aussehenden Spraydosen kann gefährlich werden. Das gilt sowohl für volle als auch vermeintlich leere Spraydosen. Bei einem Ansteigen der Umgebungstemperaturen auf wesentlich mehr als 50 °C steigt auch der Überdruck in den Spraydosen stark an. Der Doseninhalt entwickelt eine in dieser Stärke nicht erwartete Explosionskraft.
- Bei Feuerstätten für feste oder flüssige Brennstoffe (Öfen, Herde) kann es zu Feuerstättenexplosionen kommen. Sie kommt dann zustande, wenn im Feuerraum eine Verbrennung von Gasen oder Dämpfen stattfindet, deren Verbrennungsgeschwindigkeit die des normalen Verbrennungsvorganges erheblich übersteigt und dabei hohe Drücke erzeugt. Geschieht die schlagartige Verbrennung ohne große Druckeinwirkung, so spricht man von einer Verpuffung, zu erkennen am plötzlichen und stoßweisen Austreten der Rauchgase.

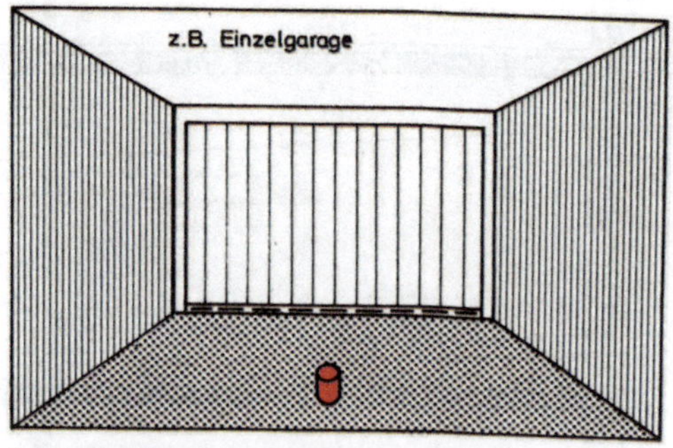

1 0,5 Liter Benzin verdampft in einem 25 m^3 großen Raum, ohne daß es zu einer Explosion kommt, weil der Dampf- bzw. Gasanteil zu gering ist.
Wir liegen unter der unteren Explosionsgrenze.

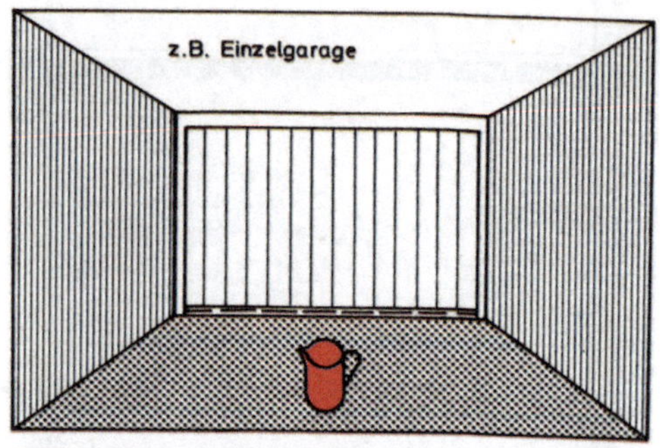

2 Wenn 2,5 Liter Benzin verdampfen, wird es bei einer Entzündung zur Explosion kommen, der Raum wird zerstört.
Wir liegen im Explosionsbereich.

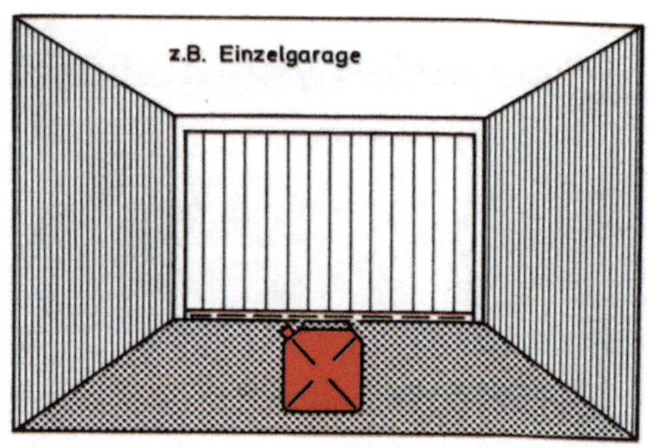

3 Wenn 10 Liter Benzin verdampfen, kann es nur noch zum Brand kommen; für eine Explosion ist nicht mehr genügend Sauerstoff vorhanden.
Wir liegen über der oberen Explosionsgrenze.

51 Explosionsgefahren bei Benzin

Brandrauch

Rauch ist das erste deutliche Merkmal der überwiegenden Zahl von Entstehungsbränden, besonders der Schwelbrände. Bei einem fortentwickelten Brand entsteht außer Gasen auch Ruß, der durch die heißen Brandgase als undurchdringlicher Qualm in die Höhe gewirbelt wird. Der Qualm wird so zur Sichtbehinderung, die betroffenen Personen verlieren die Orientierung und können kaum noch den Fluchtweg finden. Sind die Brandgase auch noch giftig, dann können Menschen auf dem Fluchtweg bewußtlos werden, eine Rauchgasvergiftung erleiden oder gar in den Flammen umkommen. Außerdem kann der sich ziemlich schnell ausbreitende Brandrauch der Feuerwehr und den übrigen Helfern den Rettungsweg versperren, zumindest aber erschweren.

Atemgifte

Die Giftigkeit des Brandrauches wird oft unterschätzt. Besonders gefährlich ist der Rauch der flammenlosen Wohnungsschwelbrände, die immerhin über 80 % aller Brände im Wohnbereich ausmachen. Fast drei Viertel aller Brandtoten und -verletzten sind ausschließlich Opfer von Rauch- und Rauchgasvergiftungen ohne jede Flammen- oder Hitzeeinwirkung. Die Gefährlichkeit erhöht sich beim Zusammenwirken von verschiedenen Rauchgasen oder von Rauchgasen in Verbindung mit eingenommenen Medikamenten, Drogen, Beruhigungsmitteln, Schlafmitteln oder Alkohol. Eine weitere Gefahrenerhöhung ergibt sich durch die bei Unglücksfällen auftretenden Angstzustände, verbunden mit herabgesetzer physischer Widerstandskraft.

Die Wirkung der bei einem Wohnungsbrand am häufigsten vorkommenden Atemgifte ist nachstehend kurz beschrieben.

Kohlenmonoxid ist ein reiz-, farb- und geruchloses Gas und somit kaum erkennbar. Es ist geringfügig leichter als Luft und sehr giftig. Dadurch wird es zu einem besonders gefährlichen und heimtückischen Atemgift. Eingeatmetes Kohlenmonoxid blockiert die Sauerstoffaufnahme in das Blut, verursacht Sauerstoffmangel im Gewebe und führt je nach Konzentration zu Kopfschmerzen, Schwindel, Übelkeit, Ohrensausen, Bewußtlosigkeit, Atemlähmung oder Tod.

Kohlenmonoxid ist die Ursache für die meisten Rauchvergiftungen. Es entsteht bei jeder ***unvollkommenen*** Verbrennung und ist praktisch in allen Brandgasen enthalten, ebenso in den Auspuffgasen des Autos und im Leuchtgas. Öfen für feste Brennstoffe oder Gasheizgeräte müssen deshalb ausreichend mit Frischluft versorgt werden. Zu vermeiden sind offene Koks-, Kohle- oder Holzfeuer zum Austrocknen oder Erwärmen von Räumen. Das Laufenlassen von Motoren in geschlossenen Garagen muß unterbleiben.

Kohlendioxid ist ein farbloses, unbrennbares, schwach säuerlich schmeckendes und riechendes Gas. Kohlendioxid ist mit 0,03 % ein natürlicher Bestandteil der Luft. Es entsteht bei der Atmung der Lebewesen und vor allem bei der ***vollkommenen*** Verbrennung, auch beim Brand der Wohnungseinrichtung. Kohlendioxid gilt in kleineren Konzentrationen als ungiftig, bei sehr hohen Konzentrationen kann es betäubend oder erstickend wirken. Für die menschliche Atmung sind etwa 10 % lebensgefährlich, 25 % tödlich.

Blausäure (Zyanwasserstoff) ergibt ein farbloses Gas mit typischem Bittermandelgeruch, der jedoch nicht von allen Menschen wahrgenommen werden kann. Blausäure ist eines der stärksten und schnellstwirkenden Gifte, das über die Atmungsorgane, den Magen-Darm-Trakt oder durch Hautkontakt aufgenommen werden kann. Je nach aufgenommener Menge führt Blausäure zu Schwindel, Kopfschmerzen, Halskratzen, Erregungszuständen und Tod durch Atemlähmung. Blausäuredämpfe entstehen beim Verschwelen stickstoffhaltiger organischer Materialien (Natur- und Kunststoffe, auch Papier, Leder und Wolle).

Benzol (Seite 72 ff.) bewirkt beim Einatmen großer Mengen Benzoldämpfe Schwindel, Kopfschmerzen, Erbrechen, Atemlähmung, Rauschzustände und eventuell Tod. Bei langfristiger Belastung mit kleinen Benzolmengen kann es zu Veränderungen im Blutbild bis hin zu Anämie oder Leukämie kommen. Benzoldämpfe können z.B. bei Reinigungsarbeiten entstehen. Benzolhaltige Lösungen können in Klebern, Farben und Lacken enthalten sein.

Schwefeldioxid ist ein farbloses, stechend riechendes Gas, das überwiegend beim Verbrennen schwefelhaltiger Energieträger (Kohle, Erdöl) entsteht. Schwefeldioxid wirkt insbesondere in Kombination mit Staub auf die Atemwege und reizt Haut und Schleimhäute. In höheren Konzentrationen führt es zu Atembeschwerden und Brustschmerzen, in hohen Konzentrationen zum Tod durch Ersticken. Gefährdet sind insbesondere Asthmatiker.

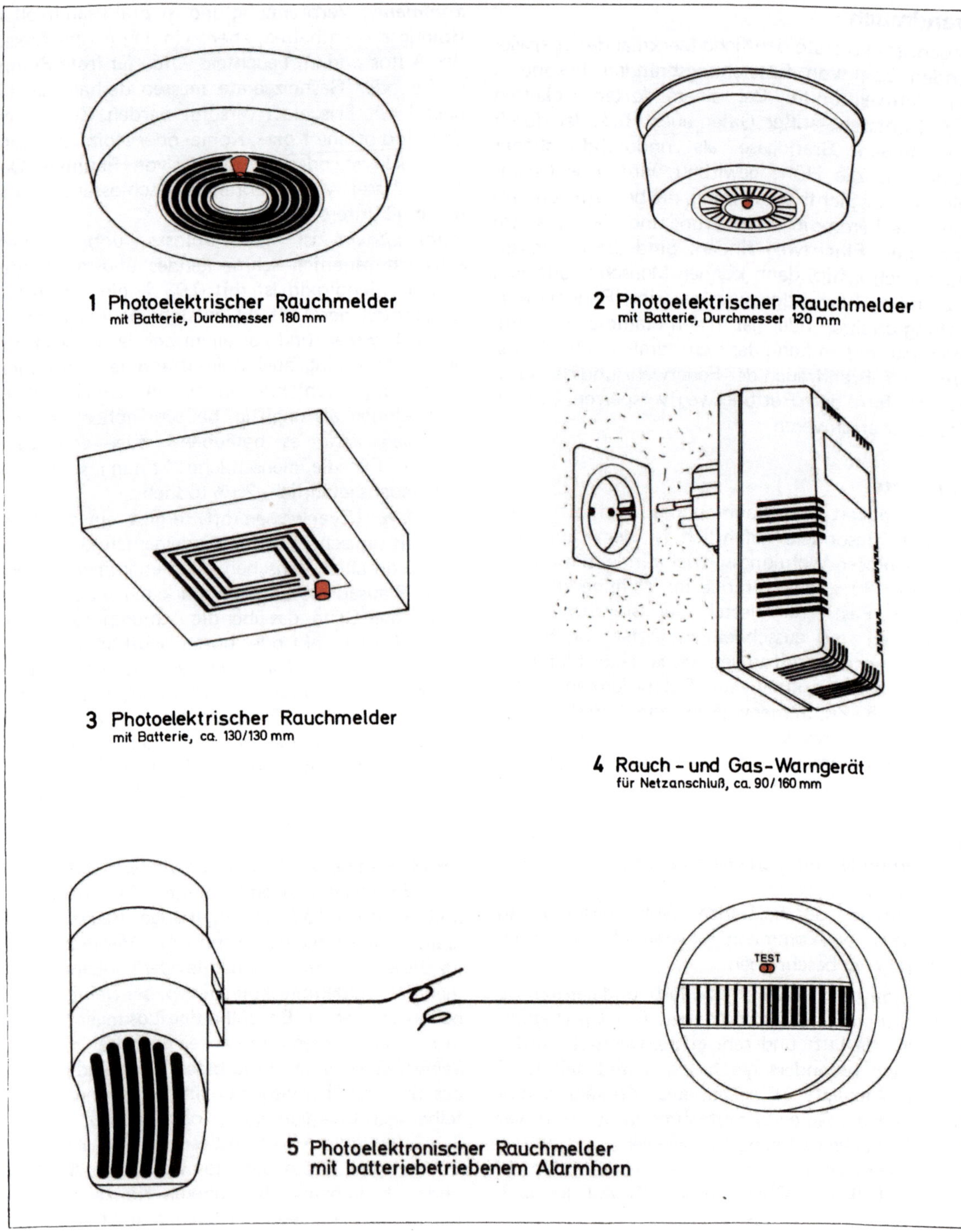

52 Haushalt-Rauchmelder für die Wand- oder Deckenmontage, Rauch- und Gas-Warngerät

Haushaltsrauchmelder

Zur Früherkennung von Bränden in der Wohnung gibt es sogenannte Haushaltsrauchmelder. Sie arbeiten nach dem fotoelektrischen Prinzip und werden unabhängig vom Netzstrom von einer handelsüblichen Batterie gespeist. Die einwandfreie Funktion eines solchen Rauchmelders kann jederzeit mittels eines Prüfknopfes kontrolliert werden. Im Brandfalle wird ein Signalhorn mit ausreichender Lautstärke in Tätigkeit gesetzt. Sogenannte Täuschungsalarme, z.B. durch Zigarettenrauch, sollten nicht möglich sein.

Zur Früherkennung von Bränden bzw. Gaskonzentrationen gibt es außerdem kombinierte Rauch- und Gas-Warngeräte. Sie sind netzabhängig und werden direkt in eine Steckdose eingeführt oder mittels einer Anschlußleitung angeschlossen.

Die Anzahl der Rauchmelder richtet sich nach der Größe der Wohnung sowie nach dem individuellen Sicherheitsbedürfnis. In kleineren Wohneinheiten genügt meist ein Melder in der Diele, besonders wenn während der Nacht die Schlafzimmertüren offenstehen. Bei geschlossenen Türen dürfte dagegen ein einzelner im Flur angebrachter Rauchmelder nicht ausreichen. Bei einem entstehenden Zimmerbrand, z.B. einem Schwelbrand von Bettzeug, sollte aber den Bewohnern ein ausreichend rasches Verlassen des Raumes möglich sein. In Wohnräumen mit offenem Kamin sollte grundsätzlich ein Melder angebracht werden. Darüber hinaus können Rauchmelder in Kinderzimmern und Hobbyräumen zweckmäßig sein. Reine Kochküchen dagegen sind für Rauchmelder ungeeignet, da dort Kochdämpfe und vor allem Fettrauch Täuschungsalarme auslösen können; außerdem verschmutzen die Melder.

Es gibt Haushaltsrauchmelder, bei denen eine weitere Signaleinrichtung angeschlossen werden kann, wie z.B. ein Zusatzhorn oder ein automatisches Telefonwählgerät. Diese Alarmerweiterung ist sinnvoll, wenn z.B. der Rauchmelder in einem abseits gelegenen Raum montiert werden soll und sonst nur schlecht zu hören wäre. Über das Telefonwählgerät kann der Rauchalarm auch nach außen weitergegeben werden, z.B. an den Nachbarn.

Richtig eingesetzte Haushaltsrauchmelder sind ein wichtiger Beitrag zum vorbeugenden Brandschutz in der Wohnung.

Öffentliche Brandmelder

Nach der Entdeckung eines Brandes ist die unverzügliche Alarmierung der Feuerwehr und damit ein schneller Einsatz der Löschkräfte für eine wirksame Brandbekämpfung von entscheidender Bedeutung. Auch wer als Unbeteiligter einen Brand bemerkt, ist verpflichtet, unverzüglich die Feuerwehr zu alarmieren. Die Alarmierung erfolgt heute weitestgehend über das Telefon. Hierzu hat die Deutsche Bundespost das ***Notrufsystem 73*** entwickelt. Dieses System ermöglicht im gesamten Bundesgebiet, die bundeseinheitlich festgelegten Kurzrufnummern anzuwählen:

110 Notruf (Polizei) **112 Feuerwehrruf**

Der Notruf kann bei der Polizei oder Feuerwehr lokalisiert werden, auch wenn der Hilfesuchende nicht sprechen kann oder ortsunkundig ist. Für die Alarmierung gibt es die folgenden Möglichkeiten:

- Anruf von jedem Teilnehmer-Fernsprechanschluß durch Wahl der Kurzrufnummer 110 oder 112. Über die Fernsprechvermittlung der Post erfolgt eine Verbindung zur Notrufabfragestelle der Polizei oder der Feuerwehr. (Seit 1980 sind für alle Telefonanschlüsse die Notrufe 110 und 112 gebührenfrei.)
- Anruf von jedem öffentlichen Münzfernsprecher durch Wahl der Kurzrufnummer 110 oder 112. Herstellung der Verbindungen wie oben beschrieben.
- Anruf über Notrufmelder in damit ausgerüsteten Fernsprechzellen, münzfrei mit dem Hebel des Notrufmelders (Abb. 53). Der durch Hebeldruck nach rechts oder links betätigte Notrufmelder gibt automatisch den Notruf weiter und ermöglicht der Abfragestelle (Polizei, Feuerwehr) eine Standorterkennung.

Auch wer in seiner Wohnung über einen eigenen Fernsprechanschluß verfügt, sollte über den Standort der nächstgelegenen öffentlichen Fernsprechzelle Bescheid wissen. In der Aufregung und Kopflosigkeit während eines Wohnungsbrandes kann man nämlich das eigene Telefon herabreißen, oder man verläßt die Wohnung fluchtartig und kommt erst gar nicht mehr zum Telefonieren.

Bekannt sind auch noch öffentliche Feuerwehr-Notrufmelder (Rufsäulen in grüner Farbe), die von Hand ausgelöst werden, wobei ebenfalls eine Standortangabe an die Melderzentrale erfolgt.

53 Öffentliches, münzfreies Notrufsystem 73 der Deutschen Bundespost

Rettung bei Bränden

Beim Verlassen der brennenden Wohnung sollte die Abschlußtür geschlossen werden. Dadurch wird der Brand eingegrenzt, und die Fluchtwege werden vor Verqualmung gesichert. Bei Vollbränden, besonders in den unteren Stockwerken, kann das Treppenhaus oft nicht mehr benutzt werden. Dies trifft insbesondere die Bewohner in den oberen Geschossen. Hier helfen dann nur noch Ersatz-Fluchtwege, die aber meist nur dann bekannt sind, wenn man sich rechtzeitig über sie informiert hat. Gelingt auch dies nicht, dann gehen Sie an ein Fenster – möglichst zur Straßenseite – und rufen um Hilfe oder machen sich durch Winken bemerkbar. Keinesfalls ohne besondere Aufforderung aus dem Fenster springen. Der Einsatz eines Sprungtuches wird vorher angezeigt. Aber ein Sprungtuch kann ohne Gefahr nur bis zu einer maximalen Höhe von 4 Obergeschossen eingesetzt werden. Kommt es zum Sprung, dann die Beine anwinkeln und vor allem die Anweisungen des Einsatzleiters der Feuerwehr befolgen. Bei höheren Gebäuden können für die oberen Geschosse Sprungtücher nicht mehr eingesetzt werden.

Wer das Haus noch rechtzeitig verlassen konnte oder auf andere Weise gerettet wurde, sollte sich auf dem festgelegten Sammelplatz einfinden oder bei der Feuerwehr melden, um die Nachforschungen nach vermißten Personen zu erleichtern.

Höhe der Gebäude

Von entscheidender Bedeutung für die Personenrettung im Brandfall ist die ***Höhenlage*** der Räume (Abb. 54).

- Bei eingeschossigen Wohngebäuden ergeben sich im allgemeinen keine Probleme, da einschließlich der Fenster genügend Ausstiege vorhanden sind.
- Bei Gebäuden bis zu 2 Geschossen kann praktisch jede Feuerwehr mit tragbaren Leitern wirksam helfen.
- Eine Verschärfung ergibt sich bei Gebäuden ab 3 Vollgeschossen. Für die Rettung über Fenster und Balkone benötigt die Feuerwehr einen entsprechenden Zugang und Aufstellungsflächen für die Drehleiter.
- Gebäude bis zu 7 (maximal 8) Obergeschossen – die Hochhausgrenze – sind die äußerste Grenze für die Rettungs- und Angriffsmöglichkeit der Feuerwehr von außen her. Bis hierhin reicht die vollständig ausgefahrene Drehleiter (Hubrettungsfahrzeug), um Fensteröffnungen oder Balkone zu erreichen.
- Von dieser Hochhausgrenze an sind sowohl die bedrohten Personen als auch die helfende Feuerwehr allein auf die im Gebäude befindlichen Rettungswege angewiesen.

Hochhäuser

Die Bewohner von Hochhäusern, besonders diejenigen in den oberen Stockwerken, sollten den Verlauf der Treppe als wichtigsten Rettungsweg kennen – auch wenn sie normalerweise nur den Aufzug benutzen. Sie sollten ebenso wissen, wo sich die Lösch- und Sicherheitseinrichtungen befinden.

Aufzüge sind grundsätzlich keine Rettungswege, erst recht nicht im Hochhaus. Im Brandfalle erfolgt durch die Kaminwirkung eine intensive Verqualmung des Aufzugsschachtes. Fällt die Stromversorgung für die Aufzugsmaschine durch Brandeinwirkung aus, so kann die Aufzugskabine plötzlich an irgendeiner Stelle des Fahrschachtes zwischen den Haltestellen stehenbleiben. Die darin befindlichen Personen haben dann keine Möglichkeit, sich zu befreien. Erstickungs- und Vergiftungsgefahr durch Raucheinwirkung können die Folge sein. Außerdem besteht die weitere Gefahr einer Panik oder des Herzversagens. Selbst wenn die Aufzugsmaschine intakt bleibt, können aber die Aufzugssteuerungen unter dem Einfluß der Brandwärme ausfallen oder Fehlsteuerungen verursachen. So kann es z.B. passieren, daß die Kabine ins Brandgeschoß fährt und sich dort automatisch öffnet. Der Qualm dringt ein und hält über die darauf reagierende Lichtschranke die Tür offen; die Aufzugbenutzer sind dann gezwungen, den Aufzug im Brandgeschoß zu verlassen.

In einem Hochhaus befindet sich auf jeder Etage ein Wandhydrant. Diese Einrichtung ist nicht ausschließlich für die Feuerwehr bestimmt, sondern steht auch den Bewohnern als Löscheinrichtung zur Verfügung. Es gehört deshalb zur Sorgfaltspflicht eines jeden Hochhausbewohners, darauf zu achten, daß diese Einrichtungen nicht unbrauchbar gemacht werden.

Aufzüge sind bei Bränden Todesfallen, aber keine Fluchtwege!

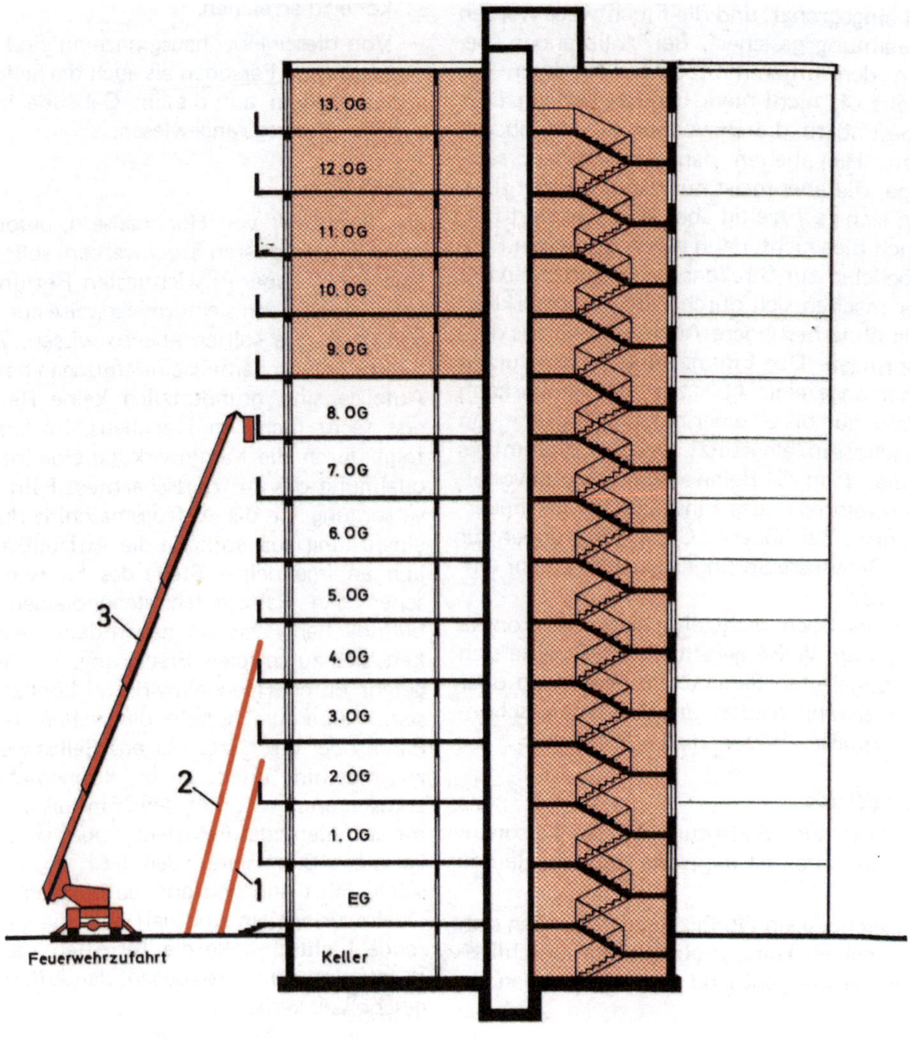

1 Normale Feuerwehrleiter, z.B. vierteilige Steckleiter mit 8,40 m Länge.

2 Dreiteilige Schiebeleiter mit 14 m Länge.
Sie ist aber nicht bei jeder Feuerwehr vorhanden!

3 Drehleiter DL 23 mit 23 m Steighöhe über Aufstellfläche!
Neuere Hubrettungsfahrzeuge können bis 30 m Steighöhe haben.

54 Rettung bei Bränden – Einsatzbereich von Feuerwehrleitern

Der Einsatz der Feuerwehr

Jede für den Alarm der Feuerwehr vergeudete Minute verzögert die Löscharbeit und vergrößert den Schaden. Wie bereits ausgeführt, erfolgt die Menschenrettung oft über die Leitern der Feuerwehr. Bedrohte Personen sollten sich deshalb vom Fenster oder vom Balkon aus der Feuerwehr bemerkbar machen. Jede Feuerwehr verfügt über Leitern mit 8,40 m Länge, mit denen man die Fenster des 2. Obergeschosses erreicht. Für ihren Einsatz genügt ein Zugang (Haus- oder Kellerflur) sowie ein entsprechender Gebäudeabstand, damit die Leiter aufgestellt werden kann.

Liegen die Brüstungen der zum Retten von Personen erreichbaren Fenster mehr als 8 m über der Geländeoberfläche, so ist eine Feuerwehrzufahrt und eine Aufstellungsfläche für die Drehleiter (Hubrettungsfahrzeug) erforderlich. Moderne Drehleitern können bis zu 30 m ausgefahren werden. Wesentlich für die Benutzbarkeit der als solcher gekennzeichneten Feuerwehr-Zufahrten ist das Freihalten von parkenden Kraftfahrzeugen. Es liegt also im ureigensten Interesse der Bewohner, der Feuerwehr nicht den Weg zu versperren. Bei älteren Gebäudeanlagen, z.B. bei Gebäuden mit Hinterhöfen ohne Zufahrt, kann die Baubehörde auf Veranlassung der Feuerwehr an der Außenwand angebrachte Feuertreppen oder Feuerleitern verlangen.

Zusammenlegbare Rettungsleitern

Zur Personenrettung durch Fenster werden Rettungsleitern nach dem Prinzip der Strickleiter angeboten (Abb. 55); zusammengelegt ergeben sie ein kleines handliches Paket. Sie besitzen im Oberteil Vorrichtungen zum Einhängen an stabile innere Fensterbänke, unter dem Fenster befindliche Heizkörper oder sonstige Haltestangen, die auf der Fensterinnenseite quergelegt werden. Die rutschfesten Sprossen sind an 2 dünnen Stahlseilen befestigt. Bei manchen Modellen sorgen Abstandshalter dafür, daß die Sprossen bei der herabgelassenen Leiter weit genug von der Außenwand abstehen und gut begangen werden können. Rettungsleitern dieser Art gibt es bis zu 22 m Abstiegshöhe. Einige Hersteller empfehlen diese Rettungsleitern auch für den Urlaub; dabei haben sie sicherlich an die zahlreichen Hotelbrände gedacht, die sich in den letzten Jahren ereignet haben.

55 Zusammenlegbare Rettungsleiter

1 Pulverlöscher (PG) 6 kg Inhalt
Tragegriff, Schlauch mit Löschdüse
Höhe ca. 50 cm, Durchmesser ca. 16 cm, Gewicht ca. 10 kg

2 Pulverlöscher (PG) 6 kg Inhalt
Betätigungshebel, Schlauch mit Löschdüse
Höhe ca. 47 cm, Durchmesser ca. 17 cm, Gewicht ca. 8,5 kg

56 Feuerlöscher für den Wohnbereich

Feuerlöscher

Tragbare Feuerlöscher sind insbesondere für Klein- und Entstehungsbrände geeignet. Deshalb ist der schnelle Einsatz in den ersten Minuten des entstehenden Brandes von entscheidender Bedeutung.

Das Löschmittel im Feuerlöscher wird durch gespeicherten oder bei Inbetriebsetzung erzeugten Druck ausgestoßen. Für den Haushalt geeignet sind Pulverlöscher (PG) als universell einzusetzende Feuerlöscher zur Bekämpfung von Bränden der Brandklassen A, B und C.

Brandklasse A: Brände fester, glut- und flammenbildender Stoffe, z.B. Holz, Papier, Kohle, Textilien

Brandklasse B: Brände von flüssigen und flüssigwerdenden flammenbildenden Stoffen, z.B. Benzin, Öle, Fette, Wachs, Kunststoffe

Brandklasse C: Brände von Gasen, z.B. Erdgas, Flüssiggas (Propan und Butan)

Der Pulverlöscher (PG) kann auch für Brände in elektrischen Anlagen bei Spannungen bis zu 1000 Volt eingesetzt werden.

Für normal große Haushalte empfiehlt sich ein Feuerlöscher mit 6 kg Inhalt; sein Gewicht beträgt 8,5 bis 10 kg.

Feuerlöscher sind an gut sichtbaren und im Brandfall leicht zugänglichen Stellen anzubringen. Sie dürfen durch Einrichtungsgegenstände nicht zugestellt werden und sind vor Beschädigungen zu schützen. Sie sollten nur so hoch über dem Fußboden montiert werden, daß auch kleine Personen den Feuerlöscher ohne Schwierigkeiten aus der Halterung entnehmen können.

Feuerlöscher, die vorgeschrieben sind, z.B. in Betrieben und Krankenhäusern, müssen regelmäßig, mindestens jedoch alle 2 Jahre, auf ihre Einsatzfähigkeit überprüft werden. Diese Prüfung sollte auch bei Wohnungs-Feuerlöschern in den angegebenen Zeiträumen durchgeführt werden. Hierzu empfiehlt sich unter Umständen der Abschluß eines Wartungsvertrages.

Im Brandfalle ist der Feuerlöscher aus der Halterung zu nehmen und zum Brandort zu bringen. Dort den Feuerlöscher entsichern sowie den Schlagknopf oder das Handrad betätigen. Bei entsprechenden Geräten den Schlauch fest in die Hand nehmen (sehr hoher Betriebsdruck!) und die Löschpistole von Hand betätigen, worauf das Löschmittel ausströmt.

1 Kleinbrände durch kurze gezielte Pulverstöße löschen
Den Feuerlöscher nicht in einem Zug leerspritzen.

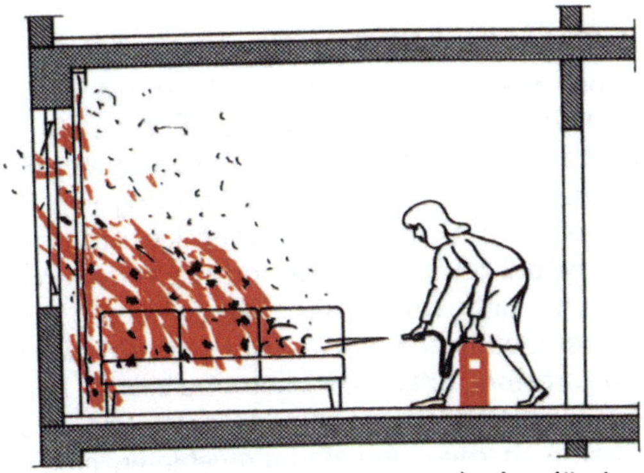

2 In Windrichtung von unten nach oben löschen
Den Pulverstrahl nicht sinnlos gegen die Flammen richten.

3 Flächenbrände von vorne nach hinten ablöschen
Ein Feuer niemals von der Mitte her angreifen.

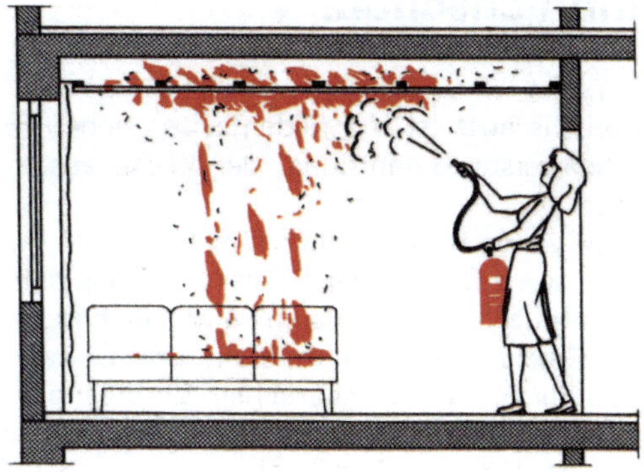

4 Deckenbrände von oben nach unten löschen
Immer zuerst den Brandherd bekämpfen.

5 Flüssigkeitsbrände mit einer Pulverwolke abdecken
Den Löschstrahl nicht in die brennende Flüssigkeit halten.

6 Vorsicht vor Wiederentzündung !
Der Brandschutt kann noch glühende Teile enthalten.

7 Benutzte Feuerlöscher nicht wegstellen sondern füllen lassen - auch nur teilweise entleerte

57 Richtiger Einsatz von Feuerlöschern bei Wohnungsbränden

Einbruchschutz

Einbruchschutz ist in Friedenszeiten neben Feuer die schwerste Gefährdung, der Werte ausgesetzt sind.
Früher waren hauptsächlich Geschäfte mit Luxuswaren, wie z.B. Juweliere, Pelz- und Teppichhändler, einbruchgefährdet. Dann wurde auch in die übrigen Geschäfte sowie in Industrie- und Gewerbebetriebe immer mehr eingebrochen. Einbrüche in diesem Bereich erreichten um 1970 einen Höchststand. Von diesem Zeitpunkt an hat man immer wirkungsvollere Sicherungsmaßnahmen getroffen, so daß bis heute im Geschäftsbereich die Einbrüche um die Hälfte zurückgegangen sind. Diese Erfolge habe jedoch auch eine Kehrseite; die Einbrecher suchen sich nunmehr weniger geschützte Objekte aus, nämlich Wohnhäuser und Mietwohnungen. Ein privates Objekt ist umso mehr gefährdet, je höher der Wert der Einrichtung und je einfacher es ist, an das Objekt und seinen Inhalt heranzukommen. Wie die Statistiken zeigen, haben sich die Einbruchdiebstähle im Wohnbereich von 1962 bis heute etwa vervierfacht. Aufgeklärt werden konnte aber nur jeder fünfte Wohnungseinbruch.
Im privaten Bereich besteht der Einbruchschutz meist nur im Abschluß einer entsprechenden Versicherung. Aber Versicherungen können nach einem Einbruch nur materielle Schäden ersetzen. Dagegen ist der Verlust an persönlichen Dingen oft größer als die Versicherungsleistung. So können Kunstgegenstände oder wertvoller Schmuck nur recht selten wieder beschafft werden. Nach der Regulierung eines Einbruchschadens verlangen die Versicherungen meist eine Verbesserung der Sicherungsmaßnahmen oder sie setzen ggf. die Prämien drastisch herauf.

Was sagen die Strafgesetze?

Wer eine fremde bewegliche Sache einem anderen in der Absicht wegnimmt, dieselbe sich rechtswidrig anzueignen, wird nach § 242 Strafgesetzbuch wegen ***Diebstahl*** bestraft. Auch der Versuch ist strafbar.
Ein verschärfter Strafrahmen ist in § 243 Strafgesetzbuch für ***schweren Diebstahl*** vorgesehen. Soweit es den Wohnbereich betrifft, liegt ein schwerer Diebstahl vor, wenn

- der Täter in ein Gebäude, eine Wohnung, einen Dienst- oder Geschäftsraum oder in einen anderen geschlossenen Raum einbricht, einsteigt, mit einem falschen Schlüssel oder einem anderen nicht zur ordnungsgemäßen Öffnung bestimmten Werkzeug eindringt oder sich in dem Raum verborgen hält;
- der Täter eine Sache stiehlt, die durch ein verschlossenes Behältnis oder eine andere Schutzvorrichtung gegen Wegnahme besonders gesichert ist;
- jemand gewerbsmäßig stiehlt;
- jemand stiehlt, indem er die Hilfslosigkeit eines anderen, einen Unglücksfall oder eine sonstige Gefahr ausnutzt.

Mitwirkung der Polizei

Für den Komplex Einbruchschutz ist in erster Linie die Kriminalpolizei zuständig. Sie befaßt sich grundsätzlich mit der Aufklärung strafbarer Handlungen, also auch mit der Aufklärung von Diebstählen. Eine nicht weniger wichtige Aufgabe der Kriminalpolizei ist die Beratung zur Verhütung von Einbruch und Diebstahl. Hierzu werden in der Bundesrepublik zahlreiche ***Kriminalpolizeiliche Beratungsstellen*** unterhalten. Sie sind bei den Landeskriminalämtern sowie bei der Kriminalpolizei in größeren Städten und Ballungsgebieten eingerichtet; die Beratungen sind kostenlos. Auskunft über die nächstgelegene Beratungsstelle erteilt jede örtliche Polizeistation. Den Beratungsstellen angeschlossen sind meist Ausstellungsräume, in denen die neuesten und vor allem wirksame Sicherungsmaßnahmen gezeigt werden, vom Türschloß bis zur Einbruchmeldeanlage. Der zuständige Kriminalbeamte berät auch über die für das jeweilige Objekt zweckmäßigsten Sicherungsmaßnahmen.
Die Kriminalpolizei warnt aber auch vor der mißbräuchlichen Benutzung des Hinweises „Kriminalpolizeilich empfohlen". Auf diesem Sektor kann es nämlich gar keine generellen Empfehlungen geben, da die vorbeugenden Maßnahmen immer im Zusammenhang mit dem zu sichernden Objekt gesehen werden müssen. Es genügt auch nicht, wenn Geräte und Einrichtungen für die Diebstahlsicherung ein allgemeines Gütezeichen tragen, wie z.B. das Zeichen GS für geprüfte Sicherheit. Bei diesem Zeichen handelt es sich nämlich nur um die Sicherheit während der Benutzung. Dagegen müssen an die Einbruchsicherung ganz andere Maßstäbe gelegt werden.

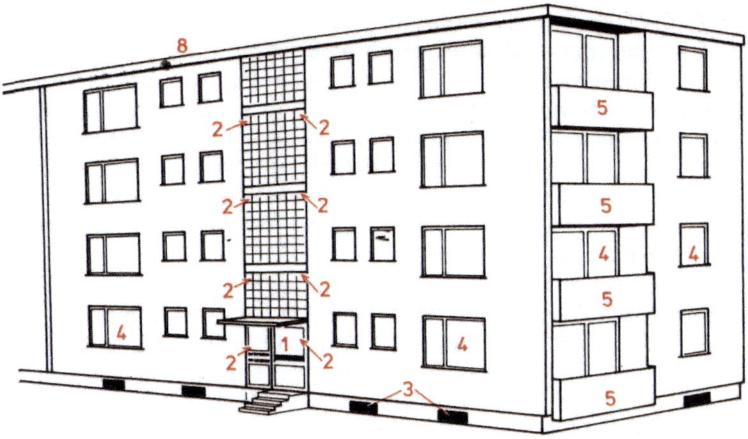

1 Bei diesem Mehrfamilienhaus liegen hinter der Haustür 8 Wohnungstüren.

2 Frei stehende Wohnhäuser haben viele Schwachstellen

So dringen Einbrecher
- auch Gelegenheitstäter -
in Wohnungen und Häuser ein:

1 Sie verschaffen sich Zugang durch die Haustür - ganz einfach, sie klingeln wie normale Besucher.

2 Sie gelangen oft unbemerkt an die Abschlußtür der ausgespähten Wohnung. Ist niemand anwesend, wird die Tür aufgewuchtet, das vorstehende Zylinderschloß abgedreht oder angebohrt oder was am allereinfachsten ist, mit einem Nachschlüssel geöffnet.

3 Sie kommen durch Kellerfenster oder Kellertüren, besonders wenn diese verdeckt liegen.

4 Sie zerschlagen die Glasscheiben, greifen durch und entriegeln den Verschluß. Vielen wird es noch leichter gemacht, sie steigen durch offenstehende Fenster oder Balkontüren ein. Dabei werden nichtgesicherte Rolläden hochgeschoben.

5 Sie klettern über Balkone hoch, verstecken sich hinter der Brüstung und haben einen festen Standplatz für ihre Arbeit.

6 Sie benutzen herumstehende Kisten, Gartenmöbel und Leitern, die zum Aufstieg förmlich einladen.

7 Sie decken Dächer ab und kommen von oben in das Haus.

8 Sie benutzen Flachdächer als bequemen Zugang zu den oberen Wohnungen.

58 Wie kommen die Einbrecher ins Haus oder in die Wohnung?

Einstufung der Einbrecher

Alle Einbrecher haben als gemeinsames Merkmal, keine festen Arbeitszeiten zu kennen. Sie brechen vormittags in der Einkaufszeit ein, nachmittags während der Mittagsruhe, abends beim Fernsehen und besonders nachts, wenn die Bewohner schlafen. Darüber hinaus kennt man die nachstehend aufgeführten Unterscheidungen.

Gewalt-Einbrecher gehen mit der größten Brutalität vor. Wird ihnen auf Klopfen oder Klingeln nicht geöffnet, dann dringen sie mit Gewalt in die Wohnung ein. Wer sich dagegen wehrt, riskiert Gewaltanwendung seitens der ungebetenen Gäste. Für den Diebstahl selbst bleibt dann nur noch geringe Zeit.

Professionelle Einbrecher erfüllen nach dem Strafgesetz vor allem den Tatbestand des gewerbsmäßigen Stehlens. Hier handelt es sich um Verbrecher, die den Einbruch regelrecht planen. Gewerbsmäßig vorgehende Einbrecher suchen sich ihre Objekte sorgfältig aus. Sie beobachten eingehend die Hausbewohner und die Nachbarschaft. Gründlich überprüft werden auch die baulichen Gegebenheiten. Vor allem wird festgestellt, ob eine Alarmanlage vorhanden ist. Berufseinbrecher sind auch trickreich: Sie rufen an, um herauszubringen, ob jemand zuhause ist; oder sie klingeln an der Wohnungstür, um festzustellen, ob jemand zu Hause ist — wird geöffnet, so täuschen sie einen Vertreterbesuch vor. Sie tarnen sich auch als Handwerker oder Verkäufer, wobei der „Firmenwagen" zum Abtransport ihrer Beute bereits vor dem Hause steht. Sind diese gewieften Einbrecher einmal in der Wohnung, haben sie auch ziemlich schnell entdeckt, was sich mitzunehmen lohnt. Während der Nacht steigen berufsmäßige Einbrecher oft durch ein Fenster ein. Sind sie verschlossen, wird die Scheibe herausgeschnitten und mit Saugnäpfen geräuschlos abgehoben. Ein kleiner Ausschnitt genügt bereits, um mit der durchgestreckten Hand den Fensterverschluß zu öffnen. Bei dieser Arbeit ist ein herabgelassener aber ungesicherter Rolladen kein Hindernis. Ein besonders gefährdeter Zugangsort ist die Balkontür, und zwar um so mehr, je versteckter der Balkon liegt.

Diese Hinweise sind nur ein kleiner Ausschnitt aus der Vielzahl der Einbruchmöglichkeiten. Sie zeigen aber, daß es notwendig ist, dieser Art von beobachtenden Einbrechern sämtliche Zugangswege zu verbauen.

Amateur-Einbrecher sind meistens Gelegenheitsdiebe. Die gründliche Vorplanung der Profi-Einbrecher fehlt ihnen meist. Sie brechen ein, wenn sie annehmen, daß sie nicht gestört werden, wie z.B. in leerstehende oder für längere Zeit unbenuzte Wohnungen. Finden sie die erwartete Beute nicht vor, dann wird oft aus Wut darüber die Wohnung demoliert.

Wenn Einbrecher in der Wohnung sind

Für diese Notsituation gibt es keine generell anwendbaren Regeln. Zu viele Möglichkeiten müssen dabei berücksichtigt werden, wie z.B. die Lage und Aufteilung der Wohnung, das Verhältnis zu den Nachbarn, die persönliche Lebensweise, die Schlafgewohnheiten und noch vieles mehr. Wenn Sie hierzu einen guten Rat brauchen, wenden Sie sich vertrauensvoll an die Kriminalpolizei.

Bei einem vermuteten Einbruch sollte man zunächst Ruhe bewahren und keine Panikhandlungen begehen. Es wird auch selten gelingen, einen Einbrecher auf frischer Tat zu ertappen, zu verfolgen oder gar festzunehmen. Trotzdem können Sie der Polizei bei ihren Ermittlungen wertvolle Hilfe leisten. Es gibt nämlich kaum einen Einbruch, bei dem der Täter nicht irgendwelche Spuren hinterläßt, die dann von der Kriminalpolizei ausgewertet werden. Deshalb sollte man nach einem Einbruch möglichst nichts berühren und vor allem nichts verändern. Es ist besser, den Tatort abzusperren und das Eintreffen der inzwischen verständigten Polizei abzuwarten. Können Sie außerdem den oder die Täter noch annähernd gut beschreiben, so ist dies für die Polizei eine äußerst wertvolle Hilfe.

Nach der Spurensicherung durch die Polizei sollten Sie genau feststellen, was Ihnen gestohlen wurde. An dieser Aufstellung ist nicht nur die Polizei, sondern auch Ihre Versicherung interessiert. Über gestohlene Sparbücher, Scheckvordrucke oder dergleichen müssen Sie unverzüglich Ihr Bankinstitut verständigen und die entsprechenden Konten sperren lassen.

Geschäfte an der Wohnungstür

Es ist ein bewährter Grundsatz: Einen Unbekannten sollte man nicht auf ein einfaches Klingeln hin in die Wohnung eintreten lassen. Steht der Unbekannte bereits vor der Abschlußtür, dann nur mit eingehängter Sicherheitskette (Seite 120 ff.) öffnen. Ist der Fremde doch in die Wohnung gelangt, und verläßt sie nicht trotz Ihrer mehrfachen bestimmten Aufforderung, dann begeht er Hausfriedensbruch. Dieses Delikt ist bereits erfüllt, wenn der Fremde seinen Fuß in die teilweise geöffnete Abschlußtür stellt und Sie daran hindert, die Tür zu schließen. Die Verfolgung dieser Straftat tritt aber nur auf Antrag ein, d.h. Sie müssen Anzeige erstatten. Hierzu müssen Angaben zur Person gemacht werden.

Bei Billigverkäufen an der Wohnungstür ist immer Vorsicht geboten. Bei dem angebotenen angeblich so wertvollen Stück, z.B. einem Teppich, kann es sich um wertlosen Ramsch oder um gestohlene Ware handeln. An Diebesgut können Sie aber kein Eigentum erwerben und müssen es zurückgeben. Außerdem haben Sie sich der Hehlerei verdächtig gemacht. Wenn nämlich Warenwert und gezahlter Preis in auffallendem Mißverhältnis zueinander stehen, verlangen die Gerichte auch von einem unbescholtenen Käufer Zurückhaltung.

Zuweilen erscheinen auch „Händler", die Ihnen den wertvollen Teppich probeweise in die Wohnung legen, um ihn erst später zu verkaufen oder wieder mitzunehmen. Dabei besteht oft keine Verkaufsabsicht, die „Händler" wollen sich vielmehr aufmerksam in der Wohnung umsehen, um ihren Einbruch besser vorbereiten zu können, auch wenn er erst Monate später stattfindet.

Um in unlauterer Absicht in die Wohnung zu gelangen, gibt es noch viele Tricks. Da erscheinen Leute, die Grüße von fernen Verwandten bestellen oder Handwerker, die angeblich die Gasgeräte oder die elektrischen Anschlüsse überprüfen müssen. Wenn Sie die geringsten Zweifel haben, lassen Sie diese Ihnen unbekannten Leute nicht in Ihre Wohnung herein. Haben Sie wirklich Handwerker bestellt, dann vereinbaren Sie mit ihnen feste Termine.

An der Wohnungsabschlußtür sollte man auch niemals etwas unterschreiben, das man nicht genau kennt, schon gar nicht unter Zeitdruck. Lesen Sie zunächst alles in Ruhe durch, was Sie unterschreiben sollen, vor allem das Kleingedruckte.

Mechanische Sicherungen

Unter diesem Begriff werden Bauteile oder Bauausstattungen verstanden, die einem Einbrecher einen entsprechenden ***mechanischen Widerstand*** entgegensetzen. Ein totaler Einbruchschutz läßt sich damit allerdings nicht erzielen, damit müssen wir uns abfinden. Mit den entsprechenden Werkzeugen und bei genügender Zeit lassen sich sogar solide gebaute massive Wände und Decken überwinden. Es ist aber schon sehr viel erreicht, wenn das angegriffene Bauteil einen ausreichenden Widerstandswert besitzt und der Einbrecher so lange aufgehalten wird, bis Hilfe herbeigeholt ist. Je länger nämlich der Einbrecher durch eine mechanische Sicherung aufgehalten wird, desto größer wird für ihn die Gefahr, gesehen oder gehört zu werden.

Gute mechanische Sicherungen können auch nicht durch Alarmanlagen ersetzt, sondern höchstens durch sie ergänzt werden. Professionelle Einbrecher wissen auch sehr genau, daß die Hilfeleistung im Einbruchsfalle Zeit braucht, selbst wenn der Alarm sofort gegeben wird. Bei lohnenden Objekten wird oft ein Blitzeinbruch riskiert, z.B. durch das Einschlagen von Scheiben oder Aufsprengen von Türen. Die Zeit bis zum Eintreffen der alarmierten Polizei genügt den Einbrechern meist, um die wertvollsten Einzelstücke herauszuholen. Deshalb sollten bei besonders gefährdeten Wohnungen neben der Alarmanlage ausreichende mechanische Sicherungen vorhanden sein.

Bei der Anordnung von mechanischen Sicherungen ist besonders die Lage der Wohnung zu berücksichtigen. So ist z.B. ein Fenster, das im Erdgeschoß an der Rückseite eines Gebäudes liegt, wesentlich stärker gefährdet, gegenüber einem Fenster im gleichen Geschoß, das aber gegen eine belebte und ständig beleuchtete Straße grenzt. Ähnlich verhält es sich bei der Einstufung von Balkonen oder Loggien.

In Mietwohnungen ist die Sicherung der Wohnungsabschlußtür vorrangig. Darüber hinaus wird es oft schwierig sein, umfassende mechanische Sicherungen anzubringen, zumal hier meist die Zustimmung des Hauseigentümers erforderlich ist.

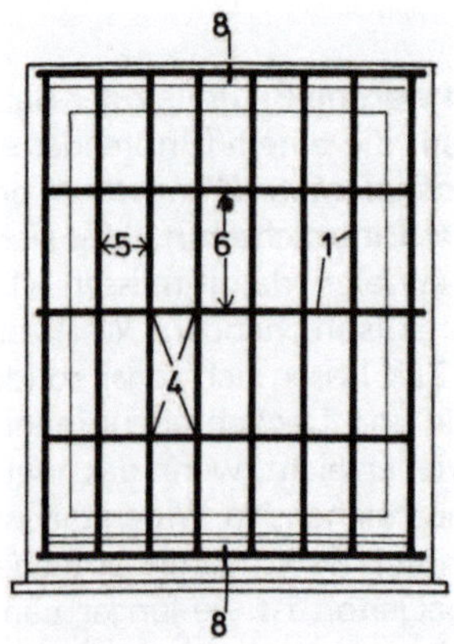

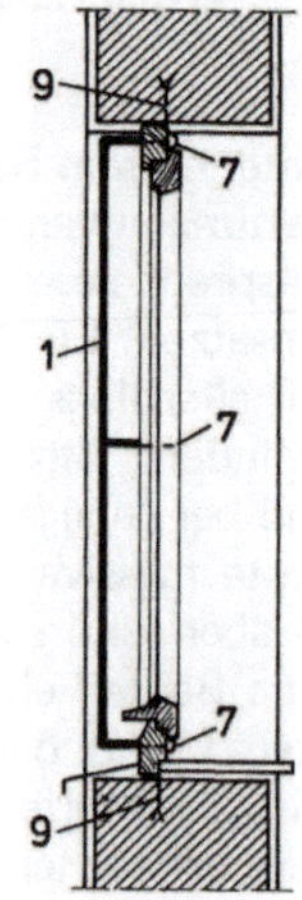

1 Starres, äußeres Sicherheitsgitter am Fensterrahmen befestigt

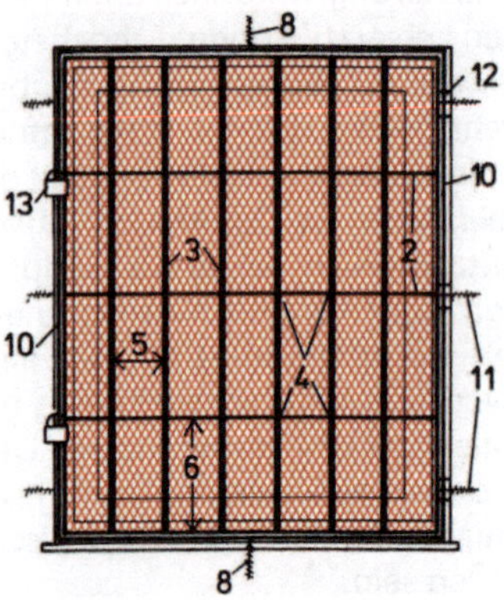

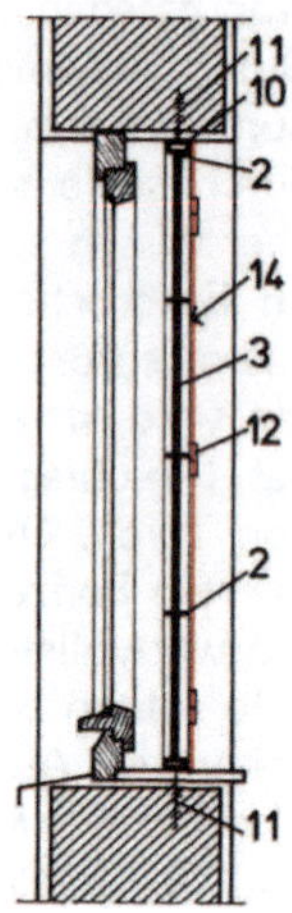

2 Öffenbares, inneres Sicherheitsgitter in der Fensterleibung verankert

1 Gitterstäbe 18/18 mm oder gleichwertig
2 Flügelrahmen und waagrechte Stäbe Flacheisen 40/8 mm
3 Durchgesteckte Rundstäbe ⌀ 20 mm
(1, 2 + 3 zweckmäßig aus Hart-Manganstahl)
4 Gitterstäbe an den Berührungspunkten verschweißt
5 Waagrechter lichter Abstand max. 100 mm
6 Senkrechter lichter Abstand max. 200 mm
7 Befestigung durch den Fensterrahmen
8 Breite Fenster mit weiteren Befestigungen
9 Fensterrahmen gut verankert
10 Fester Rahmen Flacheisen 40/8 mm
11 Mit schweren Dübeln verankert
12 Aufgeschweißte kräftige Scharniere
13 Zusätzlicher Verschluß z.B. Hangschlösser
14 Zu empfehlen: Aufgeschweißtes Lochblech oder einbruchhemmendes Streckmetall

59 Fenster-Sicherheitsgitter

Vergitterungen

Fenster und Verglasungen von Außentüren können durch Gitter gesichert werden. Bei der Konstruktion der Gitter sollte man auch überlegen, mit welchen Werkzeugen sie aufgebrochen werden können. Gängige Überwindungswerkzeuge für Gitter sind Brecheisen, Hebel, Bolzenschneider, Wagenheber und Metallsäge. Damit die Gitter auch ein wirksamer mechanischer Schutz sind, sollten die nachstehenden Hinweise beachtet werden:

- Die Stäbe von Sicherheitsgittern sollten untereinander gut verschweißt und mindestens 18 mm dick sein, bei einem lichten Abstand von maximal 10 x 20 cm bzw. 15 x 15 cm.
- Ziergitter, die meist nur Schmuckelemente sind, genügen im allgemeinen den Sicherheitsanforderungen nicht. Sie sollten deshalb im Hintergrund durch echte Sicherheitsgitter verstärkt werden, die auch farblich abgesetzt werden können.
- Sicherheitsgitter sind mit ausreichend bemessenen und genügend langen Krampen in die Leibung tief genug einzuzementieren. Einfache Dübelbefestigungen oder nicht ausreichend tief eingesetzte Maueranker begünstigen die Anwendung von Wagenhebern und Brecheisen.
- Für Gitter, die am Fensterrahmen oder auf Türen befestigt werden, sich durchgehende Schrauben zu verwenden, die man von außen nicht abdrehen kann.
- Besonders wirksam sind Sicherheitsgitter auf der Innenseite von Fenstern. Für den Einbrecher mit seinen Werkzeugen sind sie schwerer zugänglich als Außengitter. Dieser Schutz ist auch immer dann anzuwenden, wenn z.B. der Hauseigentümer die Anbringung äußerer Gitter nicht erlaubt. Darüber hinaus kann das Fenster selbst elektrisch überwacht werden.
- Bei Fenstern von Nebenräumen, bei denen es nicht auf einen höchstmöglichen Lichteinfall ankommt, bietet einbruchhemmendes Streckmaterial oder Lochblech in mindestens 3 mm Dicke eine sehr gute Schutzwirkung. Eine Metallschere ist schwierig anzusetzen; sollte trotzdem ein Ausschnitt gelingen, so verhindern die vorstehenden Drahtenden ein müheloses Durchkriechen.
- Werden Fenster als Notausstieg gebraucht, müssen die Vergitterungen durch einfache Handgriffe vom Raum her geöffnet werden können.

Kellerfenster

Die im Wohnungsbau üblichen Stahlkellerfenster besitzen einen äußeren Gitterflügel und einen inneren Glasflügel. Beide Flügel werden im allgemeinen durch exzentrisch wirkende Hebel verschlossen. Dieser Verschluß kann jedoch von außen mit recht einfachen Mitteln, wie z. B. Schraubendreher oder Drahtschlaufen geöffnet werden. Es sollten deshalb die Schließhebel mit einem stabilen Hangschloß oder dergleichen zusätzlich gesichert werden. Bei den neuerdings angebotenen schlüssellosen Hangschlössern ist darauf zu achten, daß der zum Öffnen vorgesehene Drehgriff zur Fensterleibung hin zeigt und so von außen unerreichbar ist.

In Versicherungsrichtlinien wird empfohlen, insbesondere Kellerfenster oder andere tief gelegene Einstiegsmöglichkeiten mit stabilen Gittern zusätzlich zu sichern. Diese Gitter müssen die Merkmale der bereits auf Seite 110 beschriebenen Sicherheitsgitter aufweisen. Geeignet ist auch Lochblech von mindestens 3 mm Dicke, einbruchhemmendes Streckmetall oder eine hinter dem Gitterflügel liegende einbruchhemmende Verglasung.

Lichtschächte

Lichtschächte vor einem Keller- oder Untergeschoßfenster müssen aus Gründen des Unfallschutzes mit einem stabilen Rost abgedeckt werden. Von oben darf der Rost nicht abgehoben werden können. Um dies zu verhindern, sind kräftige Verankerungen erforderlich, die in der Tiefe des Schachtes arretiert werden. Die zuweilen als Verschlußmittel vorhandenen dünnen Ketten sind weniger geeignet; sie können rosten und sind leicht durchzukneifen.

Mit der Sicherung größerer Lichtschächte soll vor allem verhindert werden, daß ein Einbrecher – jeglicher Einsicht entzogen – in aller Ruhe das Fenster aufbrechen kann. Es ist bekannt, daß es Amateur-Einbrechern gelungen ist, mit einem normalen Auto-Wagenheber, der an der äußeren Wand des Lichtschachtes abgestützt wurde, die verschlossenen Lochgitterflügel von handelsüblichen Stahlkellerfenstern mühelos und ohne besondere Lärmverursachung einzudrücken.

Bei Lichtschächten, die gleichzeitig als Notausstieg oder Fluchtweg dienen, müssen die Schachtabdeckungen beim Ausstieg abgehoben werden können, die Verschlüsse sind dann auf diesen Notfall abzustimmen.

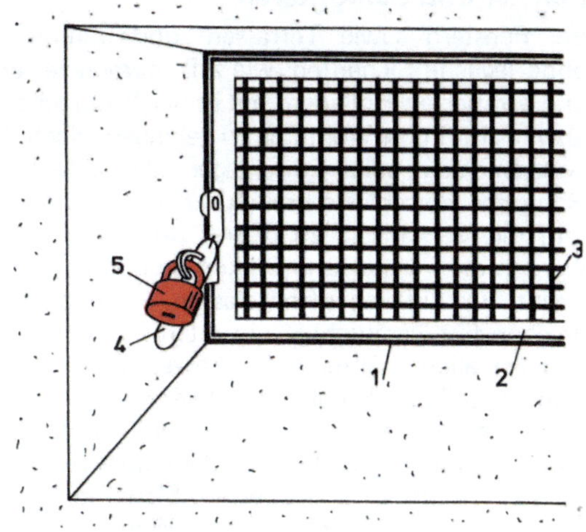

1 Kellerfenster mit Hebelverschluß

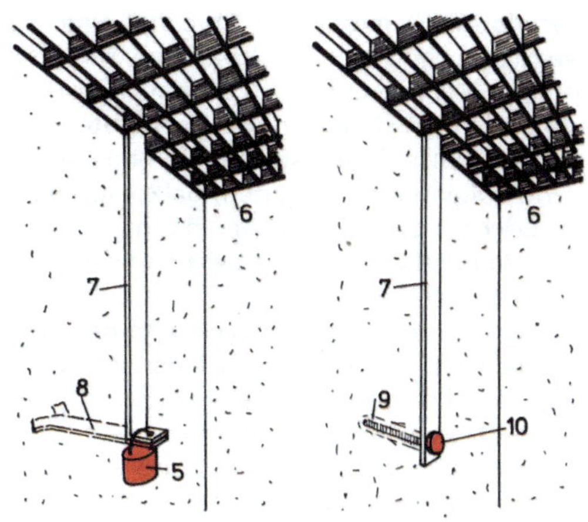

2 Verankerung für Lichtschachtroste

1 Fensterrahmen
2 Innerer Glasflügel, ggt. einbruchhemmende Verglasung
3 Äußerer Gitterflügel
4 Hebelverschluß, erfaßt beide Flügel
5 Sicherheits-Hangschloß

6 Lichtschachtrost
7 Flachstahlbügel ca. 40 / 8 mm, möglichst lang, am Rost angeschweißt
8 Maueranker
9 Schwerer Stahldübel
10 Verschraubung

60 Kellerfenster, Lichtschacht

Fenster und Balkontüren

Bei Fenstern sowie Terrassen- und Balkontüren ohne jegliche Sicherung, wie z.B. herabgelassenen und arretierten Rolläden, hat es der Einbrecher relativ leicht, in die Wohnung zu gelangen. Nach dem Aufschneiden oder Einschlagen der Scheibe in Höhe der Verschlüsse braucht er nur durchzugreifen, die Verschlüsse zu öffnen und einzusteigen. Werden die Fenster und Balkontüren während der Nacht zur Lüftung offengelassen, kann der Einbrecher fast geräuschlos eintreten. In der Nacht und vor allem während der Abwesenheit der Bewohner sollten deshalb alle gefährdeten Fenster – auch die Keller- und Dachfenster – geschlossen sein. Die notwendige Luft ist dann über gesicherte Fenster (Rolläden mit Sperren, Sicherheitsgitter) oder über Zuluftschächte in der Wohnung zu beziehen.

Gemäß den Richtlinien des ***Verbandes der Sachversicherung*** (VdS) müssen bei Abschluß einer Hausratversicherung (Seite 139) bestimmte Mindestforderungen erfüllt werden. So müssen Fenster und Fenstertüren einschließlich der Oberlichte im Erd- oder Untergeschoß und solche, die ohne Hilfsmittel von außen (über Anbauten, Balkone, Feuerleitern, Dächer usw.) erreichbar sind, mit abschließbaren Verriegelungen zur Abwehr einfacher Einbrüche gesichert werden.

Diese vorgeschriebenen Verriegelungen haben noch einen weiteren Vorteil: Sind Kinder in der Wohnung, dann können die Fenster auch gegen unbefugtes Öffnen von innen abgesperrt werden. Die Verriegelung kann in den für die normale Benutzung vorgesehenen Fenstergriff integriert sein. Sie kann aber auch zusätzlich angebracht werden, so wie es in der nebenstehenden Abbildung 61 dargestellt ist.

Verglasungen

Gegenüber normalem Fensterglas erreicht man ein höheres Maß an Sicherheit durch die Verwendung von Sicherheitsgläsern oder schlagfesten Kunststoff-Scheiben.

Mehrscheiben-Isolierglas ist wegen eines verbesserten Wärmeschutzes heute für alle Neubauten vorgeschrieben, kommt aber auch immer mehr bei älteren Wohnbauten zum Einsatz.

Es hat aber keinen höheren Sicherheitswert, wie das herkömmliche einfache Fensterglas. Beim Zerschlagen einer Isolierglasscheibe ergibt sich lediglich eine etwas stärkere Geräuschentwicklung, weil beide Scheiben auf einmal zu Bruch gehen. Eine Verbesserung der Einbruchsicherheit wird nur erreicht, wenn zu ihrem Aufbau mindestens eine Scheibe aus Sicherheitsglas oder schlagfestem Kunststoff besteht, die zweckmäßig auf der Innenseite angeordnet ist. Bei einem Angriff wird zunächst die äußere Scheibe zerstört, bei der Innenscheibe prallt der Einbrecher dagegen auf Widerstand. Außerdem wird der Täter durch die scharfen Glasreste der Außenscheibe erheblich behindert.

Einscheiben-Sicherheitsglas wird z.B. für Glastüren verwendet; allgemein bekannt ist es als Autoverglasung. Bei Bruch löst sich die gesamte Scheibe in kleine Glaskrümel auf, die meist stumpfkantig sind und untereinander mehr oder weniger lose zusammenhängen. Die Bezeichnung „Sicherheitsglas" betrifft deshalb allein den Unfallschutz; eine einbruchhemmende Wirkung hat dieses Glas jedoch nicht.

Verbund-Sicherheitsglas besteht aus zwei oder mehr hintereinander liegenden normalen Glasscheiben, die durch hochelastische Zwischenschichten fest miteinander verbunden sind. Bei der Zerstörung splittern zwar die Scheiben, die Bruchstücke haften aber fest an der Zwischenfolie und erschweren ein Durchdringen. Zum Anschluß an eine Alarmanlage gibt es auch Verbund-Sicherheitsgläser mit entsprechenden Einlagen.

Kunststoff-Scheiben (Polycarbonat, Acrylglas) können anstelle von Fensterglas oder als Zweitscheiben bei Isoliergläsern eingesetzt werden. Die gut durchsichtigen Polycarbonat-Platten ab 3 mm Dicke sind fast unzerbrechlich. Sie bieten einen bestmöglichen Schutz gegen Bruch, Steinwürfe, Schläge mit Hämmern oder Stöße mit Brechstanden. Acrylscheiben haben ab 8 mm Dicke eine einbruchhemmende Wirkung.

Drahtglas ist das am längsten bekannte Glas mit Sicherheitseigenschaften. Bei einer gewaltsamen Zerstörung hat die eingegossene Drahtarmierung eine splitterbindende Wirkung. Die Verglasung einer Außentür bzw. eines Keller- oder Nebenfensters mit Drahtornamentglas ist oft wirkungsvoller als ein zu schwach ausgebildetes Gitter. Selbst wenn der Einbrecher die Glassplitter entfernt, verhindern die vorstehenden Drahtenden meist einen Einstieg.

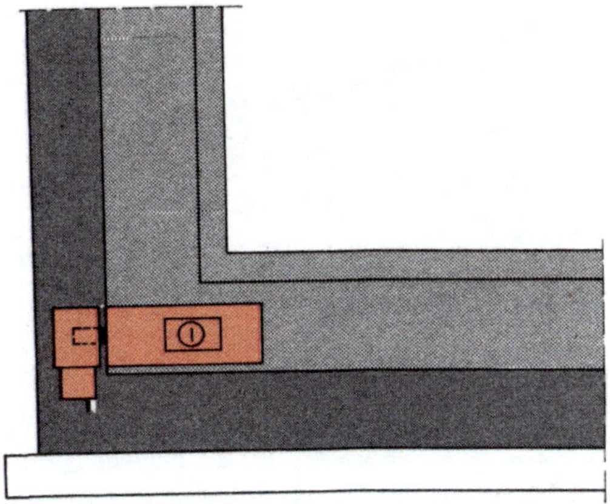

1 Fensterschloß
sichert Fenster in geschlossenem und gekippten Zustand
(ABUS)

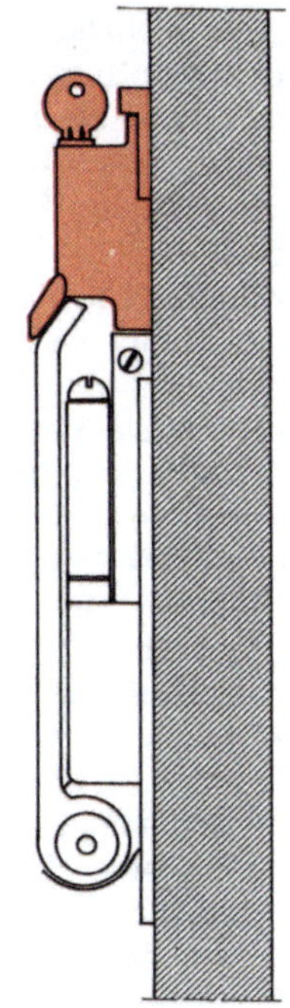

4 Hebetür-Sicherung
als Schloß für den Betätigungshebel (ABO, DOM)

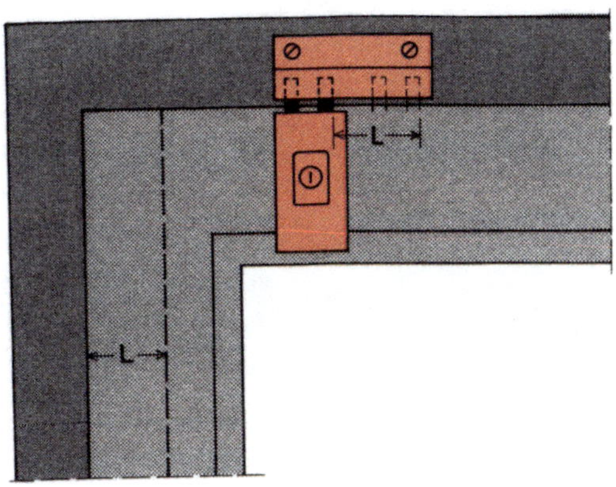

2 Hebe-Schiebetürschloß
mit 2 Verschlußstellungen: geschlossene Tür und
4,5 cm Luftspaltstellung: L (ABUS)

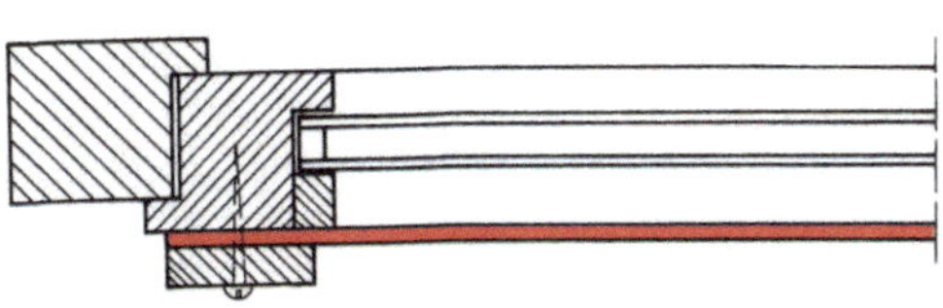

3 Polycarbonat-Zusatzscheibe
ab 3 mm Dicke als einbruchhemmende Verglasung
(Makrolon, Lexan)

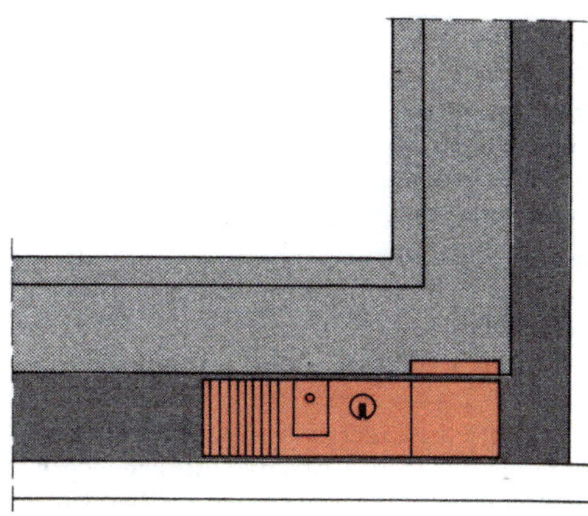

5 Fenster-Alarmgerät
mit Magnetkontakt und Sicherheitsschloß
Batteriebetrieb, auch für Kippfenster geeignet
(GfS 1200)

61 Fenstersicherungen, nachträglich angebracht

Rolläden

Rolläden haben eine Mehrfach-Funktion. Sie sollen den Raum abdunkeln und die Sonne abhalten. Die Fensteröffnung sollen sie vor Kälte, Wind und Wetter schützen sowie den Außenlärm mindern. Außerdem erwartet man von Rolläden noch einen gewissen Einbruchschutz.

Die heute im Wohnungsbau üblichen Kunststoff-Rolläden haben kaum einen Sicherheitswert. Eine Verbesserung ergibt sich, wenn man in die doppelwandigen Lamellen Verstärkungseinlagen aus Metall einschiebt. Außerdem sollten Rolläden gegen Hochschieben von außen gesichert sein. Mechanische Verriegelungen müssen von Hand bedient werden. Bequemer sind automatische Rolladensicherungen. Sie rasten selbsttätig ein und werden, wenn man innen am Gurt zieht, automatisch entriegelt. Der Fachhandel verfügt über Sicherungen, die auch nachträglich eingebaut werden können. Ein zusätzliches Problem ergibt sich bei Kunststoff-Rolläden für breite Fenster. Hier können die biegsamen Lamellen nach außen gezogen und aus ihren Führungsschienen herausgerissen werden.

Einen höheren Sicherheitswert besitzen Rolläden, die aus ineinander greifenden Stahl- oder schweren Leichtmetall-Lamellen bestehen. Dagegen haben die meist nachträglich vorgebauten Mini-Rolläden keinen Sicherheitswert.

Klappläden

Stabil gebaute Klappläden, die in geschlossenem Zustand weder hochgeschoben noch ausgehängt werden können, haben einen guten Widerstandswert. Dazu gehören eine ausreichende innere Verriegelung und Beschlagteile, die man von außen nicht abdrehen kann.

Glasbausteine

Die Einbruchsicherheit einer Glasbausteinwand wird meist überbewertet. Ist sie normal aufgebaut und hat der Einbrecher die notwendige Zeit, so kann er sie mit recht einfachen Werkzeugen durchbrechen – so wie eine gemauerte Wand gleicher Dicke. Glasbausteinwände mit Sicherheitseigenschaften benötigen vielmehr Stahlarmierungen in den Fugen und besondere Verankerungen im Mauerwerk, bei möglichst kleinformatigen Glaskörpern. Auch sollten anstelle der meist üblichen Lüftungsflügel nur Lüftungssteine eingebaut werden.

1 Klemmriegel für frei liegende Führungsschienen

2 Klemmriegel für eingebaute Führungsschienen

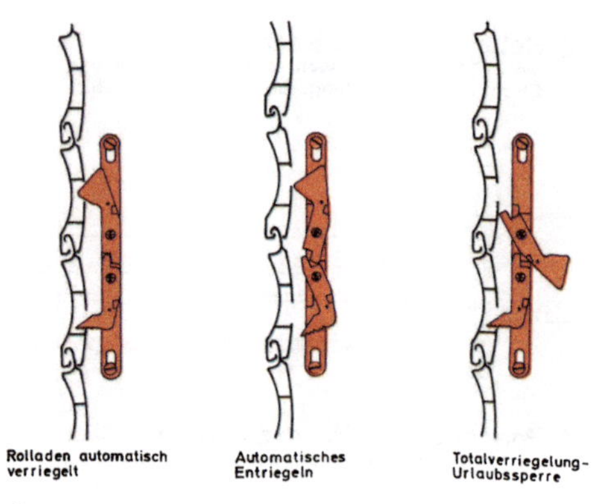

3 Automatische Rolladensicherung

62 Rolladensperren gegen Hochschieben

Türen

Wie die Kriminalstatistik zeigt, kommen die Einbrecher bei den meisten Einbruchdiebstählen durch eine Tür. Läßt sich die Tür nicht durch Nachschlüssel öffnen, dann wird Gewalt angewendet, wie zum Beispiel:

- Das Türblatt wird im Schloßbereich aufgesplittert und das Schloß soweit abgedreht, bis es nicht mehr greift.
- Der Schloßriegel wird durch Herausbrechen des Schließbleches freigelegt.
- Bei Stahltürzargen wird die Riegelöffnung ausgebrochen oder aufgebohrt.
- Vorstehende Schließzylinder werden abgedreht.

Zur Vermeidung dieser Gewalteinbrüche sind hochwertige Schlösser und Sicherheitsbeschläge erforderlich. Sie nutzen aber wenig, wenn sie in Türen von geringer Stabilität eingebaut sind. In den Richtlinien des Verbandes der Sachversicherer (VdS) werden die folgenden vier Türarten unterschieden:

Wabentüren mit glattem Türblatt aus Holz oder Kunststoff (Türgewicht 12 bis 15 kg) haben geringen Sicherheitswert.

Füllungstüren, bestehend aus einem Holz-, Metall- oder Kunststoffrahmen mit Füllungen aus Holz oder anderen Werkstoffen (Türgewicht 25 bis 35 kg). Ihr Sicherheitswert ist von der Stabilität der Füllung abhängig.

Vollholztüren, bestehend aus einem massiven Holzaufbau in einer Mindeststärke von 40 mm (Türgewicht 40 bis 50 kg) besitzen einen anerkannten, ausreichenden Sicherheitswert.

Metalltüren, vorzugsweise in doppelwandiger Ausführung, wie z.B. Feuerschutztüren oder Metall-Sicherheitstüren (Türgewicht 60 bis 80 kg), haben erhöhten Sicherheitswert.

Darüber hinaus gibt es noch zahlreiche Türkonstruktionen, die ebenfalls Sicherheitseigenschaften aufweisen. Hierzu gehören z.B. die aus Panzerholz bestehenden Türen, die von einer bestimmten Dicke an auch gegen Handfeuerwaffen schußsicher sind.

Wohnungsabschlußtüren

Hinsichtlich des Einbruchschutzes kommt in einer Wohnung der Wohnungsabschlußtür besondere Bedeutung zu. Wenn man davon ausgeht, daß praktisch jedermann in das Treppenhaus gelangen kann, so hat sie die Funktion einer Haustür zu erfüllen. Sie muß also zunächst ausreichend schall- und wärmedämmend sein. Im Brandfalle soll sie weitgehend verhindern, daß ein Brand von außerhalb in die eigene Wohnung getragen wird. Um eine Verqualmung des Treppenhauses zu vermeiden, muß sie bei einem Brand in der Wohnung ausreichend rauchdicht sein. Der mechanische Widerstand der Wohnungsabschlußtür gegen Einbruch, um den es hier vor allem geht, sollte so groß sein, daß auch bei Gewaltanwendung genügend Zeit für eine Alarmierung bleibt. Die sich aus diesen zahlreichen Forderungen ergebenden Maßnahmen sind anschaulich in Abbildung 67 auf Seite 120 dargestellt.

Für ein erhöhtes Schutzbedürfnis gibt es Stahl-Sicherheitstüren. Die durch eine Dreifach-Verriegelung gesicherte Tür kann in vorhandene Stahltürzargen eingebaut werden. Das Sicherheitstürblatt hat eine Stärke von 40 mm, enthält ein Spezialschloß mit Zylinder und Aufbohrschutz sowie einen Weitwinkelspion. Noch mehr Sicherheit bietet die fünffach gesicherte Tür von Stahl-Schanz in 45 mm Stärke.

Türspione

Wegen der persönlichen Sicherheit der Bewohner sollten Wohnungsabschlußtüren grundsätzlich mit einem Türspion ausgestattet sein. Ungebetene Besucher werden erkannt, bevor die Tür geöffnet wird. Türspione gibt es für alle üblichen Türstärken. Sie besitzen ein Weitwinkel-Okular, durch das der Bereich vor der Abschlußtür übersehen werden kann. Bei Dunkelheit ist allerdings Voraussetzung, daß man von innen die Treppenhausbeleuchtung einschalten kann, sofern keine Dauerbeleuchtung vorgesehen ist. Als Neuerung wird ein Türspion angeboten, der hinter dem Namensschild verdeckt liegt und als solcher von außen nicht zu erkennen ist. Bei einem Blickwinkel von 180 Grad soll jeder Besucher in voller Größe erkannt werden können (gfs 4102).

Gemäß einem Gerichtsurteil darf der Hauseigentümer einem Mieter den Einbau eines Türspions in die Abschlußtür nicht verwehren.

1 Drahtbügel
zur Sicherung des Schlüssels gegen Herausstoßen

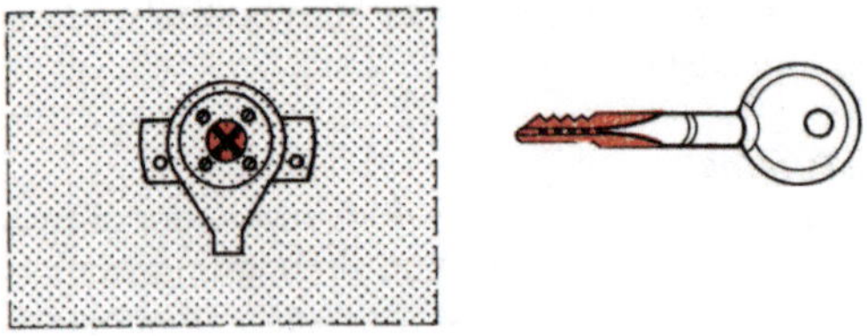

2 Zylindereinbausicherung
Einbau in den Schloßkasten vor dem Schlüsselloch. Buntbartschlösser erhalten dadurch einen noch ausreichenden Sicherheitswert.

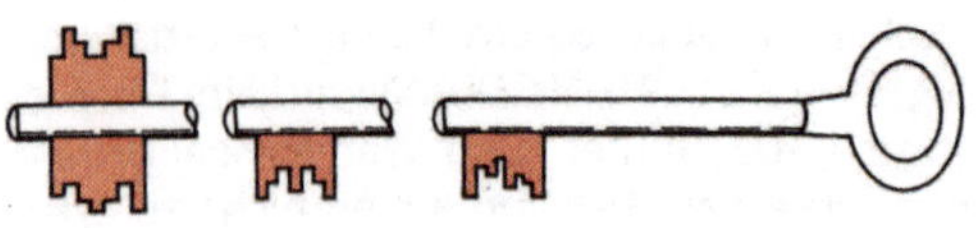

3 Zuhaltungsschlösser mit mindestens 6 Zuhaltungen haben einen ausreichenden Sicherheitswert. Sie benötigen die oben abgebildeten Schlüssel.

63 Buntbartschloß, Zuhaltungsschloß

Schlösser

Ein gutes Schloß ist bei einer Tür immer noch die wichtigste Sicherheitseinrichtung. Nach dem heutigen Stand der Schloßtechnik werden die Sicherheitsanforderungen im Wohnbereich durch Schlösser mit Schließzylinder oder durch Zuhaltungsschlösser erfüllt. Einen gewissen Sicherheitswert besitzen auch andere Schlösser, die mit entsprechenden Maßnahmen gegen Nachschließen ausgestattet sind. Außerdem kommt es ganz besonders auf die Schlüsselsicherheit an, denn Einbrüche mit Nachschlüsseln erzeugen keinen Lärm und hinterlassen keine Spuren.

Einsteckschlösser

Einsteckschlösser für einbruchhemmende Türen, wie z.B. Wohnungsabschlußtüren, sollten die folgenden Sicherheitsmerkmale aufweisen:

- Der Schloßkasten sollte mit einem Stahlblechmantel umgeben sein, so daß keine Eingriffsmöglichkeiten von außen gegeben sind.
- Die für die Befestigung der Außenbeschläge durch den Schloßkasten gehenden Löcher sollten von Buchsen aus gehärtetem Stahl umgeben sein.
- Vorteilhaft sind zusätzliche Verstärkungen aus gehärtetem Stahl, um das Anbohren des Schlosses von außen und Eingriffe in das Riegel- oder Fallenschließwerk zu verhindern.
- Der Schloßriegel sollte aus gehärtetem Stahl bestehen, damit er nicht abgesägt werden kann. Den gleichen Zweck erfüllen auch zwei rollende Stahlbolzen, die in einem Riegel aus Normalstahl enthalten sind.
- Das Schloß sollte eine zweitourige Verriegelung aufweisen (zwei Schlüsselumdrehungen). Bei einem eintourigen Schloß muß der Riegel mindestens 20 mm ausgeschlossen werden.
- In Türen mit schmalen Rohrrahmen, wie z.B. Glas-Abschlußtüren, gehören Teleskop-Sicherheitsriegel oder Schwenkriegelschlösser mit einem Riegelausstoß von etwa 30 mm.

Buntbartschlösser

Mit einem einfachen Drahthaken (Dietrich) läßt sich jedes Buntbartschloß mühelos aufschließen; Buntbartschlösser sind deshalb nur für Türen mit geringen Sicherheitsanforderungen geeignet. Eine behelfsmäßige Sicherung ergibt sich, indem man den eingesteckten Schlüssel gegen Herausstoßen von der Gegenseite aus sichert, z.B. mit einer Drahtschlaufe, die in den Schlüsselgriff eingreift (Abb. 63). Vorhandene Buntbartschlösser können durch den Einbau einer ***Zylindereinbausicherung*** einen ausreichenden Sicherheitswert erhalten. Die Einbausicherung muß mindestens 6 gefederte Zuhaltungsstiftpaare aufweisen. Dieser Zusatz darf jedoch nicht mit der Schlüssellochsperre verwechselt werden, die keinen ausreichenden Sicherheitswert besitzt.

Zuhaltungs-(Chubb-)Schlösser

Zuhaltungsschlösser besitzen einen höheren Sicherheitswert, wenn sie mit 6 oder mehr unabtastbaren und aufsperrsicheren Zuhaltungen ausgerüstet sind. Beim Schließen mit dem dafür passenden Schlüssel werden zuerst die Zuhaltungen betätigt, bevor sich der Riegel bewegen läßt. Durch die versetzte Schlüsselanordnung kann die Tür auf der einen Seite ungehindert geschlossen werden, auch wenn in der gegenüberliegenden Schlüsseleinführung der Schlüssel oder ein Fremdkörper steckt.

Schließzylinder

Schließzylinder und Einsteckschloß zusammen werden als Zylinderschloß bezeichnet. Dabei ist der Schließzylinder praktisch das Herz des Zylinderschlosses; in ihm befindet sich die Schließkombination. Entsprechend ihrer Querschnittsform unterscheidet man Rundzylinder, Ovalzylinder und die heute überwiegend zur Anwendung kommenden Profilzylinder. Der Vorteil der Zylinder-Schließsysteme liegt in der hohen Zahl von Schließkombinationen und im bequemen flachen Schlüssel.

Schließzylinder sollten auf der Außenseite der Tür nicht überstehen. Ein Einbrecher kann den überstehenden Zylinder abschlagen oder abdrehen. Ein eventuell vorhandener Überstand, auch wenn er nur wenige Millimeter beträgt, sollte durch eine Sicherheitsrosette ausgeglichen werden.

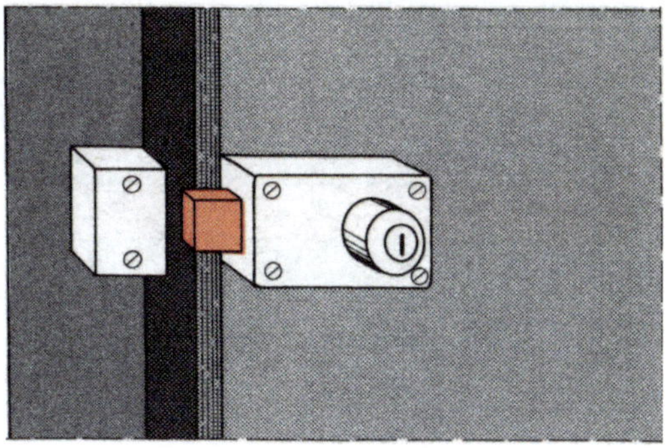

1 Zylinder-Kastenriegelschloß
mit Innen- und Außenzylinder

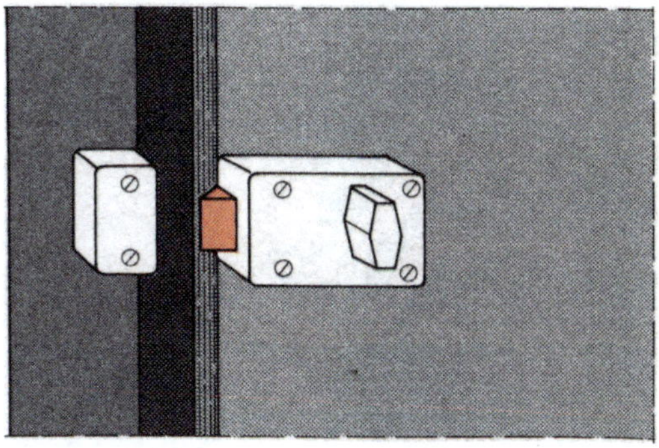

2 Zylinder-Kastenfallenschloß
innen mit Drehknopf, außen mit Zylinder

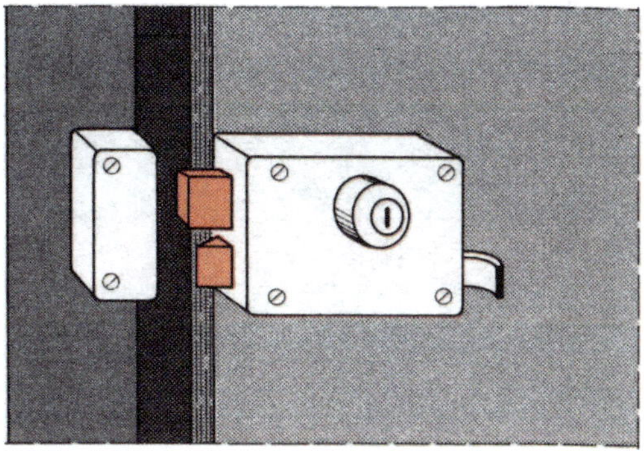

3 Zylinder-Kastenschloß mit Riegel und Falle
mit Innen- und Außenzylinder sowie Fallenzieher

64 Kastenschlösser mit Zylinder

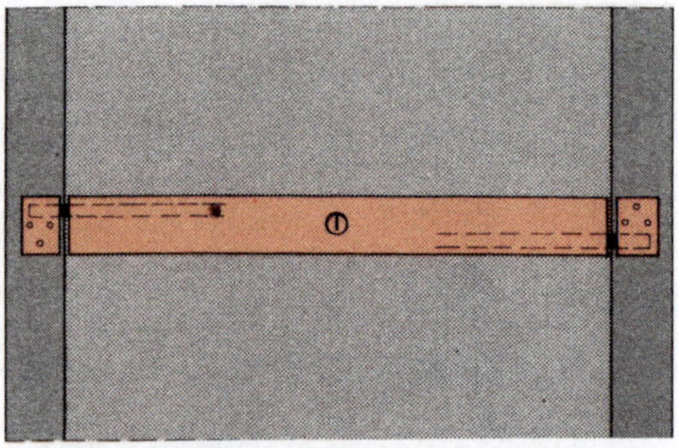

1 Doppelriegelschloß mit 2 Stahlbolzen zur Verriegelung der Tür auf beiden Seiten. Mit Innen-und Außenzylinder.

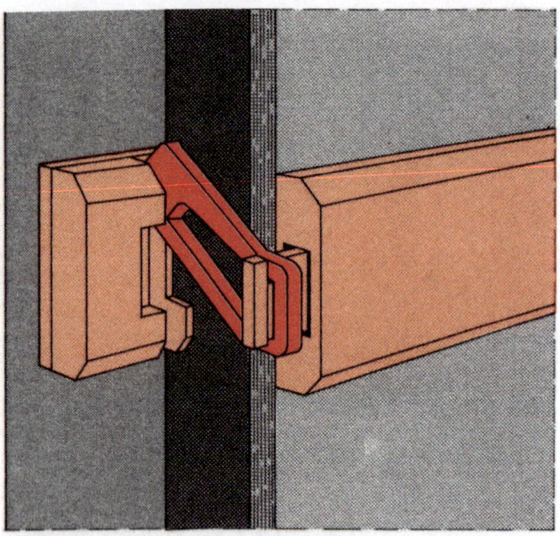

Einmal schließen - Tür spaltbreit geöffnet

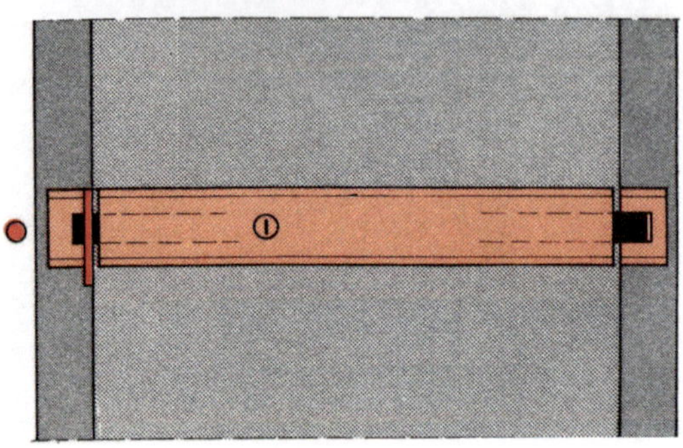

2 Panzer - Riegelschloß mit ständiger Sicherung der Bandseite - Stahlbolzen und Sperrhebel an der Öffnungsseite der Tür. Mit Innen - und Außenzylinder.

65 Doppelriegelschloß mit Zylinder

Zusatzschlösser

Unter diesem Begriff werden Schlösser verstanden, die man nachträglich anbringen kann, ohne in die Tür eingreifen zu müssen, wie z.B. bei einem Einsteckschloß.

Kasten-(Riegel-)Schlösser

Kastenschlösser werden vorwiegend als zusätzliches Sicherheitsschloß an Abschlußtüren, Balkontüren und Fernstern angebracht. Für Wohnungsabschlußtüren gibt es Spezialausführungen, die einen am Schließkasten angebrachten Sperrbügel enthalten. Damit ist es möglich, die Tür zunächst nur einen Spalt zu öffnen – so wie bei der herkömmlichen Türkette (Abb. 64 + 68). Kastenschlösser mit einem Drehknopf als alleinigem Verschluß haben bei Türen mit Glaseinsatz sowie bei Fenstern keinen Sicherheitswert, da man nach dem Einschlagen des Glases durchgreifen und öffnen kann.

Doppelriegelschloß

Das Doppelriegelschloß ist eine besonders wirksame Einbruchsperre. Die Tür wird damit auf ihrer gesamten Breite gesichert. Doppelriegelschlösser mit eingebautem Profilzylinder können von beiden Seiten der Tür geschlossen werden. Der Austausch des normalen Zylinders gegen Zylinder einer Schließanlage ist möglich. Für Wohnungsabschlußtüren gibt es Doppelriegelschlösser mit Sperrbügel für eine Spaltöffnung (Abb. 65).

Hangschlösser (früher: Vorhangschlösser)

Die heutigen Hangschlösser dürfen nicht mit den altbekannten Vorhangschlössern verglichen werden, bei denen man mit einem starken Schraubendreher den Bügel einfach auseinanderdrücken konnte. Auch wurden die recht primitiven Verschlüsse weitgehend durch Einbauzylinder ersetzt. Aus der Vielzahl der heute erhältlichen Hangschlösser werden einige Modelle in Abbildung 66 gezeigt.
Hangschlösser, die aus Sicherheitsgründen außerhalb der Wohnung eingesetzt werden, z.B. bei Keller- oder Speichertüren, sollten so beschaffen sein, daß man Aufbruchwerkzeuge nicht ansetzen kann. Hangschlösser für den Einsatz im Freien, z.B. zum Verschluß von Lichtschachtrosten, sollten wasserdicht sein.

Sicherheitsbeschläge

Einbruchhemmende Wohnungsabschlußtüren benötigen Sicherheitsbeschläge. Die Befestigung der Türschilder mit Holzschrauben ist völlig ungenügend, denn nichts ist für einen Einbrecher einfacher, als die Schrauben herauszudrehen und das Schild wegzuklappen, um an das Schloß zu gelangen. Sicherheitsschilder sollten deshalb von außen unsichtbar befestigt werden. Für das Eindrehen von durchgehenden Schrauben von der Innenseite her, besitzen dafür geeignete Einsteckschlösser von gehärtetem Stahl umgebene Schraublöcher. Das Sicherheitslangschild muß vor allem ein Abschlagen und Abdrehen überstehender Schließzylinder unmöglich machen. Leichtmetall-Langschilder sollten mit gehärteten Stahlplatten als Anbohrschutz hinterfüttert sein.

Sicherheitsschließbleche

Bei Holzzargen läßt sich der dem Türschloß gegenüberliegende Bereich mit Stemmwerkzeugen relativ leicht aufbrechen. Oft genügt schon ein starker Druck gegen die Tür, um das Schließblech insgesamt herauszudrücken. Bei Verwendung von Stahl-Winkelschließblechen mit 3 mm Materialdicke und einer Gesamtlänge von mindestens 50 cm kann dies erheblich erschwert werden. Stahltürzargen sind in dieser Hinsicht vorteilhafter. Bei Stahlzargen ist aber darauf zu achten, daß die Aussparungen für das Eingreifen des Schloßriegels gegen die Außenseite entsprechend verstärkt sind.

Sicherheit auf der Bandseite

Eine einbruchhemmende Wohnungsabschlußtür braucht praktisch eine Rundumsicherung; hierzu gehören dann auch Maßnahmen auf der Bandseite. Damit soll insbesondere verhindert werden, daß die Tür „ausgehebelt" werden kann. Für den zusätzlichen Schutz auf der Bandseite gibt es sogenannte ***Hinterhaken***. Sie bestehen aus einem oder mehreren Stahlbolzen, die mittels Anschraubplatten im Falz der Tür befestigt werden. Bei geschlossener Tür greifen die Bolzen in gegenüberliegende im Türrahmen eingebaute Schließbleche ein. In Stahltürzargen brauchen nur entsprechend große Löcher gebohrt zu werden. Den gleichen Zweck erfüllen auch neuartige Keilsperrelemente, die sich beim Schließen der Tür selbsttätig zu einer form- und kraftschlüssigen Einheit verbinden.

1 Hangschlösser mit Zylinderschloß an der Unterseite. Geeignet für Verwendung im Freien

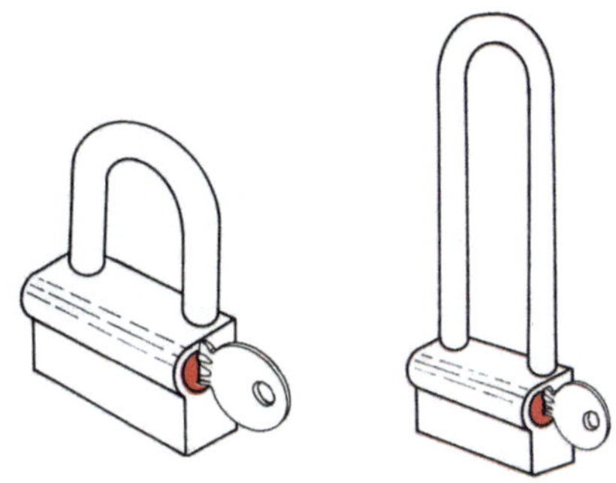

2 Hangschlösser mit Zylinderschloß an der Seite

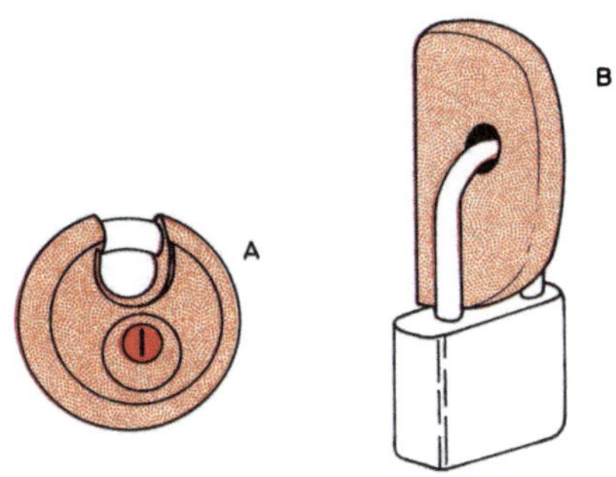

3 Hangschlösser mit Schutz gegen Brecheisen
A Stahlscheiben mit enger Bügelöffnung
B Schutzgehäuse über dem Einhängebügel

66 Hangschlösser mit Zylinder

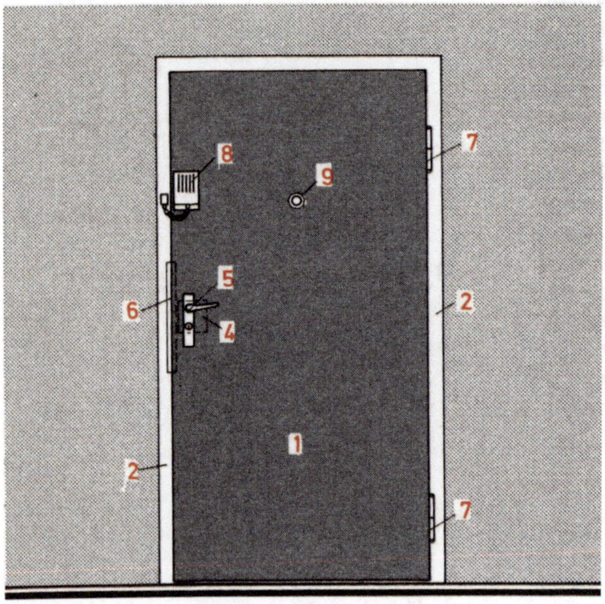

Innenansicht (Wohnung)

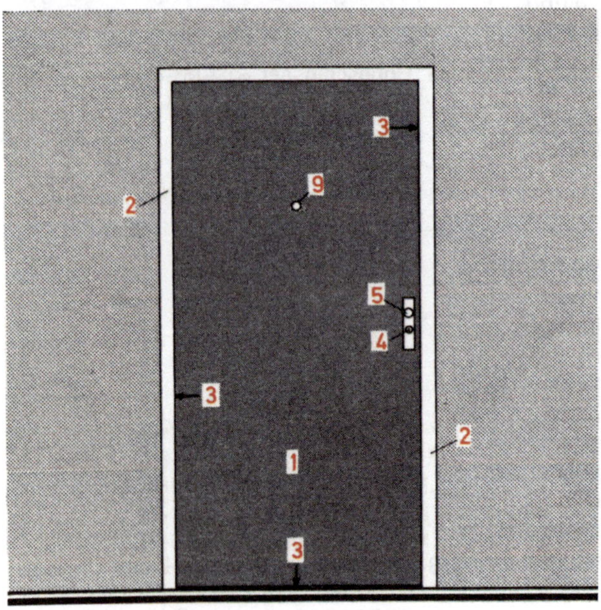

Außenansicht (Treppenhaus, Halle, Flur)

Merkmale einer einbruchhemmenden Wohnungsabschlußtür

1 Türblatt

- Leichte Wabentüren mit geringem Sicherheitswert
  Verbesserung durch eine fest und satt aufgeschraubte Tafel aus 12–16 mm Sperrholz, 20 mm Spanplatte oder 2 mm Stahlblech.
- 40 mm-Vollholztür mit ausreichendem Sicherheitswert
- 40 bis 45 mm-Metalltür mit erhöhtem Sicherheitswert

Größere Verglasungen aus Drahtornamentglas in 10 mm Dicke oder gleichwertige Scheiben sind einbruchhemmend.

2 Türzarge

- Aus Holz, normal befestigt und mit Hohlräumen, mit geringem Sicherheitswert
- Aus Holz, gut im Mauerwerk verankert und ohne Hohlräume, mit ausreichendem Sicherheitswert.
- Stahltürzarge aus 2 mm-Blech, mit angeschweißten Ankern satt einbetoniert, mit erhöhtem Sicherheitswert

3 Türfalz und Bodenabstand

Außen dicht anliegend, damit kein Ansatz für Brecheisen

4 Türschloß

Schweres Sicherheits-Einsteckschloß mit Schließzylinder, Riegelausstoß mindestens 20 mm.
Ist das vorhandene Schloß zu schwach, dann empfiehlt sich ein zusätzliches Schloß ggf. mit Türsperre. (Kastenriegelschloß, Doppelriegelschloß)

5 Türbeschlag

Möglichst nur Sicherheitsbeschläge! Vor allem, keine nach außen vorstehende Schließzylinder

6 Schließblech

Bei Holzzargen möglichst Sicherheits-Winkelschließblech

7 Türbänder

Normalausführungen sind meist zu schwach. Verbesserung durch Sicherungsbolzen (Hinterhaken) im Türfalz auf der Bandseite

8 Türsperre

Einfache oder abschließbare Türkette bzw. Zusatzschloß mit Sperrbügel, ggf. mit Alarmeinrichtung

9 Türspion

Um Besucher zu erkennen, bevor geöffnet wird

Bedenken Sie: Die meisten Einbrecher kommen durch eine Tür!

67 Wohnungsabschlußtür – worauf es ankommt!

Türsperren

Die bekannteste Art einer Sperre an der Abschlußtür ist die einfache Türkette. Einfache Sperren sind zwar keine Einbruchsicherung, können aber dafür sorgen, daß eine bereits geöffnete Tür von Fremden nicht ganz aufgestoßen wird. Türsperren dürfen deshalb nicht durch den geöffneten Türspalt gelöst oder mit Gewalt herausgerissen werden können.

Die einschlägige Industrie hat inzwischen eine recht große Zahl weiterentwickelter Türsperren herausgebracht. Sie können verschlossen werden und sind dann eine echte Ergänzung des Türschlosses. Ebenso gibt es Sperren, die mit einer zusätzlichen akustischen Alarmeinrichtung versehen sind. Hierzu die Abbildungen 68, 69 und 70.

Schlüsseldienste

Schlüssel für Hauseingangs- und Wohnungsabschlußtüren sollten stets sorgfältig verwahrt werden, besonders wenn man sie außer Haus bei sich trägt. Wenn ein Schlüssel verlorengeht, ist es nicht nur der materielle Verlust, sondern vielmehr noch die damit verbundene Gefahr, daß er in unrechte Hände gelangt und mißbräuchlich benutzt werden kann. Einem gewieften Einbrecher genügt es bereits, den Schlüssel für die ausgespähte Wohnung nur vorübergehend in Händen zu haben, um sich einen Abdruck oder eine Schlüsselkopie zu fertigen. Ist kein Ersatzschlüssel greifbar, dann muß oft der Schlosser oder der Schlüsseldienst her, um das Schloß gewaltsam zu öffnen. Die Kosten für ein neues Schloß und die Instandsetzung oder Erneuerung der Tür kommen dann noch hinzu.

Die Schlösser von Außentüren, zu denen auch die Wohnungsabschlußtüren zu rechnen sind, sind zwar sicherer, dafür aber auch komplizierter geworden, besonders was die Schließungen und die Schlüssel betrifft. Für die Nachfertigung derartiger Schlüssel gibt es heute spezielle Schlüsseldienste, die strengen Sicherheitsbestimmungen unterliegen. Sie dürfen z.B. nicht jeden vorgelegten Schlüssel nachfertigen. Hierzu ist zumindest eine Bescheinigung des Hauseigentümers erforderlich. Außerdem muß sich der Schlüsselbesteller entsprechend ausweisen können. Die gefertigten Ersatzschlüssel werden registriert, ebenso das Objekt und der Name des Schlüsselbestellers.

1 Einfache Türkette
Führungsschiene mit eingebautem Federwiderstand

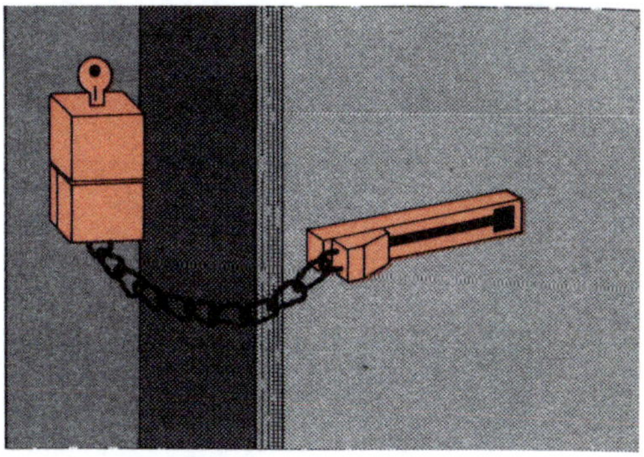

2 Verschließbare Türkette
Zylinder von außen auf- und abschließbar

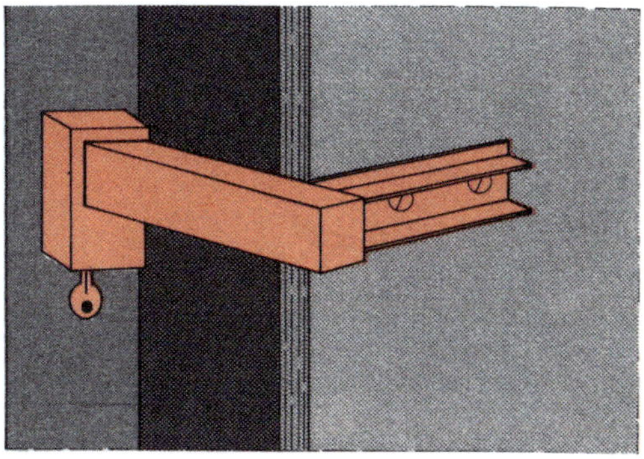

3 Verschließbare Türsperre
Zylinder von außen auf- und abschließbar

68 Sicherheits-Türketten und -sperren

1 FALSCH Hier hat es der Einbrecher besonders bequem. Zum Aushängen der Türkette wird er direkt aufgefordert.

2 FALSCH Der Einbrecher kann herumfassen und die Kette aushängen, ohne daß sich die Öffnungsbreite des Türspaltes ändert.

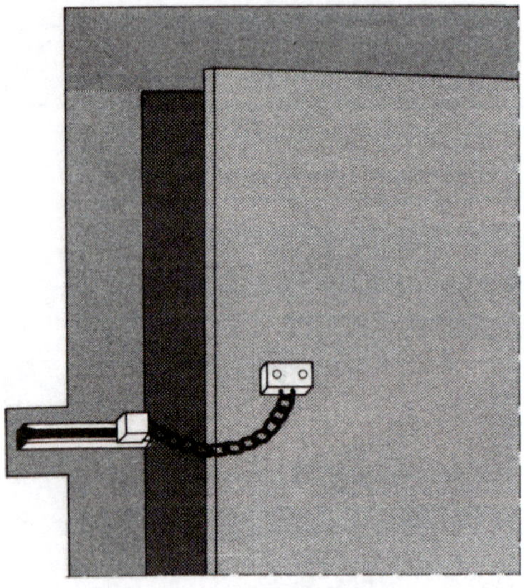

3 FALSCH Der Türspalt wird beim Aushängen der Kette immer schmaler.
Mit Hilfe einer dünnen Leiste oder dergleichen läßt sich die Kette jedoch aus der Führungsschiene herausdrücken.

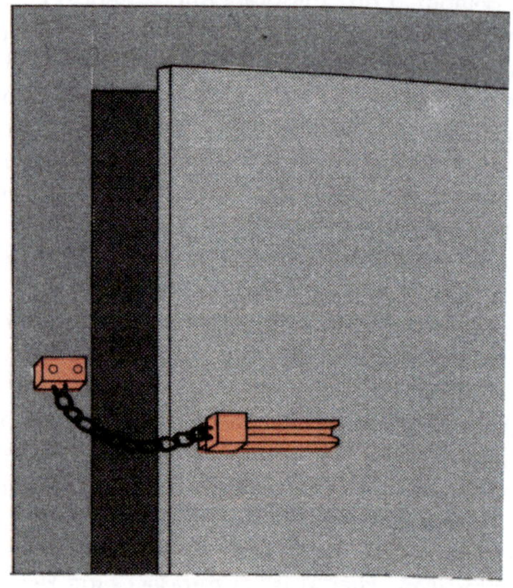

4 RICHTIG Diese Kette läßt sich nur bei völlig geschlossener Tür aushängen.
Die Kette muß aus gehärtetem Spezialstahl bestehen und ausreichend verankert sein.

69 Türketten - falsch und richtig angebracht

1 Alarm - Türschloß
Zusatzschloß mit Außenzylinder-Batteriebetrieb. Beim Versuch, das Schloß nachzuschließen, auszureißen oder die Tür aufzubrechen, gibt es Alarm. (Winkhaus)

2 Alarm - Türsperre
Mit Außenzylinder-Batteriebetrieb. Einstellbar auf: Offen, Türspaltsperre, Totalverriegelung.
Bei übermäßigem Druck auf die geschlossene oder spaltbreit geöffnete Tür sowie beim Drücken der Überfalltaste setzt Alarm ein. (GfS 2 500)

3 Sicherheits - Alarmtürkette
Von außen auf-und abschließbar – Batteriebetrieb. Bei spaltbreit geöffneter Tür und vorgelegter Kette führt ein Druck gegen die Tür zum Alarm. (ABUS)

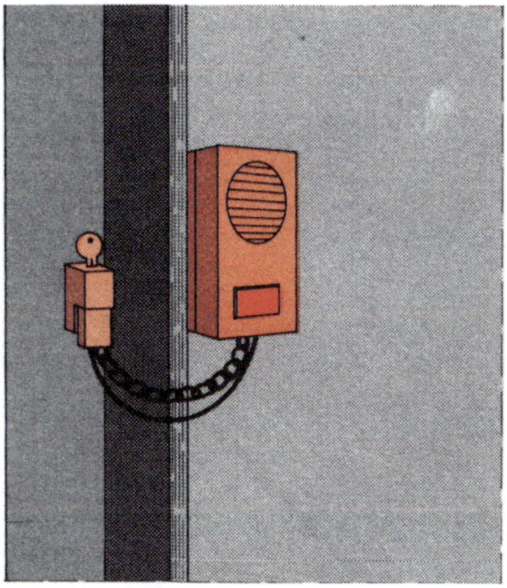

4 Elektronische Sicherheits - Türkette
Elektronisch gesicherter Schloßzylinder von außen auf- und abschließbar – Batteriebetrieb.
Bei Angriff auf die Tür, Durchschneiden oder Abreißen der Sicherheitskette oder Betätigung der Überfalltaste ertönt durchdringender Alarm. (Emmerich)

70 Türsperren mit Alarmgeber

Abstellräume im Keller oder Speicher

In einem Mehrfamilienhaus kommt es immer wieder vor, daß sich Gelegenheitseinbrecher Zutritt ins Haus verschaffen, um dann die abgelegenen Abstellräume in Keller und Dachgeschossen heimzusuchen. Bei den festgestellten Keller- oder Speichereinbrüchen war über die Hälfte der ermittelten Täter jünger als 18 Jahre, jeder fünfte sogar jünger als 14 Jahre. In Abstellräumen, in die man gut einsehen kann, wie z.B. Lattenverschlägen, sollte das gelagerte Gut stets abgedeckt werden.

Die Ausbildung der Zugangstüren richtet sich in erster Linie nach bauaufsichtlichen Anforderungen, wie z.B. dem Brandschutz. So sind bei Kellern, in denen Heizöl gelagert wird, oder in denen sich ein Heizraum befindet, grundsätzlich Stahltüren mit kräftigem Schließer vorgeschrieben. Aus Gründen des Einbruchschutzes sollte das Schloß auch sichern, wenn die Tür nur zugeworfen oder vom Schließer angedrückt wird. Wer nämlich aus Bequemlichkeit die Zugangstüren zum Keller- oder Dachgeschoß beim Verlassen nicht abschließt, leistet einem Einbruch Vorschub.

Lattenverschläge zur Parzellierung größerer Kellerräume oder Dachböden sollten die nachstehend beschriebenen Bedingungen aufweisen:

- Von außen zugängliche Lattenverschläge sollten durchgehend verschraubt werden, am besten mit Schloßschrauben.
- Bei angenagelten Latten sollten die Nägel von innen umgeschlagen werden.
- Die Türen zu den einzelnen Abteilen sollten gegen Ausheben gesichert sein.
- Die Riegel an den Türen sollten von außen nicht abschraubbar sein; gut geeignet sind Panzerüberfallen.
- Hangschlösser sollten gehärtete Stahlbügel besitzen und mit einem Bügelschutz gegen Aufbrechen versehen sein.
- In Dachgeschossen sollten die Dachschrägen und das Kehlgebälk ausreichend stabil verschalt sein.

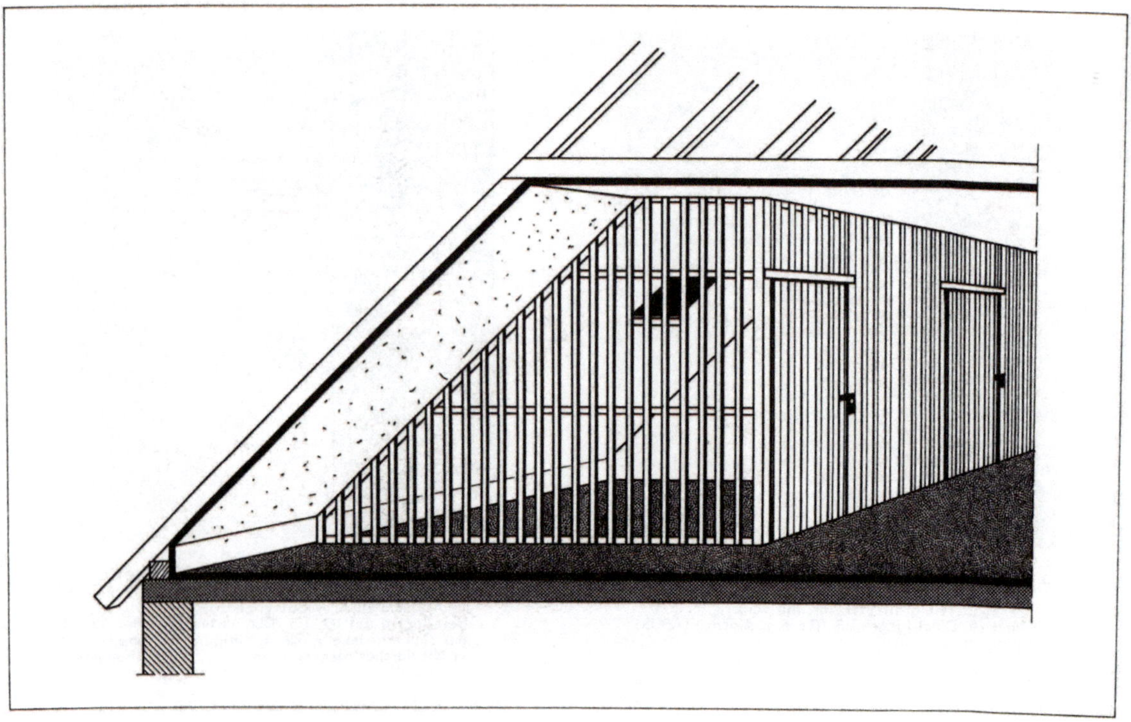

71 Abstellraum mit Lattenverschlag im Speicher

Wertbehältnisse

Unter diesem Sammelbegriff werden Behältnisse verstanden, in denen Werte aufbewahrt werden, z.B. Kassetten, Stahlschränke, Panzer-Geldschränke und Tresore. Hier interessieren nur Wertbehältnisse, die in einer Wohnung möglich bzw. zweckmäßig sind.
In einer Wohnung sollte man Wertsachen nicht offen herumliegen lassen oder lediglich in Schubladen aufbewahren. Wertvolle Sachen gehören vielmehr in eine befestigte Kassette oder einen Stahlschrank. Wertpapiere, wichtige Dokumente, wertvolle Sammlungen, Gold und teure Schmuckstücke — besonders wenn sie nur selten gebraucht werden — sind am sichersten im Kundenschließfach eines Banktresors aufgehoben. Dabei sollte auch eine Ausfertigung des Verzeichnisses ihrer wertvollen Gegenstände (Abb. 78) enthalten sein. Manchmal läßt es sich aber nicht vermeiden, größere Beträge, wertvolle Gegenstände oder wichtige Unterlagen ständig zur Hand zu haben. Sie müssen dann zuhause vor Einbruch und Feuer geschützt untergebracht werden.

Einfache Behältnisse, Kassetten

Zu den einfachen Behältnissen (sogenannter einfacher Verschluß) gehören z.B. verschlossene Schränke oder Schreibtische; ihr Sicherheitswert ist jedoch äußerst gering. Unbefestigte Kassetten, die man wegtragen kann, können noch nicht einmal als einfacher Verschluß betrachtet werden, selbst wenn sie verschlossen sind. Einbrecher vermuten in einer versperrten Kassette besondere Wertgegenstände. Gelingt es ihnen nicht, das Behältnis an Ort und Stelle gewaltsam zu öffnen, dann wird es in der Regel mitgenommen und später in aller Ruhe aufgebrochen. Eine Sicherheitskassette muß also gegen Wegnahme fest verankert sein.

Einsatzschränke (Möbeltresore)

Hier handelt es sich um Stahlschränke kleineren Formats, die in Möbel oder hinter der Wandverkleidung fest eingebaut werden. Die glatte Bauart ohne vorstehende Teile bietet keine Angriffspunkte für Brechwerkzeuge. In einer Wohnung sind üblich:

— Einwandiger Stahlschrank der Sicherheitsstufe A. Er bietet einen leichten Schutz gegen Angriffe mit einfachen Einbruchwerkzeugen, jedoch keinen Schutz gegen Schneidbrenner und Brände. Versicherungsschutz bis DM 1 000,—.
— Zwei- und dreiwandiger Stahlschrank der Sicherheitsstufe B mit hitzebeständigen Dämmstoffen zwischen Außen- und Innenmantel. Er bietet einen leichten Schutz gegen Angriffe mit einfachen Einbruchwerkzeugen und gegen leichte Brände, jedoch keinen Schutz gegen Schneidbrenner. Versicherungsschutz bis DM 20 000,—, wenn der Stahlschrank mit dem Mauerwerk verankert ist.

Die Versicherungssummen können verdoppelt werden, wenn die Behältnisse durch eine anerkannte Einbruchmeldeanlage überwacht werden.

Einmauerschränke (Wandtresore)

Es handelt sich um Wertbehältnisse mit einwandigen Stahlwänden, die im Mauerwerk fest verankert werden. Ihr Einbau dürfte in einer Mietwohnung kaum vorkommen. Sollte aber ein solcher Einbau beabsichtigt sein, dann empfiehlt es sich, die Kriminalpolizeiliche Beratungsstelle aufzusuchen, die über die wichtigsten Merkmale und zweckmäßigen Einbaubedingungen kostenlose Auskunft gibt. Einen Einmauerschrank sollte man nicht hinter einem Gemälde verstecken, auch wenn dies in Film und Fernsehen immer wieder vorgeführt wird. Damit kommt man dem Einbrecher nur entgegen, denn hier sucht er bestimmt zuerst.

Vorhandene Geldschränke

Wer bereits einen Geldschrank besitzt, sollte sich vergewissern, ob dieser noch den heutigen Sicherheitsanforderungen entspricht. Den Einbrechern stehen heute Werkzeuge zur Verfügung, die man bei der Anschaffung des vorhandenen Geldschrankes noch gar nicht gekannt hat. Vor Abschluß einer Einbruchdiebstahl-Versicherung verlangt die Versicherungsgesellschaft eine genaue Beschreibung des vorhandenen Schrankes. Sobald ein Schlüssel zum vorhandenen Geldschrank verloren geht oder schon verloren gegangen ist, muß sich der Versicherungsnehmer verpflichten, die Schlösser durch eine Fachfirma ändern bzw. auswechseln zu lassen.

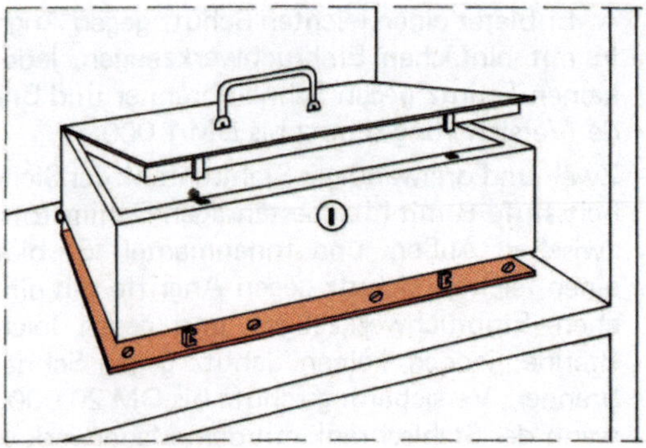

1 Stahlkassette
mit anschraubbarer Bodenplatte und Verankerungsstiften

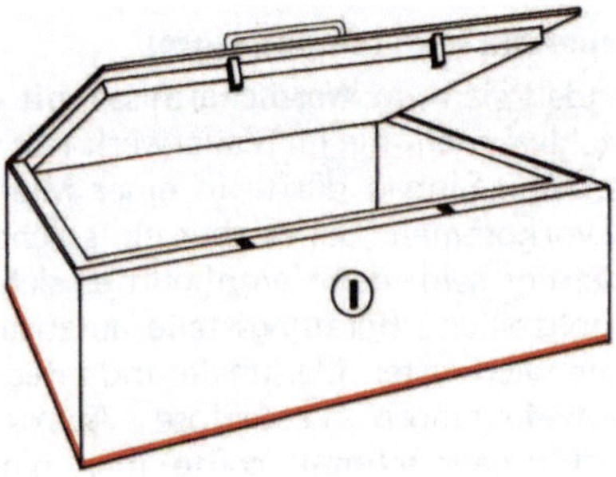

2 Feuerhemmende Kassette
allseitig doppelwandig – mit anschraubbarer Bodenplatte

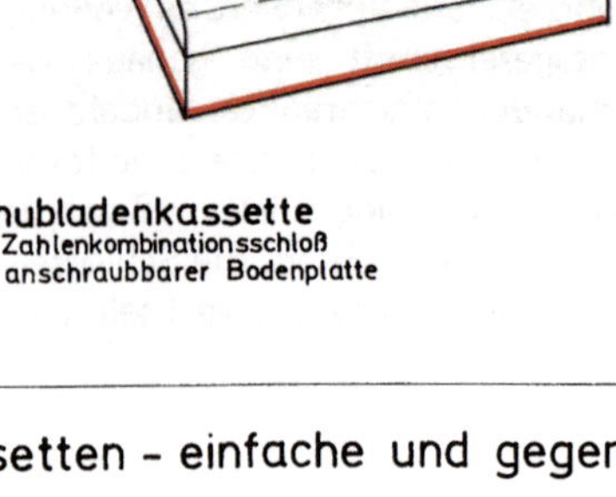

3 Schubladenkassette
mit Zahlenkombinationsschloß
und anschraubbarer Bodenplatte

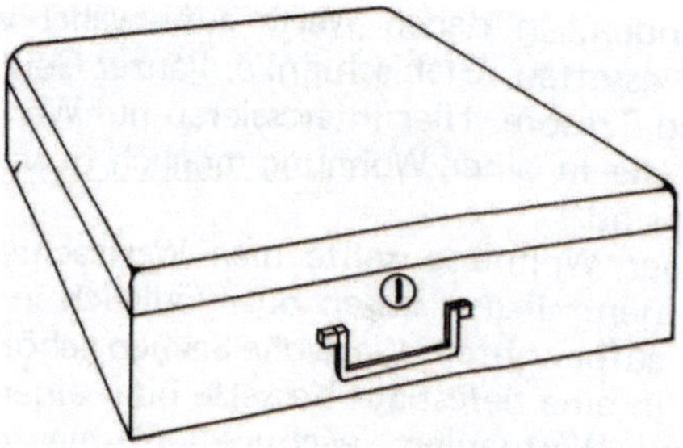

4 Alarmgeschützter Stahlkoffer
wenn die Kassette bewegt wird, ertönt ein Läutewerk
mit Batteriebetrieb

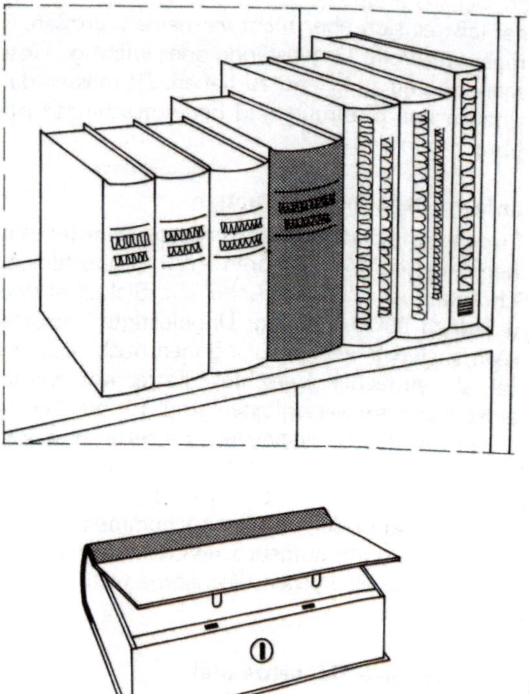

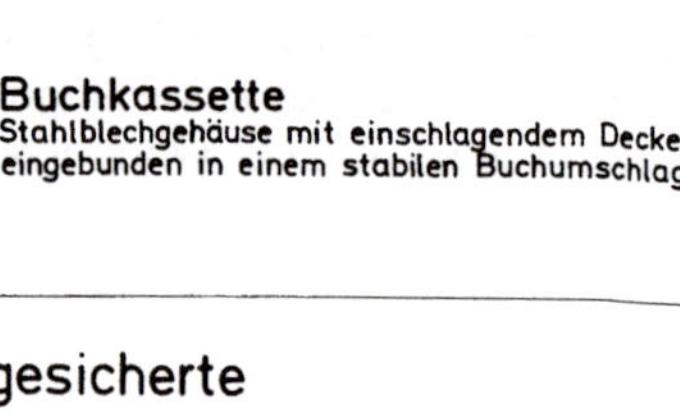

5 Buchkassette
Stahlblechgehäuse mit einschlagendem Deckel,
eingebunden in einem stabilen Buchumschlag

72 Kassetten – einfache und gegen Wegnahme gesicherte

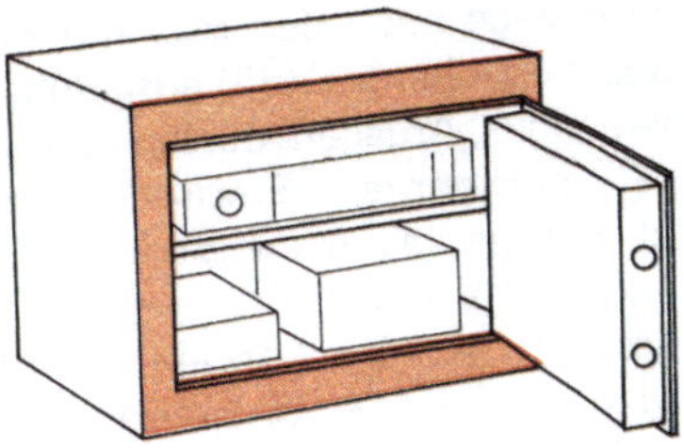

Breite : 44 cm
Tiefe : 36 cm
Höhe : 32 cm
Gewicht ca. 22 kg

(Außenmaße)

Breite : 48 cm
Tiefe : 36 cm
Höhe : 40 cm
Gewicht ca. 36 kg

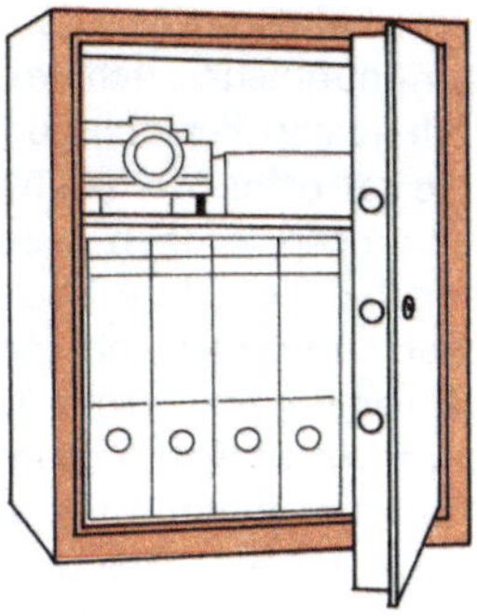

Breite : 48 cm
Tiefe : 36 cm
Höhe : 60 cm
Gewicht ca. 55 kg

1 Stahl - Möbeleinsatztresore
Sicherheitsstufe B - doppelwandig, feuergeschützt

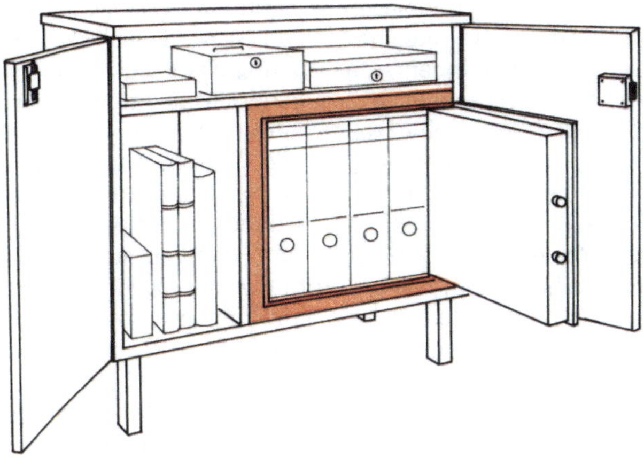

2 Beistellschrank mit eingebautem Tresor

73 Stahlschränke als Möbeltresore

Einbruchmeldeanlagen

Wie bereits ausgeführt, werden seit einigen Jahren auch zunehmend bewohnte Objekte von Einbrechern heimgesucht. Es ist deshalb verständlich, wenn nunmehr auch im Wohnbereich für die Sicherheit von Personen und Sachen zusätzlich Vorsorge getroffen werden muß.

Wohnungen können gegen Einbruch durch widerstandsfähige äußere Begrenzungen mechanisch gesichert und/oder mit Hilfe von Einbruchmeldern elektronisch überwacht werden.

Bei ***mechanischen Sicherungen*** (Seite 109) hat der Einbrecher einen entsprechend hohen Widerstand zu überwinden. Bleibt ihm genügend Zeit, so ist ihm ein Eindringen möglich, wenn auch mit entsprechendem Kraft- und Geräteaufwand. Werden die Bewohner durch die dabei entstehenden Geräusche rechtzeitig aufgeweckt, so können sie Hilfe herbeirufen.

Eine Einbruchmeldeanlage als ***elektronische Überwachung*** zeigt den Einbruchversuch akustisch und optisch an. Gleichzeitig werden die Personen in der Wohnung alarmiert und sind meist in der Lage, Hilfe herbeizurufen. Im Wohnbereich ist eine sogenannte Außenhautüberwachung (Fenster, Außentüren) besonders vorteilhaft; hier wird der Einbruchversuch frühzeitig bekannt gemacht. Für die Außenhautüberwachung gibt es Kleinstanlagen, mit denen einzelne Türen und Fenster gesichert werden können. Bei der elektronischen Innenraumsicherung werden die Räume durch spezielle Geräte überwacht, die entsprechend ihrer physikalischen Eigenschaft den damit gesicherten Bereich mehr oder minder erfassen (Abb. 74). Bei derartigen Anlagen sollten sich die Bewohner möglichst freizügig im Haus bewegen können, ohne Fehlalarme auszulösen. Es ist auch zu bedenken, daß sich der Einbrecher bereits im gesicherten Bereich befindet, bevor Alarm ausgelöst wird. Vor dem Einsatz solcher Geräte sollte man sich unbedingt bei einer Kriminalpolizeilichen Beratungsstelle informieren.

Elektronische Sicherungssysteme müssen vor allem einwandfrei geplant und ausgeführt sowie in regelmäßigen Zeitabständen sachkundig überprüft und gewartet werden.

Mit dem Einbau einer Einbruchmeldeanlage können herabgesetzte Prämien für die Einbruchdiebstahl-Versicherung erzielt werden. Voraussetzung ist aber, daß die Anlage nach den Richtlinien des Verbandes der Sachversicherer (VdS) ausgeführt ist. Zum Aufbau derartiger Anlagen dürfen nur Teile eines vom VdS anerkannten Einbruchmeldesystems verwendet werden; auch die Errichterfirma muß vom VdS anerkannt sein.

Im Rahmen dieser Broschüre können über Einbruchmeldeanlagen nur einige Hinweise gegeben werden. Wer den Einbau einer solchen Anlage beabsichtigt, sollte sich zunächst an eine Kriminalpolizeiliche Beratungsstelle wenden. Nach den Erfahrungen der Kriminalpolizei sind nämlich viele Alarmanlagen unsachgemäß eingebaut. Weitergehende Kenntnisse vermittelt auch die Fachliteratur.*

Möglichkeiten der Alarmierung

Bei Einbruchmeldeanlagen wird auf einen Einbruchversuch durch entsprechende Signaleinrichtungen aufmerksam gemacht. Die Alarmgabe muß zuverlässig sein, was im allgemeinen durch die Kombination mehrerer Signaleinrichtungen erreicht wird. Es ist auch notwendig, daß eine Alarmanlage und besonders ihre Signalgeber ausreichend gegen Sabotage geschützt sind. Die Einbrecher haben sich nämlich auf dem Gebiet der Überwachungselektronik inzwischen sachkundig gemacht. Schwachstellen, wie z.B. offenliegende Kabelzuführungen oder relativ leicht erreichbare Sirenen und Blinkleuchten, werden sehr rasch erkannt.

Optische und akustische Signalgeber außerhalb der Wohnung oder des Gebäudes sollen die Öffentlichkeit – insbesondere die Nachbarschaft – auf den Einbruchversuch aufmerksam machen. Etwaige Eindringlinge sollen verunsichert und zur Flucht bewegt werden. Soweit die Nachbarschaft über die vorhandene Einbruchmeldeanlage und insbesondere die Wirkung der akustischen und optischen Alarmierung informiert ist, sollte sie die wahrgenommenen Signale sofort der nächsten Polizeidienststelle mitteilen.

* Vgl. vom selben Verfasser: Sicheres Haus, Friedr. Vieweg & Sohn, Braunschweig und Wiesbaden 1980

Signalgeber für den Innenbereich sollen den ausgelösten Alarm auch innerhalb der Wohnung anzeigen. Hier handelt es sich um Kleingeräte, die sehr laute Signale erzeugen; sie können noch durch Alarmleuchten ergänzt werden.

Überfallmelder sollten in einer Wohnung in der Nähe der Wohnungstür und im Schlafzimmer vorhanden sein, damit eine Alarmauslösung bei Überfall oder einer sonstigen Notsituation jederzeit möglich ist.

Das Telefonwählgerät ist eine private Zusatzeinrichtung, die über das öffentliche Fernsprechnetz einen vorher auf Magnetband gesprochenen Meldetext durchsagt. Je nach Programmierung kann der Notruf an die Polizei, ein Bewachungsunternehmen oder an eine private Sprechstelle weitergegeben werden. Das vollelektronisch arbeitende Gerät kann den Meldetext mehrmals wiederholen. Das Telefonwählgerät kann für besonders schutzbedürftige Wohnungen in abgelegenen Orten ohne Polizeidienststelle sehr hilfreich sein. Bei einem Anschluß an den Polizeinotruf müssen jedoch bestimmte Bedingungen erfüllt sein. Hierüber geben die Kriminalpolizeilichen Beratungsstellen Auskunft.

Der ***Nachbarschaftsruf*** ist eine weitere Möglichkeit, von außen Hilfe herbeizuholen. Hierzu ist bei der alarmierenden Stelle ein Alarmgeber, bei der den Alarm annehmenden Stelle ein Alarmempfänger erforderlich. Die Verbindung der beiden Stellen kann über eine eigene Schwachstromleitung oder eine von der Post gemietete Leitung erfolgen. Im Alarmfalle gibt der Empfänger einen durchdringenden Heulton ab.

Fehlalarme bei einer Einbruchmeldeanlage sind nicht beabsichtigte Alarme, die trotz der fortgeschrittenen Technik immer wieder vorkommen können. Sie werden nicht durch einen Täter, sondern durch menschliches oder technisches Versagen, fehlerhaften Aufbau der Anlage oder absichtlich ausgelöst. Häufige Fehlalarme können dazu führen, daß die verärgerten Nachbarn nicht mehr tätig werden. Außerdem kann die Polizei für den unnötigen Einsatz entsprechende Gebühren verlangen. Einbruchmeldeanlagen sollten deshalb nicht nur frühzeitig alarmieren, sondern auch so zuverlässig sein, daß Fehlalarme weitgehend ausgeschlossen werden.

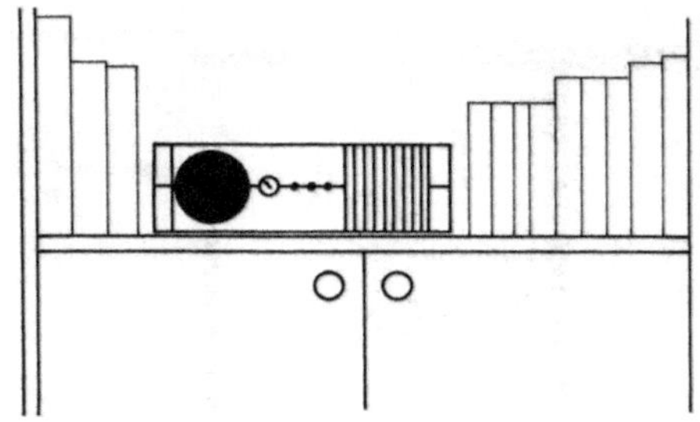

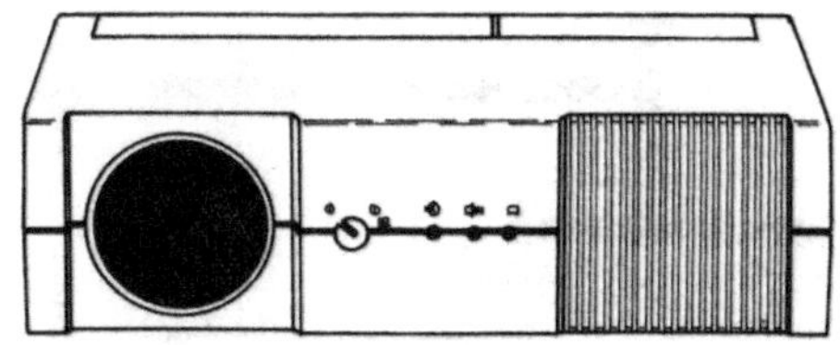

Gerät mit Schlüsselbedienung (GfS 1700)

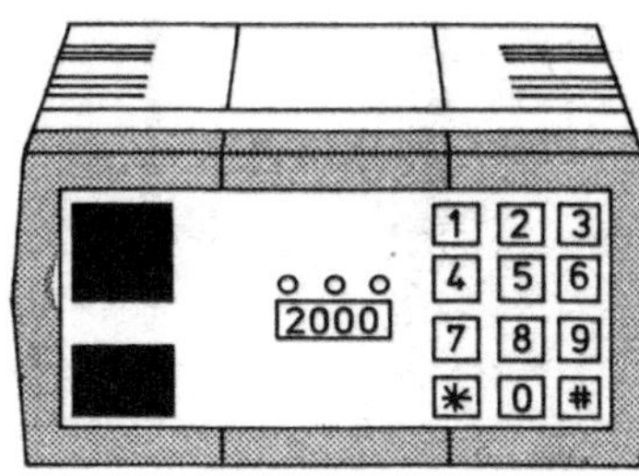

Gerät mit Tastatur für Geheim-Nummer (Progarde 2000)

1 Infrarot-Alarmgeräte
Netzanschluß + Notstromversorgung, eingebaute Sirene
Der Anschluß weiterer Geräte ist möglich.

z.B. Innenalarmgeber an Steckdose

2 Elektronisches Alarmsystem (Vicom-ITT)
Raumüberwachung durch Ultraschall oder Infrarot.
Signalübertragung über vorhandenes Lichtnetz.
Ein- und Ausschaltung über Codiergerät und Funk-Handsender.
Der Anschluß weiterer Geräte ist möglich.

74 Einbruchschutz - Raumüberwachung

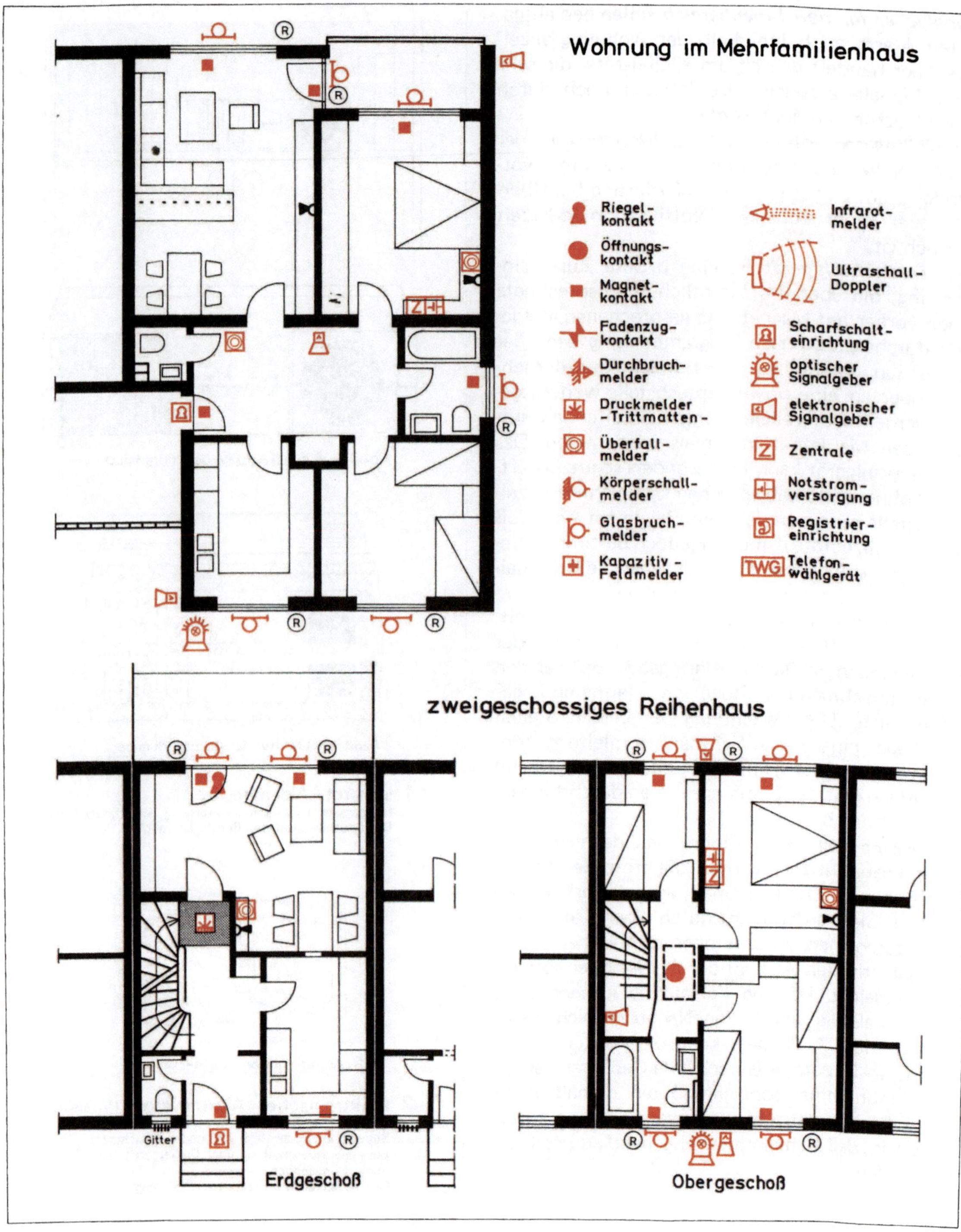

75 Einbruchmeldeanlagen für den Wohnbereich

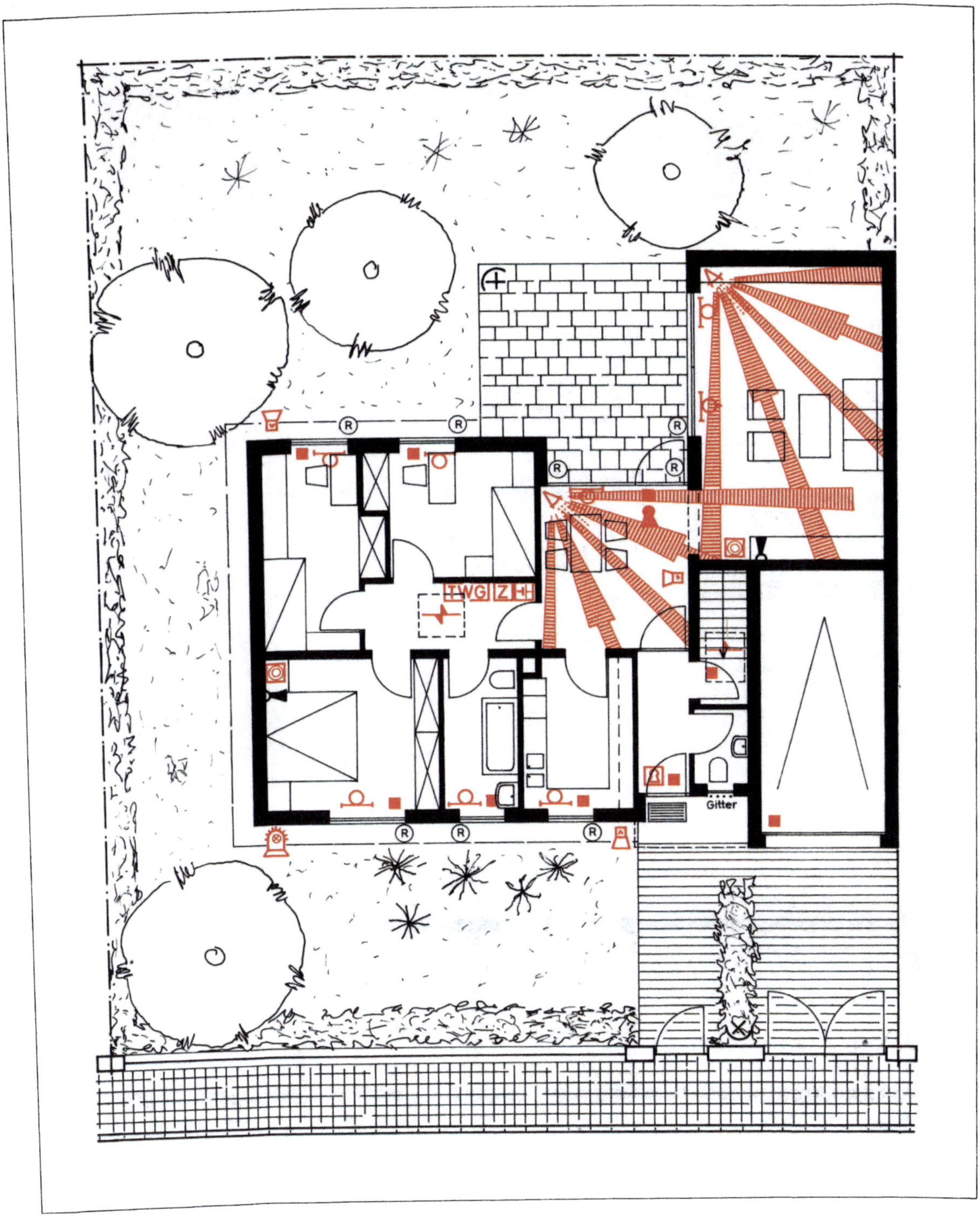

76 Einbruchmeldeanlage für ein Einfamilienhaus

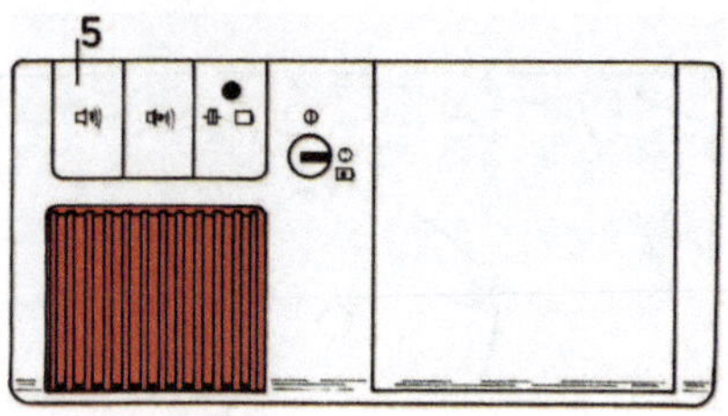

1

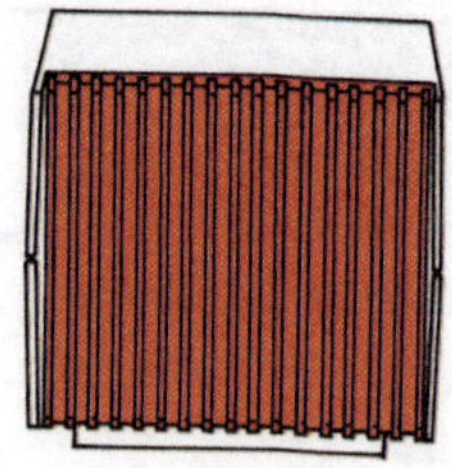

6

Alarmanlage GfS 1400

der Gesellschaft für Sicherheitssysteme mbH, Düsseldorf

1 Alarmzentrale
mit Schloß für Ein-und Ausschalten, Überfalltaste, Verzögerungstaste Sirene, Batteriebetrieb, auch zusätzlicher Stromanschluß

2 Öffnungsmelder
Magnetkontakte gegen unbefugtes Öffnen

3 Erschütterungsmelder
Alarmauslösung durch Glasbruch

4 Alarm-Matten
für Einzelüberwachungen
(da wo zweckmäßig)

5 Überfall-Taster
Betätigung löst immer Sofortalarm aus

6 Innen-Sirene
für abseits gelegene Räume

7 Außen-Sirene
zur Alarmierung der Nachbarschaft

8 Alarm-Blitzleuchte
zur optischen Daueralarmierung

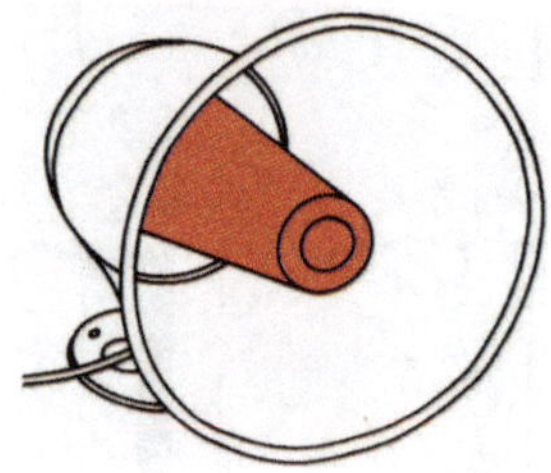

7

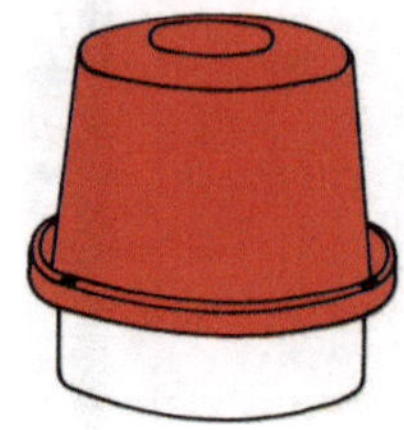

8

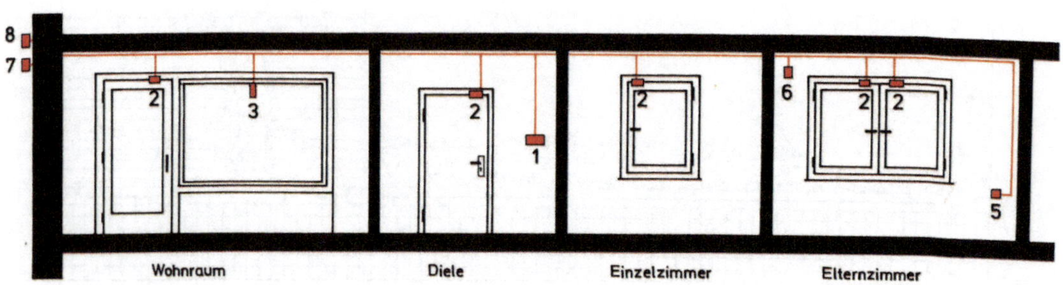

Alarmanlage für eine Wohnung - Montagemöglichkeiten

77 Alarmanlage für Haus und Wohnung zum Selbsteinbau

Empfehlungen zum Einbruchschutz

Hier folgen Hinweise auf Maßnahmen, die auch ein Mieter bzw. Wohnungsinhaber verwirklichen kann. In Geschoßwohnungen sind die Wohnungsabschlußtüren sowie die Fenster und Balkontüren besonders gefährdete Stellen, vor allem dann, wenn man von außen sehr leicht an sie herankommen kann. Kritisch sind auch die entfernt gelegenen Abstellräume in Kellern und Dachgeschossen. In Großwohnanlagen sind die Treppenhäuser und Flure oft unkontrolliertes Niemandsland. Der so wichtige Nachbarschaftsschutz fehlt meist. Oft endet das Verantwortungsbewußtsein der Bewohner an ihrer Abschlußtür.

Wie sicher ist Ihre Wohnung?

Um diese Frage beantworten zu können, sollten Sie sich gedanklich in die Absichten eines Einbrechers versetzen und durchspielen, auf welchen Wegen er bei Ihrer Wohnung zu seinem Ziel gelangen könnte. Bei diesen notwendigen Überlegungen sollen Ihnen die nachfolgenden Hinweise helfen.

- Gibt es außerhalb der Wohnung Möglichkeiten, die den Zugang, besonders zu den oberen Geschossen erleichtern (Balkone, Garagendächer, Vordächer, Mauervorsprünge)?
- Sind durchgehende Balkone vorhanden, die trotz einer gewissen Abtrennung relativ leicht überstiegen werden können (Doppel- und Reihenhäuser, Laubengänge)?
- Gibt es in Ihrer Wohnung Bereiche, in denen Einbrecher unbemerkt arbeiten können (Abseits liegende Räume, große Lichtschächte, Balkone mit geschlossenen Brüstungen)?
- Gibt es in Ihrer Wohnung Bereiche, die besonders gesichert werden müssen (Arbeitszimmer, Geschäftsräume)?
- Haben Sie eine ausreichende Einbruchdiebstahl-Versicherung abgeschlossen? Ist die in der allgemeinen Hausratversicherung enthaltene Einbruchdiebstahl- und Beraubungsversicherung ausreichend?
- Besitzen Sie Werte, die überhaupt nicht versichert werden können? Wie sollen sie geschützt werden?
- Wie weit kann Hilfe oder Beobachtung durch die Nachbarn erwartet werden?
- Wie schnell kann im Notfall Hilfe herbeigeholt werden? Wo befindet sich die nächste Polizeistation?

Telefon

Das Telefon wird gebraucht, um im Notfall hilfeleistende Stellen anrufen zu können. Deshalb sollte ein Telefonanschluß (Nebenstelle oder Steckdose) grundsätzlich im Schlafzimmer vorhanden sein. Damit Einbrecher nicht die Möglichkeit haben, die Telefonverbindung zu trennen, sollten die Telefonkabel unterirdisch eingeführt und im Außenbereich unter Putz oder in Stahlpanzerrohr verlegt sein. Dies ist im allgemeinen zwar Sache des Hauseigentümers, ein sicherheitsbewußter Mieter sollte sich aber ebenfalls darum kümmern.

Außensteckdosen

Eine auf dem Balkon für den normalen Gebrauch installierte Außensteckdose (gelegentliche Außenleuchten, elektrische Grillgeräte) kann aber auch einem Einbrecher bei seiner Arbeit helfen. Daran kann er seine Elektrowerkzeuge anschließen oder aber auch einen Kurzschluß erzeugen. Außensteckdosen sollten deshalb durch einen Innenschalter vom Stromnetz getrennt werden können. Sofern dies nicht möglich ist, empfiehlt es sich, die vorhandenen Normaldosen gegen abschließbare Außensteckdosen auszuwechseln.

Reich ausgestattete Wohnungen

Bei einer Ansammlung von Werten sollte vor allem die Außenhaut der Wohnung (Fenster, Balkontüren) höchsten mechanischen Widerstand bieten. Dieser wirkungsvolle Einbruchschutz sollte sich in der Wohnung fortsetzen. So kann z.B. ein Abstellraum durch die Verstärkung der Tür zur Aufbewahrung wertvoller Sammlungen und dergleichen hergerichtet werden. Noch mehr Sicherheit bietet selbstverständlich ein hochwertiger Geldschrank, besonders wenn man das wertvolle Gut nicht im Banktresor aufbewahren will oder kann. Zur Ergänzung der mechanischen Sicherungen gehört eine optimal ausgelegte Einbruchmeldeanlage.

Die vom Verband der Sachversicherer aufgestellten ***Sicherungsrichtlinien für die Hausratversicherung (SH)*** enthalten Mindestsicherungsforderungen, die für Risiken ohne Besonderheiten bis zu einer Versicherungssumme von DM 500 000,– gelten. Bei höheren Versicherungssummen sind zusätzliche Sicherungen notwendig. Je nach Wohnungstyp ist bei bestimmten Versicherungssummen neben den verlangten mechanischen Sicherungen die Überwachung durch eine Einbruchmeldeanlage erforderlich.

Weitere Angaben: Name und Anschrift des Listeninhabers - Datum der Aufstellung, Datum eventueller Nachträge

laufende Nr.	Gegenstand	Hersteller oder Marke Typenbezeichnung Kurzbeschreibung	Fabrik Nr. (eigene Nr.)	Unverwechselbare Merkmale	Kaufpreis (Wert) DM	Zeitpunkt der Anschaffung
1	Farbfernseher	URANIA-Sonderklasse mit Infrarot-Steuerung 60 cm, Gehäuse nußbaum	8010.3157	Innen im Gehäuse an der oberen rechten Ecke 3 Punkte angebohrt	2.250 –	30.11.80
2	Radio-Recorder	RACOR-Super 4-Band-Stereo Gehäuse schwarz/silber	113 66 95	Name auf der Bodenplatte eingeätzt	795.–	10.5.79
3	HIFI-Turm	Dukat-System 2500 mit Fernbedienung 4 Einsätze, Gehäuse schwarz	D. 25. 8470	Am Turmgehäuse unten und bei jedem Einsatz auf der linken Seite HN eingekratzt	3.180.–	15.10.78
4	Filmkamera	Hondur-Exzellent 3	75 02 831	2 Kerben im Gehäuse neben Transporthebel	820.–	15.2.77
5	Standuhr	Eiche rustikal, Massivholz mit Schnitzwerk, 182 cm hoch	(Foto) schwarzweiß	2 neue Türschlösser, darunter der Name mit Tintenschrift	4.000.– (Schätzwert)	Erbstück (ca. 1860)
6	Diamantring	Weißgoldring, 19 Brillanten zusammen 1,00 Karat	(Farbfoto)	Name „Gabi" auf der Innenseite eingraviert	2.600.– (Wert)	Geschenk 1972
7	Armband	Gliederarmband, Gold 585 16 mm breit	(Farbfoto)	Neue Verschlüsse aufgesetzt, deutlich erkennbar	1.560.–	Geschenk Weihnachten 1965
8	Collier	Kordel-Struktur, Gold 585 12 Rubine, 72 cm lang	(Farbfoto)	Am Verschluß „GB" eingraviert	2.400.–	10.11.68
9	Pelzmantel	Skandinavischer Nerz hellbraun, Spatenkragen	(Farbfoto) von außen und innen	Neben dem linken Ärmel unter dem Futter Name eingenäht	6.400.–	12.6.60
10	Teppich	Orient-Teppich, handgeknüpft, Keshan-Muster, roter Grund, 250 x 400 cm	(Farbfoto)	Ausbesserung am Randfries Längsseite 76 cm von der Ecke, nur auf der Rückseite zu erkennen	4.800.–	18.4.58
11	Münzensammlung	Römische und Deutsche Münzen in Münzenkasten mit 12 Kassetten	(Farbfoto) über jede Kassette	Alle Münzen in Einzellisten erfaßt	18.000.– heutiger Wert	ab 1955
12	Ölgemälde	Mädchen-Halbakt Original von Fritz Hofer Breiter Goldrahmen, Bild 52 x 78 cm	(Farbfoto)	Linke Schulter und rechte Hand nachgearbeitet, nur mit Lupe zu erkennen	35.000.– Expertise liegt vor	Erbstück
13	Schreibmaschine	Olivera mit Kugelkopf hellgrau	(181020)	Eigene Nr. auf der Rückseite der Abdeckung eingraviert	1.410.–	1.3.81
14	Fahrrad	Saturn-Damenrad 10-Gang-Kettenschaltung Leichtrahmen hellgrau	Sat. 38461	Vorderradgabel links unten angeschweißt. 2 verschiedene Sattelfedern	760.–	3.5.80
15	Mofa	JUPITER-MS 30-Sport weiß/schwarz, Räder hellrot	7105 601 und (Farbfoto)	Tank rechts leicht eingebeult Lackierung ausgebessert	2.470.–	14.6.78

78 Liste der Wertsachen (Muster)

Die Liste (zum Eintragen) „Kennen Sie Ihre Werte?" erhalten Sie kostenlos bei den kriminalpolizeilichen Beratungsstellen.

Ständige Vorsichtsmaßnahmen gegen Einbrecher

Einen umfassenden und alles verhütenden Einbruchschutz gibt es bekanntlich nicht. Außerdem ist für einen Wohnungsinhaber nicht alles machbar, was eigentlich notwendig wäre. Von den verbleibenden Möglichkeiten werden nachstehend einige aufgeführt:

- Bei Fremden sollte man die Wohnungsabschlußtür grundsätzlich nur mit vorgelegter Sperre öffnen. Dies gilt vor allem für Kinder. Bei einer ausreichenden Verankerung der Türsperren kann ein Fremder die Tür nie ganz aufstoßen.
- Die Wohnungsschlüssel sollte man nirgends liegen lassen, auch nicht im geparkten Kraftfahrzeug. Die Schlüssel dürfen nicht mit Namen und Adresse gekennzeichnet werden; selbst wenn derartige Schlüssel nur vorübergehend weggenommen werden, z.B. um einen Abdruck zu machen, weiß der Einbrecher, wo er hinzugehen hat.
- Offene Fenster und Balkontüren von abgelegenen Räumen sind auch dann eine Einladung für Einbrecher, wenn die Bewohner zwar in der Wohnung sind, aber abgelenkt werden, z.B. durch laute Radiomusik oder ein spannendes Fernsehspiel.
- Wegen der Wichtigkeit ein nochmaliger Hinweis auf das Telefon als Notruf-Einrichtung: Polizei 110, Feuerwehr 112. Vor allem den Telefonanschluß im Schlafzimmer nicht vergessen. Das Telefon neben dem Bett kann oft die einzige Möglichkeit sein, um Hilfe herbeizurufen.
- Zum Selbstschutz ohne Waffenschein werden Tränengas- und Schreckschußwaffen sowie Dosen mit Tränengasspray angeboten. Bei Bedienung wird unter starkem Druck ein Tränengasstrahl abgeblasen, der den Betroffenen für mehrere Minuten kampfunfähig macht, ohne daß eine ernsthafte körperliche Verletzung entsteht. Bei der Verwendung von Tränengas-Pistolen, die echten Pistolen täuschend ähnlich sehen, ist allerdings zu bedenken, daß bei ihrer Anwendung der Täter zum eigenen Waffengebrauch veranlaßt werden kann. Die Benutzung derartiger Selbstschutzgeräte durch Jugendliche ist nicht gestattet.
- Für den persönlichen Schutz gibt es Taschenlampen mit eingebauter Sirene, die noch in 800 m Entfernung gut hörbar sein soll. Ob sich damit ein Täter abschrecken läßt, ist allerdings fraglich. Trotzdem kann diese Taschenlampe ein hilfreicher Begleiter auf einsamen Wegen sowie auf Reisen oder im Urlaub sein.
- Die Polizei kann zuweilen sichergestelltes Diebesgut nicht an die Bestohlenen zurückgeben, weil es nicht hinreichend als deren Eigentum gekennzeichnet ist. Oft sind es gerade die wertvollsten Gegenstände, die keine Kennzeichnung tragen. Das wertvollste Eigentum sollte deshalb listenmäßig erfaßt werden. Auf Seite 134 ist ein solches Verzeichnis abgedruckt. Bei der Beschreibung sind vor allem die besonderen Merkmale festzuhalten, die von der serienmäßigen Kennzeichnung abweichen, z.B. Beschädigungen, Reparaturen oder auch Kennzeichen, die Sie eigens angebracht haben. Nur ungenau zu beschreibende Gegenstände sollte man zusätzlich fotografieren. Mit einer solchen durch Fotos ergänzten Liste lassen sich auch Versicherungsansprüche besser belegen.

  Die Wertsachen-Liste darf selbstverständlich nicht dort abgelegt werden, wo ein möglicher Einbrecher zugreifen kann. Sie gehört vielmehr in den Geldschrank oder besser noch in das Bankfach, zusammen mit allen anderen Papieren und Wertgegenständen, die Sie nicht täglich brauchen.

Wach- und Sicherheitsdienste

Für die sei es auch nur vorübergehende Bewachung der Wohnung kann man die Hilfe eines privaten Wachdienstes in Anspruch nehmen. Für diese Tätigkeit dürfen die Wach- und Sicherheitsdienste nur zuverlässiges Personal beschäftigen, das der Erlaubnisbehörde zur Überprüfung gemeldet werden muß. Bei behördlicher Beanstandung muß es sofort entlassen werden. Modern eingerichtete Sicherheitsunternehmen verfügen über einen mobilen Funkstreifendienst. Von eigenen Funkleitstationen werden die Funk-Streifenfahrzeuge und Funk-Fußpatrouillen eingewiesen und überwacht. Die ordnungsgemäße Durchführung der Wachaufträge kann mit Hilfe von Prüfstreifen in Stechuhren kontrolliert werden.

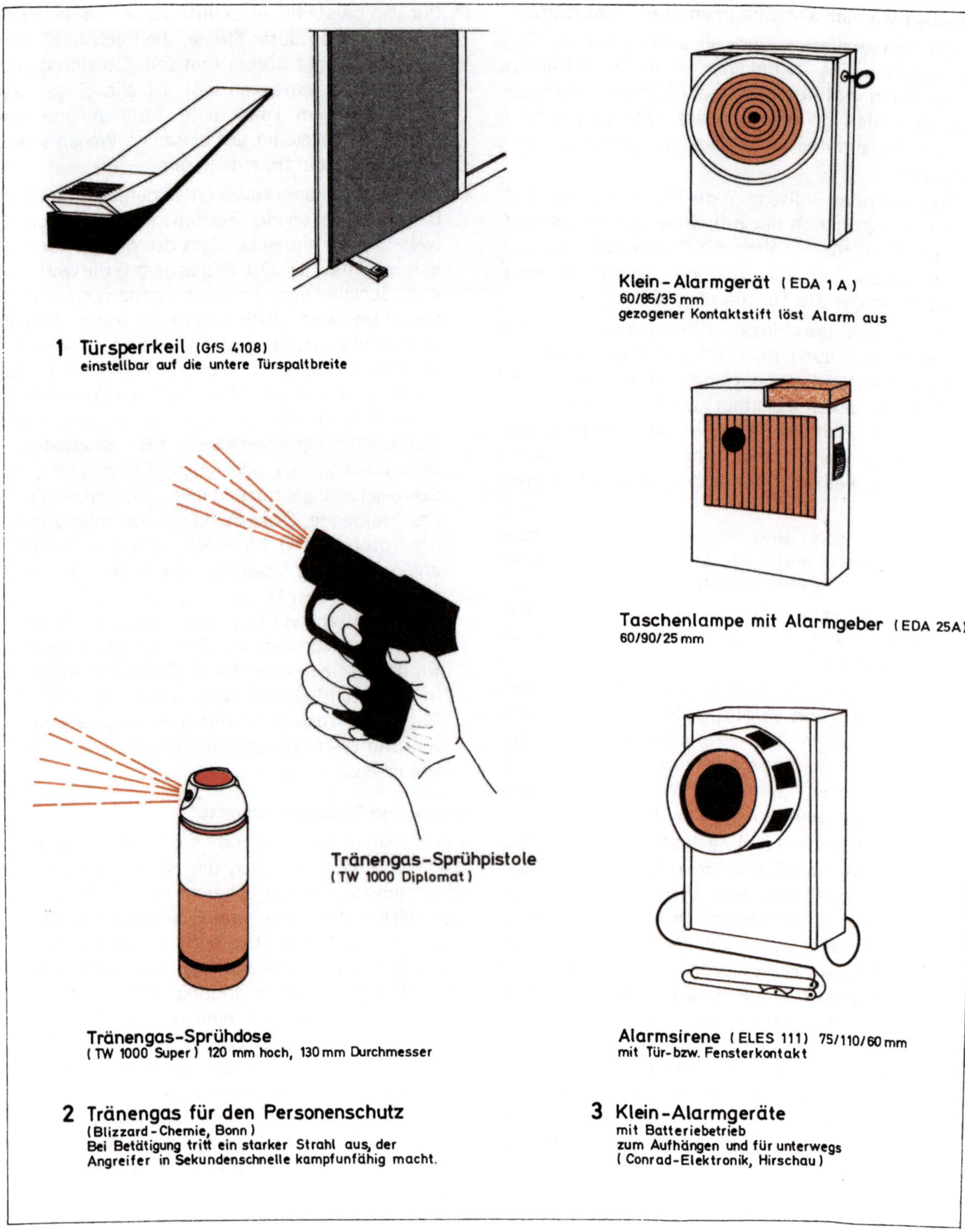

1 Türsperrkeil (GfS 4108)
einstellbar auf die untere Türspaltbreite

Tränengas-Sprühpistole
(TW 1000 Diplomat)

Tränengas-Sprühdose
(TW 1000 Super) 120 mm hoch, 130 mm Durchmesser

2 Tränengas für den Personenschutz
(Blizzard-Chemie, Bonn)
Bei Betätigung tritt ein starker Strahl aus, der Angreifer in Sekundenschnelle kampfunfähig macht.

Klein-Alarmgerät (EDA 1 A)
60/85/35 mm
gezogener Kontaktstift löst Alarm aus

Taschenlampe mit Alarmgeber (EDA 25A)
60/90/25 mm

Alarmsirene (ELES 111) 75/110/60 mm
mit Tür- bzw. Fensterkontakt

3 Klein-Alarmgeräte
mit Batteriebetrieb
zum Aufhängen und für unterwegs
(Conrad-Elektronik, Hirschau)

79 Kleingeräte für den Einbruch- und Personenschutz

Vorsichtsmaßnahmen gegen Einbrecher, wenn man nicht zu Hause ist

Während der Urlaubszeit haben Einbrecher bekanntlich Hochkonjunktur. Oft genügt ihnen aber bereits ein Wochenendausflug oder ein längerer abendlicher Ausgang, um ihre sorgfältig geplante Tat auszuführen. Deshalb sollte man bei Abwesenheit die nachstehend aufgeführten Hinweise beachten:

- Abschlußtüren, Fenster und Balkontüren sollten während der Nacht und beim Verlassen der Wohnung stets verschlossen werden. Die Türen sind abzuschließen und nicht nur einfach zuzuschlagen.
- Fenster sollte man nur bei herabgelassenem Rolladen in gekippter Stellung belassen. Der Rolladen kann unten einen Spalt offen sein, wenn er von innen ausreichend gegen Hochschieben gesichert ist. Als weitere Sicherungsmaßnahme kann man in diesem Raum das Licht einschalten, das dann durch den Spalt nach außen fällt.
- Einbrecher benutzen zuweilen das Telefon, um zu erfahren, ob jemand zu Hause ist. Hier kann ein automatischer Anrufbeantworter mit einer alltäglichen Durchsage die Anrufer im Zweifel lassen.
- Elektrische Beleuchtungen kann man durch Zeitschaltuhren an- und abschalten lassen. Während einer längeren Abwesenheit, z.B. während des Urlaubs, empfiehlt es sich, die Einschaltzeit zu variieren. Gut beobachtende Einbrecher stellen sehr schnell fest, wenn das Licht jeden Tag zur gleichen Zeit an- und wieder ausgeschaltet wird. Zeitschalt-Einrichtungen werden auf Seite 40 kurz beschrieben.
- Über einen längeren Zeitraum hinweg tagsüber geschlossene Fensterläden sind ein sicheres Zeichen dafür, daß das Haus oder die Wohnung vorübergehend unbewohnt ist. Automatische Rolläden können mittels Elektromotor und Zeitschaltuhr zur eingestellten Zeit betätigt werden, auch bei Abwesenheit des Wohnungsinhabers. Vorteilhaft sind Zeitschaltuhren, die mittels fotoelektrischer Zelle bei einem bestimmten Dunkelheitsgrad einsetzen.
- Es gibt Fernsehgeräte mit eingebautem Mikroprozessor, mit dessen Hilfe man das Ein- und Abschalten für einen längeren Zeitraum vorprogrammieren kann. Dieses Gerät schaltet ggf. auch noch die Stehlampe zu den festgelegten Zeiten automatisch ein und aus.
- Wie bereits ausgeführt, kann man in einer gefährdeten Gegend oder bei hohen Risiken die Wohnung auch von einem Sicherheitsdienst bewachen lassen.

Nachbarschaftshilfe

Der Kriminalstatistik zufolge ist man in einer Wohnung mit vielen aufmerksamen Nachbarn am meisten vor Einbrechern geschützt. Es dürfte sehr beruhigend sein, wenn man einen Nachbarn oder Freund für Kontrollbesuche für die auf längere Zeit verlassene Wohnung gewinnen kann. Hilft Ihnen Ihr Nachbar, dann sollten Sie selbstverständlich auch ihm helfen, wenn er einmal verreist. Zur Täuschung potentieller Einbrecher sollte man die nachstehenden Hinweise beachten.

- Auch wenn Sie Post und Zeitung nachschicken lassen, kann der Briefkasten durch Werbeprospekte und Anzeigenblätter in ein paar Tagen vollgestopft sein. Ihr hilfreicher Nachbar soll diese Sendungen entfernen, wenn er ohnehin an seinen Briefkasten geht.
- Lassen Sie Ihre Wohnung am Abend zu unregelmäßigen Zeiten durchlüften und dabei viele Lichter einschalten. Dabei kann abwechselnd das eine oder andere Licht eingeschaltet bleiben; der Energieverbrauch ist recht gering.
- Blumen und Pflanzen sollte man am Fenster stehenlassen und nicht in Pflege geben. Der Nachbar kann sie bei seinem Kontrollgang gießen.
- Informieren Sie Ihre Nachbarn, wenn Sie während Ihrer Abwesenheit eine Sendung erwarten oder ein laufender Beitrag kassiert werden soll. Nicht avisierte Sendungen sollte der Nachbar zurückgehen lassen.
- Geben Sie Ihrem hilfreichen Nachbarn auch Ihre Urlaubsadresse an. Sollte doch einmal eingebrochen werden oder sich ein anderes schwerwiegendes Vorkommnis ereignen, dann können Sie unverzüglich verständigt werden.

Versicherungen

Wer eine Versicherung abschließt, will Vorsorge treffen für einen möglichen Schaden, von dem er aber nicht weiß, wann und unter welchen Umständen er eintritt und wie groß er ist. Die Versicherungsgesellschaften schaffen mit den laufenden Beiträgen (Versicherungsprämien) ihrer Versicherten einen Vermögensfond, aus dem dann die eingetretenen Schäden bezahlt werden. Dabei wird das Risiko auf möglichst viele gleichermaßen Bedrohte verteilt.
Das Versicherungswesen gliedert sich heute in zwei große Bereiche:

- Die ***gesetzlichen Versicherungen*** als Pflicht- oder Zwangsversicherungen. Hierzu gehören vor allem die Sozialversicherungen (Unfall-, Kranken-, Renten- und Arbeitslosenversicherung). In einigen Gebieten der Bundesrepublik ist auch die Wohngebäudeversicherung eine Pflichtversicherung bei staatlichen Versicherungskammern.
- Die ***privaten Versicherungen*** auf freiwilliger Basis als Sachversicherung (Hausratversicherung, Einbruchdiebstahl-Versicherung) oder als Haftpflicht-Versicherung zur Deckung konkreter Vermögensschäden. In diesen Bereich gehören auch die Rechtsschutz-Versicherungen sowie die Private Unfallversicherung.

Die privaten Versicherungsunternehmen stehen seit Beginn dieses Jahrhunderts unter staatlicher Aufsicht. Im Jahre 1908 wurde das Versicherungsvertragsgesetz (VVG) geschaffen, das insbesondere dem Schutz der Versicherten dient. Darin ist die Vertragsgestaltung der wichtigsten Versicherungsbedingungen in den Grundzügen festgelegt. Seit 1951 genehmigt das Bundesaufsichtsamt für das Versicherungs- und Bausparwesen (BVA) alle Ergänzungen und Fortschreibungen von Versicherungsbedingungen, die einer gesetzlichen Regelung bedürfen.
Voraussetzung für eine wirksame Versicherung ist der Abschluß eines Versicherungsvertrages. Die genaue Beschreibung der Rechte und Pflichten der beiden Vertragspartner erfolgt in den Versicherungsbedingungen.

Bevor eine Versicherung abgeschlossen wird, sollte man sich eingehend informieren. Lediglich die Kenntnis der kurzgefaßten und sehr werbewirksam aufgemachten Vorinformationen der Versicherungsgesellschaften ist für eine endgültige Beurteilung meist nicht ausreichend.
Es wird ausdrücklich darauf hingewiesen, daß alle in diesem Buch gemachten Ausführungen über den Versicherungsschutz einschlägigen Unterlagen von Versicherungsgesellschaften entnommen wurden; wegen etwaiger ungenügender oder zu weit gegriffener Auslegungen können dem Verfasser gegenüber keine Ansprüche geltend gemacht werden.

Versicherungen für den Wohnbereich

Die im allgemeinen für einen Mieter in Frage kommenden Versicherungen – auch wenn sie über den im Buch angesprochenen Bereich hinausgehen – werden nachstehend kurz erläutert und auf den folgenden Seiten etwas eingehender beschrieben. Für Hauseigentümer gibt es darüber hinaus noch weitere Versicherungsarten, die hier aber nicht besprochen werden.

Die ***Hausratversicherung*** ist eine umfassende Versicherung für Wohnungsinhaber bzw. -mieter gegen Feuer, Einbruchdiebstahl-, Beraubungs-, Leitungswasser-, Sturm- und Glasbruchschäden.

Die ***Privat-Haftpflichtversicherung*** ist die Vermögenswert-Versicherung gegen die Gefahren des täglichen Lebens.
Diese beiden Versicherungen sollten spätestens bei Einrichtung eines Haushaltes abgeschlossen werden.

Die ***Familien-Rechtsschutzversicherung*** ist eine Vorsorge bei rechtlichen Auseinandersetzungen, wobei praktisch alle in einer Familie vorkommenden Möglichkeiten einer Auseinandersetzung erfaßt sind. Wegen des Versicherungsumfanges sollte man sich an den angebotenen Leistungsarten orientieren.

Die ***Private Unfallversicherung*** gewährt Versicherungsschutz bei Unfällen in der Freizeit, zu Hause, auf Reisen, im Straßenverkehr sowie bei Sport und Spiel. Der Abschluß dieser Versicherung ist jederzeit möglich – auch für Einzelpersonen; er sollte aber spätestens bei Gründung einer Familie erfolgen.

In der ***Vielschutz-Versicherung***, die erst seit einiger Zeit angeboten wird, sind die Versicherungsarten Hausrat-, Private Unfall-, Privat-Haftpflicht- sowie eine zusätzliche Glasversicherung zusammengefaßt.

Hausratversicherung

Die Hausratversicherung ist eine sehr weitreichende Versicherung für alle Gegenstände des Hausrats und sehr viele Vorkommnisse in der Wohnung. Sie umfaßt praktisch fünf Sachversicherungen:

1. Feuerversicherung
2. Leitungswasserversicherung
3. Sturmversicherung
4. Glasversicherung
5. Einbruchdiebstahl- und Beraubungsversicherung

Den vollen Versicherungsumfang kann nur ein genaues Studium der recht umfangreichen Versicherungsbedingungen vermitteln.

Vor Abschluß eines Versicherungsvertrags sollte man zunächst selbst feststellen, welchen Wert der zu versichernde Hausrat hat. Dabei dürfen der Inhalt von Schränken und die in Kellern und Dachböden gelagerten Gegenstände nicht vergessen werden. Es hat auch keinen Sinn, den Wert der Einrichtung geringer anzugeben, als er wirklich ist; man betrügt sich damit nur selbst. Wer z.B. einen Hausrat im Wert von DM 100 000,– besitzt, aber nur eine Versicherungssumme über DM 50 000,– abschließt – also nur über die Hälfte –, bekommt für einen Schaden ebenfalls nur die Hälfte ersetzt.

Selbst wenn man die Erstversicherung wertmäßig richtig abgeschlossen hat, muß man aufpassen, daß sich keine Unterversicherung einschleicht. Die Versicherungssumme muß vielmehr von Zeit zu Zeit dem wachsenden Haushalt und vor allem den ständig steigenden Neuanschaffungskosten angepaßt werden. Die Versicherungsgesellschaften bieten deshalb die Möglichkeit an, jedes Jahr entsprechend den allgemeinen Preisänderungen die Versicherungssummen bzw. Beiträge zu korrigieren, wodurch eine Unterversicherung infolge Preissteigerungen ausgeschlossen ist.

Versichert ist auch fremdes Eigentum, soweit es sich im Versicherungsbereich befindet, mit Ausnahme des Eigentums der Untermieter. Außerdem gilt die Versicherung für folgende Anlässe:

- innerhalb Deutschlands für vorübergehend in Kraftfahrzeugen befindlichen Hausrat,
- innerhalb Europas für vorübergehend aus der Wohnung entfernten Hausrat,
- bei einem Wohnungswechsel innerhalb der Bundesrepublik und Berlin (West) sowohl für die Zeit des Umzuges als auch für die neue Wohnung.

Bei den meisten Hausratversicherungen können folgende Leistungen beansprucht werden:

- Alle Einrichtungsgegenstände, die sich noch im Gebrauch befinden, werden ohne Rücksicht auf ihr Alter zum Neuwert ersetzt.
- Technische Geräte, wie z.B. Haushaltmaschinen, werden ebenfalls zum Neuwert ersetzt, wenn sie nicht älter als fünf Jahre sind und noch genutzt werden.
- Für im Gebrauch befindliche Wäsche und Bekleidung, die bei Eintritt des Schadens noch mindestens 50 % des Neuwertes haben, wird der Wiederbeschaffungspreis erstattet, wenn sie nicht älter als drei Jahre sind.

Gemessen an der Höhe der Entschädigung gelten je Schadensfall folgende Begrenzungen (Wertsachen gemäß Tabelle Seite 141)

- DM 500,– für Aufräumungskosten, Fahrraddiebstahl, Diebstahl von Wäsche, Gartenmöbel und -geräte.
- DM 1 000,– für Einbruchdiebstahl oder Raub durch Hausangestellte oder durch beim Versicherten wohnende Personen.
- Bis zu 2 % der Versicherungssumme für Hausrat in Kraftfahrzeugen, höchstens aber DM 500,–.

Wie bei allen Sachversicherungen besteht auch bei der Hausratversicherung kein Schutz für Schäden, die durch Kriegsereignisse, innere Unruhen, Streik, Aussperrung, Erdbeben und Kernenergie entstehen. Vom Versicherungsschutz ausgenommen sind ungefaßte Edelsteine und gefaßte Perlen, Gebäudebestandteile, Kraftfahrzeuge und deren Anhänger.

Der Versicherungsgesellschaft sind unverzüglich gefahrenerhöhende Umstände mitzuteilen, wie z.B. wenn die Wohnung länger als 60 Tage nacheinander unbewohnt und unbeaufsichtigt ist oder der Wert der in der Wohnung aufbewahrten Teppiche und Gobelins 30 % der Versicherungssumme oder DM 50 000,– übersteigt.

Von einem Umzug sollte die Versicherungsgesellschaft innerhalb von 2 Wochen verständigt werden.

Die wesentlichen Merkmale der in der Hausratversicherung zusammengefaßten fünf Sachversicherungen werden nachstehend beschrieben.

1. Feuerversicherung

Versichert sind Schäden durch Brand, Blitzschlag, Explosion, Absturz bemannter Flugkörper sowie Folgeschäden durch Rauch, Ruß und Löschen. Ein Feuerschaden setzt immer ein offenes Feuer voraus.
Nicht versichert sind Sengschäden (glimmende Streichhölzer, Zigarettenglut), Schäden beim Bügeln oder Trocknen an Heizkörpern, Schäden beim Braten und Kochen sowie Schäden an elektrischen Einrichtungen durch Kurzschluß oder Überspannung.

2. Leitungswasserversicherung

Versichert sind Schäden durch Leitungswasser oder Wasserdampf (Rohrbruch, Überlaufen, schadhafte Dichtungen und Verschraubungen), weiterhin Frostschäden an Badewannen, Badeöfen, Waschbecken sowie Bruch an den Zu- und Ableitungsrohren, die der Versicherungsnehmer als Mieter beschafft hat. Für Schäden an Fußböden, Verputz, Anstrichen und Tapeten in Mietwohnungen werden bis zu 10 % der Versicherungssumme, höchstens aber DM 5 000,– vergütet.
Nicht versichert sind u.a. Schäden durch Niederschläge, Plansch- oder Reinigungswasser, Hausschwamm. Bei Leitungswasserschäden muß das Wasser unmittelbar aus dem Leitungsnetz kommen; ein umgekippter Wassereimer erfüllt diese Bedingungen nicht.

3. Sturmversicherung

Versichert sind Schäden durch Sturm ab Windstärke 8 (stürmischer Wind, dabei brechen Zweige von den Bäumen), außerdem Schäden, die durch eindringende Niederschläge angerichtet werden, wenn z.B. der Sturm das Dach abdeckt oder Fensterscheiben eingedrückt hat. Mitversichert sind Antennenanlagen, Markisen und Schilder, die außen am Versicherungsgebäude angebracht sind und dem Versicherungsnehmer gehören.
Nicht versichert sind Schäden durch Sturmflut oder Lawinen, Eindringen von Regen, Hagel, Schnee oder Schmutz in nicht geschlossene Fenster sowie sonstige Öffnungen.

Zuerst sichern und dann versichern.

4. Glasversicherung

Bei dieser Sparte ist ganz besonders darauf zu achten, was in der normalen Hausratversicherung abgedeckt ist und für welche Schäden zusätzliche Vereinbarungen erforderlich sind. Normal versichert sind Schäden an

- Glasscheiben in Fenstern und Türen der Versicherungsräume,
- Schrank- und Bilderverglasungen,
- Spiegel- und Glasplatten bis zu 3 m^2 Größe je Einzelscheibe,
- Wintergarten- und Verandenverglasungen bis zu 3 m^2 Gesamtfläche.

In einer zusätzlichen Glas-Pauschalversicherung kann die übrige Verglasung der Wohnung versichert werden, außerdem Glas-Keramik-Kochplatten. Die Kosten für Gerüstaufbau und Beseitigung von Hindernissen werden bis zu DM 500,– je Schadenereignis auf Erstes Risiko mitversichert.
Nicht versichert sind:

- alle künstlerisch bearbeiteten Gläser sowie Blei- und Messingverglasungen;
- optische Gläser, Aquarien, Hohlgläser, Beleuchtungskörper und Handspiegel; auch Oberflächenbeschädigungen, wie z.B. Kratzer, genießen keinen Versicherungsschutz;
- Schäden, die an den versicherten Sachen bei oder nach der Entfernung von ihrem bestimmungsgemäßen Platz entstehen.

5. Einbruchdiebstahl- und Beraubungsversicherung

Für diese Sparte gelten insbesondere die „Sicherungsrichtlinien für Hausrat-Versicherung (SH)-Einbruchdiebstahl-", herausgegeben vom Verband der Sachversicherer (VdS). Darin sind die Wohnungen je nach Gefährdungsgrad oder Höhe des zu versichernden Risikos in 4 Gruppen eingeteilt, angefangen bei Wohnungen in ständig bewohnten Mehrfamilienhäusern – als der geringsten Gefährdungsstufe – bis zu Hausrat in nicht ständig bewohnten Gebäuden, wie z.B. Wochenend-, Ferien- und Gartenhäusern, als der höchsten Gefährdungsstufe. Diese umfangreichen, aber noch recht wenig bekannten Richtlinien sind die Folge der sprunghaften Zunahme von Einbruchdiebstählen im privaten Bereich. Während in der Zeit von 1970 bis 1977 die Schadenaufwendungen der Versicherer auf dem gewerblichen Sektor um etwa 80 % gestiegen sind, macht die Steigerungsrate im Privatbereich über 450 % aus. Anstelle einer ständigen Prämienerhöhung verlangen die Sachversicherer heute:

Die Versicherung als Teil der Hausratversicherung deckt die folgenden Schäden:

- Einbrechen, Einsteigen, Verwendung falscher Schlüssel
- einfachen Diebstahl von Wäsche auf der Leine (tagsüber)
- Diebstahl von Gartenmöbeln und -geräten auf eingefriedetem Grundstück
- Fahrraddiebstahl und Diebstahl von Hausrat durch Aufbrechen von Kraftfahrzeugen (bei bestimmten Bedingungen)
- Beraubung sowie räuberische Erpressung in der Wohnung und unterwegs
- Beschädigungen an den Versicherungsräumen und Kosten für notwendige Schloßänderungen

Wird das im Vertrag vorgesehene Höchstrisiko überschritten, sind Zusatzprämien erforderlich bzw. weitere Bedingungen zu erfüllen. Außerdem gelten grundsätzlich die nachstehend aufgeführten Hinweise:

- Für Wertgegenstände gelten die in der untenstehenden Tabelle aufgeführten Entschädigungsgrenzen. Eine Erhöhung der Versicherungssumme ist zumeist durch besondere Vereinbarung gegen Beitragszuschlag möglich.
- Die im Versicherungsvertrag oder in dieser Tabelle erwähnten Behältnisse müssen erhöhte Sicherheit auch gegen die Wegnahme des Behältnisses selbst gewähren.
- Als Geldschränke im Sinne der Vereinbarungen gelten mehrwandige Stahlschränke mit einem Mindestgewicht von 200 kg oder eingemauerte Stahlwandschränke mit mehrwandiger Tür.
- Nicht versichert sind Schäden durch einfachen Diebstahl, z. B. bei unverschlossenen Türen.
- Bei Diebstahl aus einem Kraftfahrzeug sind nicht versichert: Bargeld, Schmucksachen, Wertpapiere, Sparbücher, Sammlungen und Kunstgegenstände. Für die Zeit zwischen 22 und 6 Uhr gilt die Versicherung nur, wenn das Kraftfahrzeug auf einem bewachten Parkplatz oder verschlossenen Hofraum abgestellt ist.
- Fahrräder sind nur mitversichert, wenn sie durch ein Schloß gesichert sind bzw. wenn sie von 22 bis 6 Uhr in verschlossenen Räumen abgestellt sind.
- Für den Geschäftsbereich müssen Einbruchdiebstahl-Versicherungen als Einzelversicherung abgeschlossen werden.

Wie bereits von der Kriminalpolizei angeregt, empfehlen auch die Versicherungen, über Wertpapiere und Sammlungen jeder Art, deren Wert insgesamt DM 5 000,– übersteigt, ein Verzeichnis aufzustellen (Seite 134). Bei Briefmarken-, Münzen- oder Notgeldsammlungen sollten – unabhängig vom Gesamtwert der Sammlung – über alle Einzelstücke mit einem Wert von DM 50,– und darüber eine Liste mit Einzelwerten geführt werden. Weiterhin wird die Beifügung von Fotos über anderweitig ungenügend belegbare Wertgegenstände empfohlen. Ebenso dürfte es sich lohnen, Rechnungen aufzubewahren, um den Wert eines gestohlenen Stückes beweisen zu können.

Wertsachen	Aufbewahrung	Entschädigungsgrenze allgemein	Entschädigungsgrenze bei Raub innerhalb der Wohnung
Bargeld, Versicherungsmarken, Barrengold, Goldmünzen und -medaillen	unverschlossen	1 000 DM	10 000 DM
	im verschlossenen Stahlschrank (200 kg)	10 000 DM	
Urkunden, Wertpapiere	unverschlossen	1 000 DM	10 000 DM
	im verschlossenen Stahlschrank (200 kg)	10 000 DM	
Sparbücher (Abhebung durch Unberechtigte)	unverschlossen	1 000 DM	5 000 DM
	unter Möbelverschluß	5 000 DM	
Münzensammlungen (nicht gesetzliche Zahlungsmittel sowie Goldmünzen und -medaillen) Briefmarkensammlungen	unverschlossen	1 000 DM (350 DM je Einzelstück)	20 000 DM
	unter Möbelverschluß	20 000 DM (350 DM je Einzelstück)	
Gold-, Silber-, Schmucksachen, Pelze	unverschlossen	1 500 DM je Einzelstück insgesamt 20 000 DM (einschl. Entschädigung für Pelze)	20 000 DM (einschl. Entschädigung für Pelze)
	unter Möbelverschluß	20 000 DM (einschl. Entschädigung für Pelze)	

Privat-Haftpflichtversicherung

Unter Haftpflicht ist generell die gesetzliche Verpflichtung zu Schadenersatz zu verstehen. Während die Hausratversicherung für den Verlust oder die Zerstörung des Haushaltes aufkommt, ist die Haftpflichtversicherung für Schäden zuständig, die man anderen zufügt, sei es aus Unvorsichtigkeit, Leichtsinn oder Vergeßlichkeit. Soweit dabei Kinder beteiligt sind, unterscheidet das Gesetz (BGB) zwischen der Verantwortlichkeit des Kindes, das den Schaden herbeigeführt hat und der Haftung der Aufsichtspflichtigen.

Versichert sind der Versicherungsnehmer, seine Ehefrau und die minderjährigen Kinder sowie die unverheirateten volljährigen Kinder, sofern sie sich noch in der Ausbildung befinden. Hierzu zählt z. B. auch ein auswärts wohnender Student. Versichert sind außerdem die im Haushalt beschäftigten Personen, und zwar für Schäden gegen Dritte aus dieser Tätigkeit; weiterhin alle Personen, die mit dem Versicherungsnehmer in häuslicher Gemeinschaft als Privatpersonen leben, wie z.B. Eltern, Verwandte und Bekannte. Die Privat-Haftpflichtversicherung gewährt auch Versicherungsschutz für gemietete Ferienwohnungen, selbst im Ausland. Die Privat-Haftpflichtversicherung schützt jedoch nicht vor Ansprüchen, die sich aus der Ausübung des Berufes, infolge des Fahrens eines Automobils, der Hundehaltung, sowie des Eigentumes von Heizöl-Vorratsbehältern ergeben. Vom Versicherungsschutz ausgeschlossen sind Ansprüche Angehöriger untereinander sowie Ansprüche bei vorsätzlicher Schädigung.

Im Schadensfall prüft die Versicherung zunächst die Rechtslage. Berechtigte Ansprüche des Geschädigten gegen den Versicherungsnehmer werden befriedigt, ungerechte Forderungen werden dagegen zurückgewiesen. Kommt es zu einem Rechtsstreit, so übernimmt die Versicherung die Kosten der Prozeßführung.

An Schäden, die durch die Privat-Haftpflichtversicherung abgedeckt sind, werden in Versicherungsprospekten u.a. genannt:

- wenn Sie bei anderen mit einer Zigarette ein Loch in die Decke brennen; eine Vase umwerfen oder Geschirr fallen lassen;
- wenn die eigenen Kinder mit dem Ball oder einem Stein eine Scheibe einwerfen,
- wenn ein Gast auf einem zu glatt gebohnerten Fußboden ausrutscht oder über einen unsachgemäß befestigten Teppich stolpert und sich dabei den Arm bricht;
- wenn ein Besucher sich an einer vorstehenden Schraube die Hand verletzt oder sich die Kleidung zerreißt;
- wenn ein Mieter Blumenkästen am Geländer seines Balkones angebracht hat, ein Blumenkasten herunterfällt und einen Passanten trifft;
- wenn bei einer zur Wohnung gehörenden Garage der Mieter das Tor richtig zu schließen vergißt, durch einen Windstoß das Tor aufschlägt und spielende Kinder trifft;
- wenn ein Mieter einen Hängeschrank anbringen will und dabei mit der Bohrmaschine eine Strom- oder Wasserleitung trifft;
- wenn das Badewasser überläuft und die darunter liegende Wohnung beschädigt wird. Bezüglich von Schäden, die durch auslaufendes Wasser aus der Wasch- bzw. Spülmaschine entstehen, sind jedoch besondere Abmachungen erforderlich.

Familien-Rechtsschutzversicherung

Der Versicherungsschutz umfaßt die am Schluß aufgeführten sieben Leistungsarten. Er gilt für den privaten und beruflichen Lebensbereich von Familien, die keine Fahrzeuge besitzen oder die den Familien-Rechtsschutz mit dem eingeschlossenen Verkehrs-Rechtsschutz nicht abschließen wollen. Die Bezeichnung Familien-Rechtsschutz darf nicht irritieren; er kann auch für Alleinstehende abgeschlossen werden. Versichert sind der Versicherungsnehmer, sein Ehegatte, die minderjährigen Kinder sowie die volljährigen Kinder bis zur Vollendung des 25. Lebensjahres, soweit sie unverheiratet sind und sich überwiegend in der Schul- oder Berufsausbildung befinden.

Nicht versichert sind:

- Streitigkeiten, die den Versicherungsnehmer als Halter oder Fahrer von Kraftfahrzeugen betreffen;
- die Wahrnehmung rechtlicher Interessen in Zusammenhang mit einer selbständigen oder freiberuflichen Tätigkeit;
- die Verteidigung wegen des Vorwurfs von Straftaten, die nur vorsätzlich begangen werden können (Diebstahl, Betrug, Beleidigung, Hausfriedensbruch);

- Enteignungs- und Umlegungsverfahren;
- Planfeststellungsverfahren (z.B. beim Bau von Straßen, Flugplätzen oder anderen öffentlichen Anlagen);
- Auseinandersetzungen wegen der Planung oder Errichtung eines Gebäudes (z.B. Streit beim Bau oder Kauf eines Hauses mit Bauhandwerkern, Unternehmern, Architekten oder Bauträgerunternehmen);
- Geldstrafen oder Geldbußen – die muß der Versicherungsnehmer selbst bezahlen.

Bei einigen Leistungsarten sind die vorgesehenen Wartezeiten zu beachten.

- Keine Wartezeit ist vorgesehen beim Schadenersatz-Rechtsschutz, Straf-Rechtsschutz und beim Beratungs-Rechtsschutz in Fragen des Familien- und Erbrechtes.
- Drei Monate Wartezeit bestehen beim Arbeits-Rechtsschutz, Sozialgerichts-Rechtsschutz, Allgemeinen Vertrags-Rechtsschutz und beim Grundstücks-/Miet-Rechtsschutz.

Nachstehend die beispielhafte Aufzählung einiger Versicherungsfälle, die durch die Familien-Rechtsschutzversicherung abgedeckt sind. Es handelt sich um Angaben, die einer Versicherungsbroschüre entnommen wurden.

Schadenersatz-Rechtsschutz

- Der Versicherungsnehmer wird als Radfahrer verletzt.
- Die Ehefrau kommt bei der Fahrt mit dem Autobus zu Schaden.
- Der Versicherungsnehmer wird Opfer eines Betruges oder einer Körperverletzung und fordert Schadenersatz.

Straf-Rechtsschutz

- Der Versicherungsnehmer verschuldet als Fußgänger durch unachtsames Überqueren der Straße den Zusammenstoß eines Pkw mit einem Tankwagen.
- Der Sohn verursacht bei chemischen Versuchen eine Explosion, so daß sich der Vater wegen Aufsichtspflichtverletzung verantworten muß.
- Gegen den Versicherungsnehmer wird ein Ermittlungsverfahren wegen fahrlässigen Verstoßes gegen das Wasserhaushaltsgesetz, das Umweltschutzgesetz oder das Abfallbeseitigungsgesetz eingeleitet.

Arbeits-Rechtschutz

- Der Versicherungsnehmer muß sich gegen die Kündigung seines Arbeitsverhältnisses wehren.
- Wegen der Bezahlung von Überstunden kommt es zu Unstimmigkeiten.
- Über die Höhe der betrieblichen Altersversorgung entstehen Meinungsverschiedenheiten.

Sozialgerichts-Rechtsschutz

- Ein Leiden wird nicht als Berufskrankheit anerkannt.
- Bei der Berufsgenossenschaft ist zu klären, ob sich der Verkehrsunfall auf dem Heimweg von der Arbeitsstätte oder auf einem Umweg ereignete.
- Es muß ein Prozeß mit der gesetzlichen Unfallversicherung geführt werden, nachdem ein Kind in einem Kindergarten, ein Jugendlicher in einer Schule, ein Student in einer Hochschule verunglückt ist.

Beratungs-Rechtsschutz

- Der Kunde wird enterbt und läßt sich über den Pflichtteilsanspruch beraten.
- Wie wird nach der Scheidung der Hausrat aufgeteilt?

Allgemeiner Vertrags-Rechtsschutz

- Neue Möbel werden erheblich beschädigt geliefert.
- Die hohen Reparaturkosten an der Waschmaschine sollen nicht unter die Garantie fallen.
- Die gebuchte Ferienwohnung entspricht nicht den Anpreisungen im Katalog.
- Die private Krankenversicherung lehnt die volle Kostenerstattung nach einem Krankenhausaufenthalt ab.

Grundstücks-/Miet-Rechtsschutz

- Die Heizkosten-Abrechnung des Vermieters wird als zu hoch empfunden.
- Nach der Renovierung des Hauses wird die Miete erheblich angehoben.
- Es entsteht Streit über den Umfang der erforderlichen Schönheitsreparaturen in der Mietwohnung.

Private Unfallversicherung

In der gesetzlichen Unfallversicherung sind Arbeits- und Berufskrankheiten versichert.

- Arbeitsunfälle sind Unfälle, die ein Versicherter in ursächlichem Zusammenhang mit seiner beruflichen oder sonst versicherten Tätigkeit erleidet. Dazu gehören auch Unfälle auf dem Weg nach und von dem Ort der Tätigkeit.
- Berufskrankheiten sind die von der Bundesregierung in der Berufskrankheitenverordnung aufgeführten Krankheiten.

Die gesetzliche Unfallversicherung gilt grundsätzlich für Personen, die aufgrund eines Arbeits-, Dienst- oder Lehrverhältnisses beschäftigt sind bzw. eine bestimmte vorübergehende Tätigkeit ausüben. Hausfrauen, Rentner und Kleinkinder gehören jedoch nicht zu diesem Personenkreis.

Seit dem Jahre 1971 besteht außerdem ein gesetzlicher kostenloser Unfall-Versicherungsschutz auch für Kinder, Schüler, Lernende und Studierende. Der Schutz erstreckt sich auf den Aufenthalt im jeweiligen Schulbereich, auf den Hin- und Heimweg sowie auf die von der Schule ausgehenden Ausflüge und Veranstaltungen. Was aber am Feierabend oder nach Schulschluß passiert, interessiert die staatlichen Versicherungsträger nicht.

Wie die Statistiken ausweisen, ereignen sich aber Unfälle in der Freizeit, zu Hause, auf Reisen, im Straßenverkehr sowie bei Sport und Spiel wesentlich häufiger als Unfälle in Beruf und Schule. In diesen Fällen hilft nur die Private Unfallversicherung. Diese Versicherung umfaßt Unfälle auf der ganzen Erde; somit besteht Schutz bei Urlaubsreisen mit Kraftfahrzeug, Schiff oder Flugzeug — auch im Ausland.

Kinder sind bekanntlich besonders unfallgefährdet. Auch hier sind Freizeitunfälle weit häufiger als die Kinderunfälle in der Schule oder auf dem Weg dorthin. Hierfür bieten die Versicherer eigene Kinder-Unfallversicherungen an. Bei Kindern bis zum 10. Lebensjahr können auch Vergiftungsunfälle gegen Zuschlag mitversichert werden.

Ein privater Unfallversicherungsschutz ist auch dort sinnvoll, wo bereits eine Kranken- und eine Haftpflichtversicherung besteht.

- Die Krankenversicherung kommt für Heilbehandlungskosten auf, sie leistet jedoch keine Hilfe bei dauernden Gesundheitsschädigungen. Bei der Privaten Unfallversicherung können auch noch Krankenhaus-Tagegeld sowie Genesungsgeld vereinbart werden.
- Die Haftpflichtversicherung deckt nicht die eigenen Schäden, sondern ausschließlich solche, die man anderen zufügt.

Empfohlen wird der Abschluß eines dynamischen Versicherungsschutzes, bei dem die versicherten Leistungen jährlich zur Anpassung an die Preis- und Lohnentwicklung erhöht werden. Die Prämienzahlungen zur Privaten Unfallversicherung sind als Sonderausgaben im Rahmen der Höchstbeträge steuerlich absetzbar.

Gemäß den Allgemeinen Unfallversicherungsbedingungen (AUB) liegt ein Unfall vor, wenn der Versicherte durch ein plötzlich von außen auf seinen Körper wirkendes Ereignis unfreiwillig eine Gesundheitsschädigung erleidet. Eingeschlossen sind auch durch Kraftanstrengung des Versicherten hervorgerufene Verrenkungen, Zerrungen und Zerreißungen an Gliedmaßen und Wirbelsäule sowie Wundinfektionen, bei denen der Ansteckungsstoff durch eine Unfallverletzung in den Körper gelangt ist.

Dagegen fallen nicht unter den Versicherungsschutz: Berufs- und Gewerbekrankheiten, Erkrankungen infolge psychischer Einwirkung, Vergiftungen und Infektionskrankheiten sowie Gesundheitsschädigungen durch Licht-, Temperatur- und Witterungseinflüsse. Von der Versicherung ausgeschlossen sind weiterhin Unfälle, die durch Kriegsereignisse oder durch innere Unruhen verursacht werden, sofern der Versicherte auf seiten der Unruhestifter teilgenommen hat. Ausgeschlossen sind auch Unfälle, die der Versicherte infolge der vorsätzlichen Ausführung oder des Versuches von Verbrechen oder Vergehen erleidet.

Im häuslichen Bereich sind Stürze die weitaus am häufigsten vorkommenden Unfälle. Hier liegt immer ein Unfall im Sinne der Versicherungsbedingungen vor, da der Boden oder die Treppe beim Aufprallen des Versicherten von außen auf seinen Körper einwirkt.

GPSR Compliance

The European Union's (EU) General Product Safety Regulation (GPSR) is a set of rules that requires consumer products to be safe and our obligations to ensure this.

If you have any concerns about our products, you can contact us on ProductSafety@springernature.com

In case Publisher is established outside the EU, the EU authorized representative is:

Springer Nature Customer Service Center GmbH
Europaplatz 3
69115 Heidelberg, Germany

Batch number: 10584556

Printed by Printforce, the Netherlands